高技能人才培养培训系列教材

Mastercam 2019 基础教程

主　编　屈永生
副主编　林滋露
参　编　罗　颖　邓　燕　陈明将　李煜云

机 械 工 业 出 版 社

本书共16个项目，项目一~三是草图模块内容；项目四~六是转换模块内容；项目七~十是曲面模块内容；项目十一、十二是实体模块内容；项目十三~十六是2D加工模块内容。本书以Mastercam 2019为基础，重点介绍了二维图形、曲面创建、实体造型和2D自动铣削加工编程内容。

本书摒弃了冗繁的理论概念，以项目任务的形式，详细描述了各命令的具体操作方法，降低了学习难度，适合初学者使用。本书重视技能训练，针对性、实用性强，可作为职业院校数控、模具、机电类专业学生用书，也可作为培训机构CAD/CAM课程的教学用书。

图书在版编目（CIP）数据

Mastercam 2019基础教程/屈永生主编. —北京：机械工业出版社，2022.2（2025.2重印）

高技能人才培养培训系列教材

ISBN 978-7-111-70120-0

Ⅰ.①M… Ⅱ.①屈… Ⅲ.①计算机辅助设计-应用软件-教材 Ⅳ.①TP391.73

中国版本图书馆CIP数据核字（2022）第017690号

机械工业出版社（北京市百万庄大街22号 邮政编码100037）

策划编辑：汪光灿 责任编辑：汪光灿 陈 宾

责任校对：张 征 张 薇 封面设计：张 静

责任印制：常天培

北京机工印刷厂有限公司印刷

2025年2月第1版第4次印刷

184mm×260mm · 11印张 · 271千字

标准书号：ISBN 978-7-111-70120-0

定价：39.80元

电话服务	网络服务
客服电话：010-88361066	机 工 官 网：www.cmpbook.com
010-88379833	机 工 官 博：weibo.com/cmp1952
010-68326294	金 书 网：www.golden-book.com
封底无防伪标均为盗版	机工教育服务网：www.cmpedu.com

前 言

党的二十大报告中指出“实施科教兴国战略，强化现代化建设人才支撑”，将“大国工匠”和“高技能人才”纳入国家战略人才行列，本书以提升技能能力为目标来组织设计项目内容，摒弃了冗繁的理论概念，以项目任务的形式，详细描述了命令的具体操作方法，大大降低了学习难度，符合当前职业教育改革的需要。

Mastercam 是美国 CNC Software 公司开发的基于个人计算机平台的 CAD/CAM 软件系统，具有二维几何图形、三维线框、曲面造型、实体造型等设计功能，可由零件图或模型直接生成刀路，进行刀路模拟和加工实体仿真验证，并具有可拓展的后置处理及较强的外部接口等功能。其自动生成的数控加工程序能适应多种类型的数控机床。

Mastercam 自 20 世纪 80 年代推出，经历了三次比较明显的界面变革，首先是 9.0 版以前的左侧瀑布式菜单与上部布局工具栏形式的操作界面；然后，配套 Windows XP 系统的 X 至 X9 版本，以上部布局下拉菜单、丰富的工具栏及其工具按钮操作为主，配合鼠标右键快捷方式使用；最后是配套 Windows 7 以后系统推出的第三代操作风格，具有 Office 2010 的 Ribbon 风格的功能操作界面，非常适合初学者。

作为专业的加工软件，Mastercam 2019 具备 CAM 功能和 CAD 功能，本书针对的是初学者，围绕工作任务，重点介绍软件的 CAD 模块和 CAM 的 2D 加工模块。

本书由东莞市高技能公共实训中心组织编写，由屈永生担任主编。具体编写分工如下：屈永生编写项目七和项目十三；罗颖编写项目一、项目二、项目三；林滋露编写项目四、项目五、项目六；邓燕编写项目八、项目九、项目十；陈明将编写项目十一和项目十二；李煜云编写项目十四、项目十五、项目十六，全书由屈永生统稿。本书在编写的过程中，得到东莞市高技能公共实训中心、东莞理工学校及相关企业的大力支持，在此一并表示衷心感谢。

限于编者的水平，书中难免有错误和不妥之处，恳请广大读者批评指正。

编　者

目　录

项目一

绘制点线

【学习任务】

如图 1-1 所示，使用绘点功能在绘图区域绘制图中所示的 8 个点，并根据图示使用绘线功能将 8 个点连接起来。按教师指定的路径，创建一个以自己学号为名称的文件夹，并将绘制好的图形以“学号+项目一”为文件名，保存在该文件夹内。

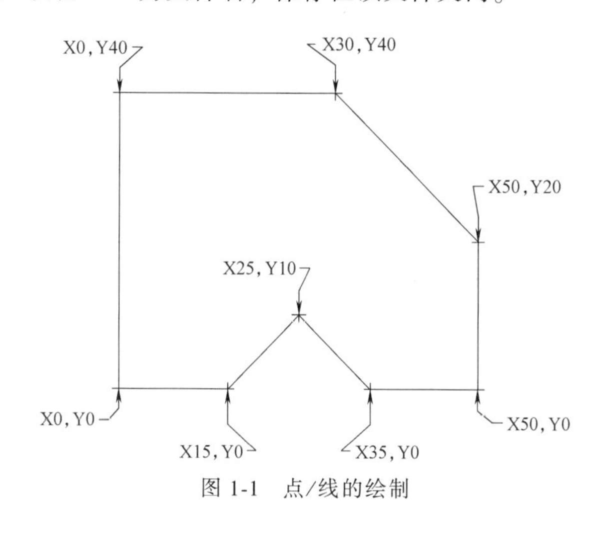

图 1-1　点/线的绘制

【学习目标】

1）学会启动 Mastercam 2019 软件，并认识其功能及用户界面。

2）掌握绘点功能的使用方法。

3）学会使用绘线功能绘制线条。

【知识基础】

一、启动 Mastercam 2019 系统

正确安装 Mastercam 2019 后通过以下两种方式可以运行软件：

1）双击桌面快捷图标。

2）依次单击【开始】→【程序】→【Mastercam 2019】按钮。

二、认识 Mastercam 2019 操作界面

1. 标题栏

从标题栏可以读取软件的名称、版本以及打开的文件名称。

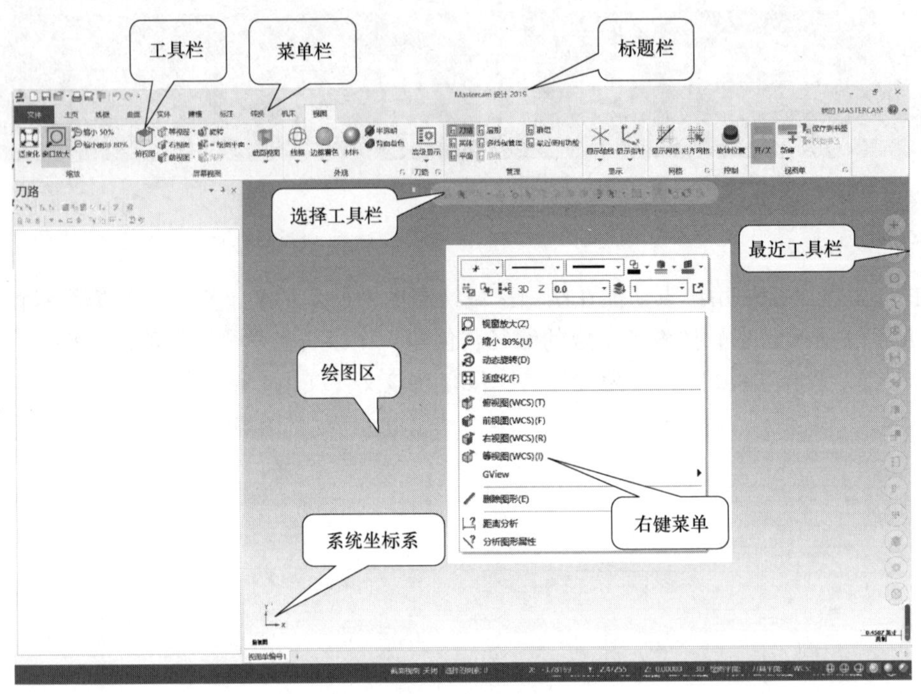

图 1-2 Mastercam 2019 操作界面

2. 菜单栏

Mastercam 2019 软件的菜单栏里有【文件】、【主页】、【草图】、【曲面】、【实体】、【建模】、【标注】、【转换】、【浮雕】、【机床】、【视图】11 个选项卡，如图 1-2 所示。

1）单击【文件】，打开【文件】选项卡，可以在该选项卡中进行文件的打开、新建、保存等操作，如图 1-3 所示。

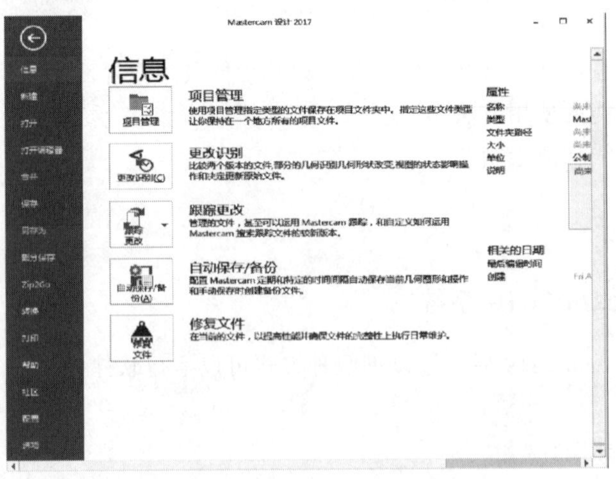

图 1-3 【文件】选项卡

2）单击【主页】，打开【主页】选项卡，显示常用的编辑功能，如图 1-4 所示。

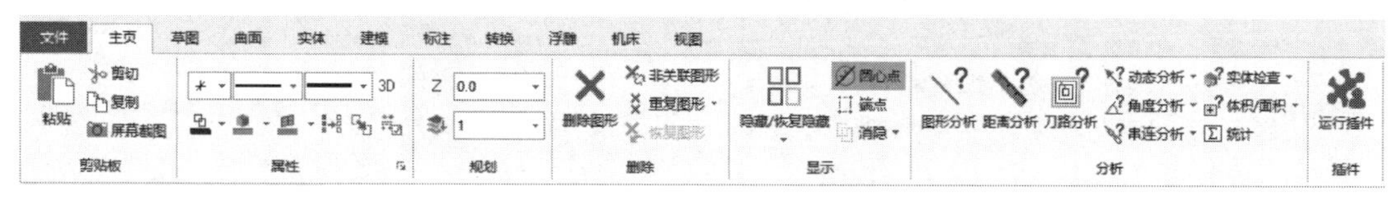

图 1-4　【主页】选项卡

3）单击【草图】，打开【草图】选项卡，显示【绘点】、【绘线】、【圆弧】、【曲线】、【形状】以及【修剪】等二维绘图命令，如图 1-5 所示。

图 1-5　【草图】选项卡

4）单击【曲面】，打开【曲面】选项卡，显示曲面绘制以及曲面修改等相关的功能命令，如图 1-6 所示。

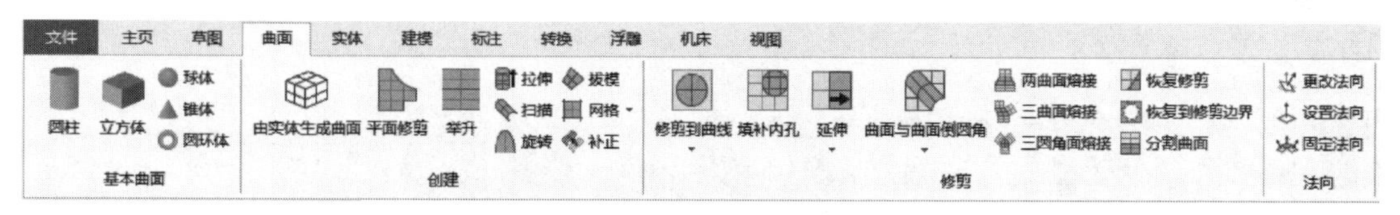

图 1-6　【曲面】选项卡

5）单击【实体】，打开【实体】选项卡，显示实体绘制以及修改实体等相关的功能命令，如图 1-7 所示。

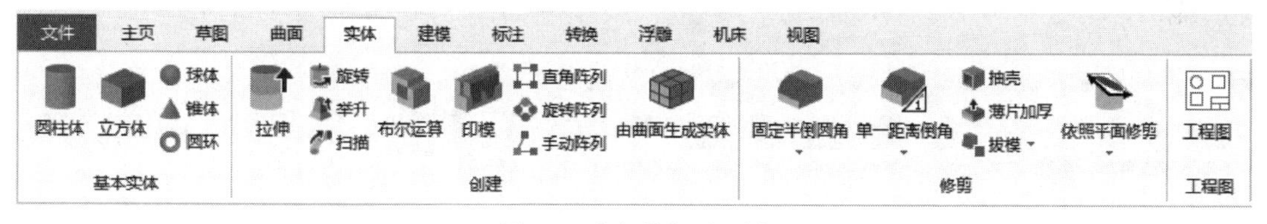

图 1-7　【实体】选项卡

6）单击【建模】，打开【建模】选项卡，显示建模编辑、修改实体、布局以及颜色设置等功能命令，如图 1-8 所示。

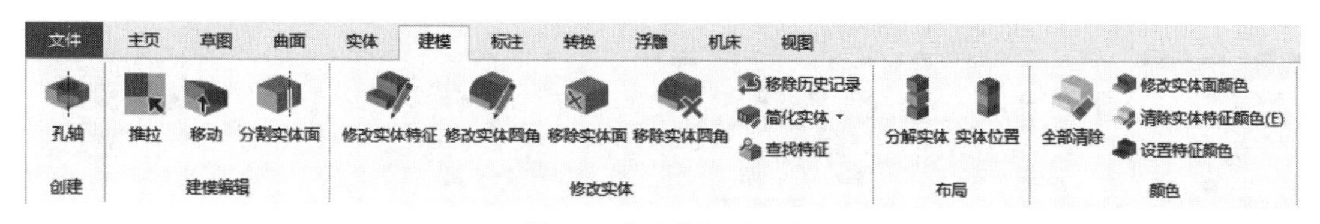

图 1-8　【建模】选项卡

7）单击【标注】，打开【标注】选项卡，显示尺寸标注相关的功能命令，如图 1-9 所示。

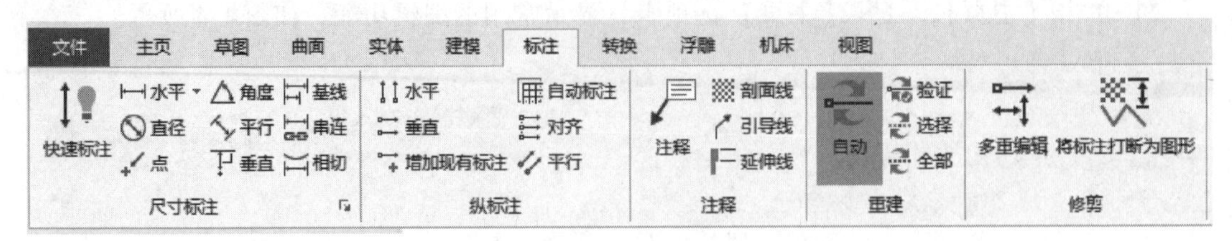

图 1-9 【标注】选项卡

8）单击【转换】，打开【转换】选项卡，显示常用的图素转换功能命令，如图 1-10 所示。

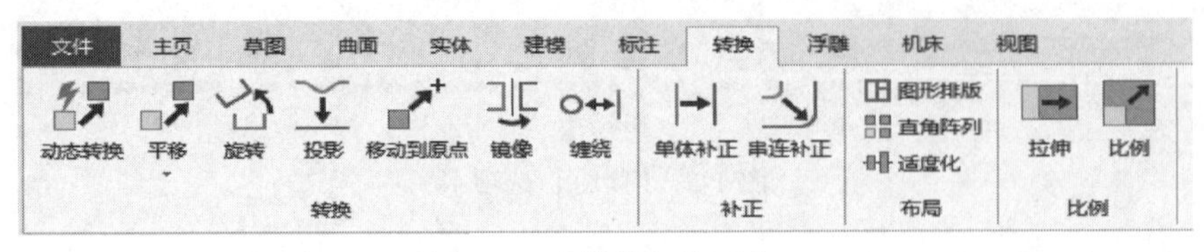

图 1-10 【转换】选项卡

9）单击【浮雕】，打开【浮雕】选项卡，显示浮雕相关的设置功能命令，如图 1-11 所示。

图 1-11 【浮雕】选项卡

10）单击【机床】，打开【机床】选项卡，显示机床相关的设置功能命令，如图 1-12 所示。

图 1-12 【机床】选项卡

11）单击【视图】，打开【视图】选项卡，显示图形视图和显示设置等功能命令，如图 1-13 所示。

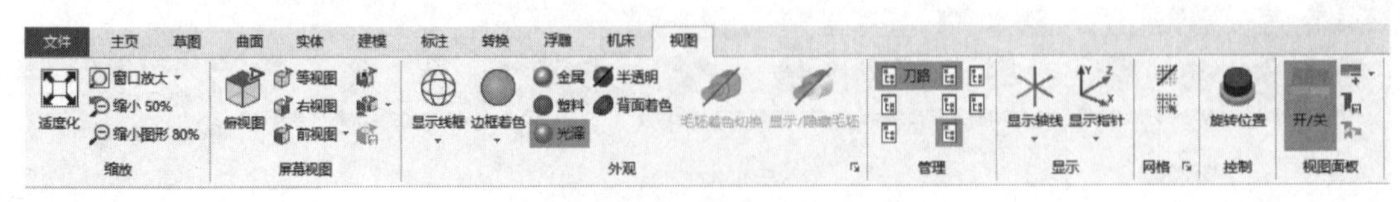

图 1-13 【视图】选项卡

3. 坐标系

为了确定空间中任意一点的位置，需要在空间中引进坐标系，最常用的坐标系是空间直

角坐标系。空间任意选定一点 O，过点 O 作三条互相垂直的数轴 OX，OY，OZ，这三条轴分别称作 X 轴（横轴），Y 轴（纵轴），Z 轴（竖轴），统称为坐标轴。

所以，在表达一个点在空间中位置的时候，通常会以坐标（X，Y，Z）来表达，如（0，0，0）、（10，20，30）等。若所表达的一系列点的 Z 轴坐标值都等于 0 时，会省略标为（0，40）、（30，40）、（50，20）等。

在 Mastercam 软件中，按<F9>键可以调出辅助绘图的两条线，分别代表 X、Y、Z 三条轴当中的两条。按住鼠标的中键，可以调出三条线，代表的是 X、Y、Z 三条轴，可以通过绘图区域左下角的标记判断每条线代表的是什么轴，如图 1-14 所示。

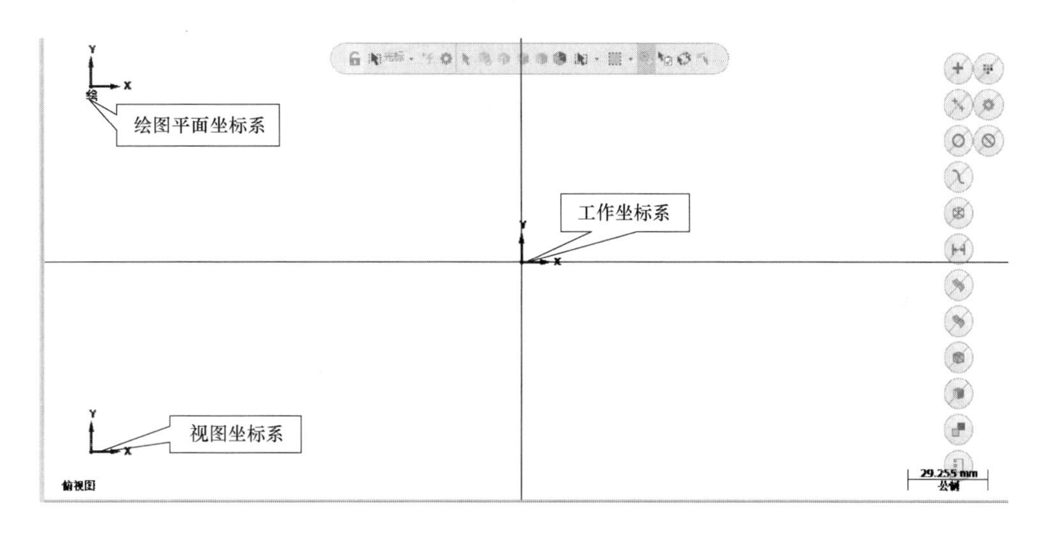

图 1-14　坐标系

【计划与实施】

一、确定绘图方案

1. 问题引导

1）分析点坐标的组成。

2）分析如何绘制点。

3）分析如何用线段把点连接起来。

2. 工作任务

1）使用【绘点】命令，以输入坐标的方式绘制出所有的点。

2）使用【绘线】命令，根据图形连接各点，完成图形绘制。

二、任务实施

1. 点的绘制

单击【草图】→【绘点】命令按钮，如图 1-15 所示。

单击绘图区域上方选择工具栏中的点快捷按钮，如图 1-16 所示。

快速输入：

//输入点的坐标（0，0，0），如图 1-17 所示。

//按<Enter>键。

得到第一个点，点在图上呈现浅蓝色 （浅蓝色代表图素依然是可修改状态）。

//再按<Enter>键。

得到一个深蓝色点 （深蓝色代表图素已确定无法修改）。

使用同样的方法绘制其余的 7 个点，如图 1-18 所示。

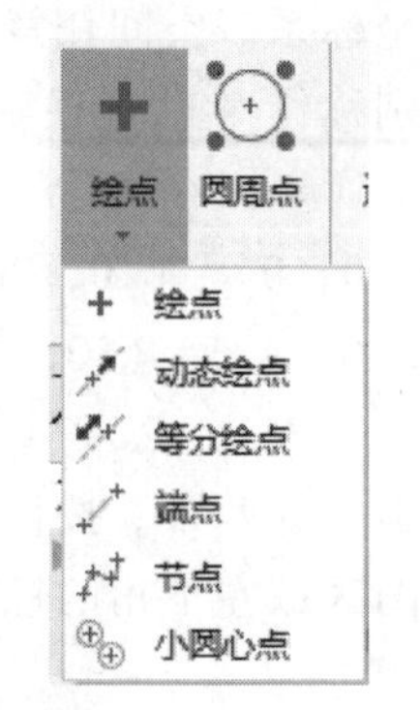

图 1-15 【绘点】命令

2. 线条的绘制

单击【草图】→【连续线】命令按钮，如图 1-19 所示。

图 1-16 点的快捷按钮

图 1-17 输入坐标

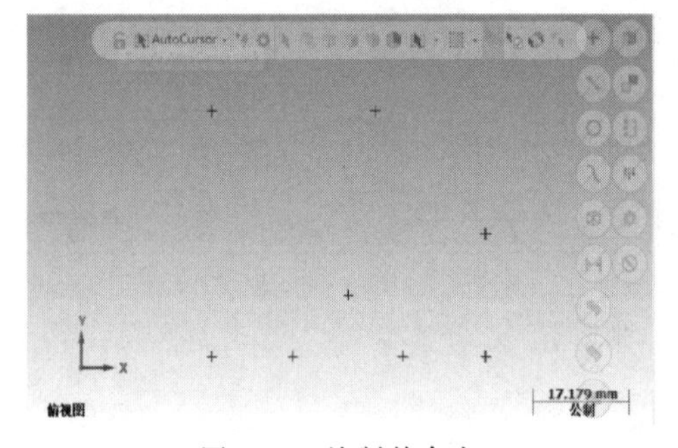

图 1-18 绘制其余点

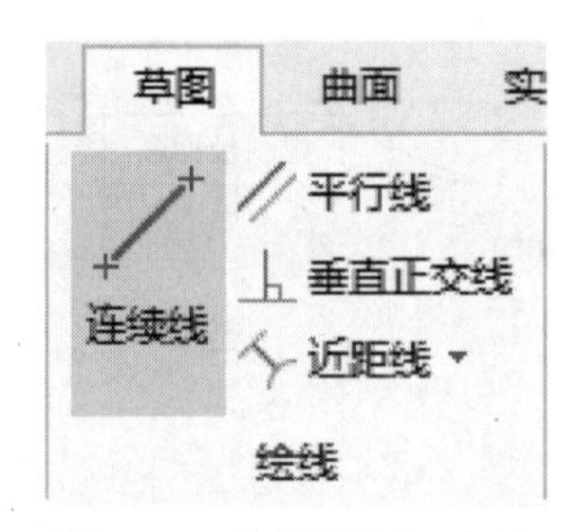

图 1-19 【连续线】命令

选择对象：

//移动光标，选择第一个点，如图 1-20 所示。

选择对象：

//移动光标，选择第二个点。

其余的点按照同样的方法依次连接，绘制出图形，如图 1-21 所示。

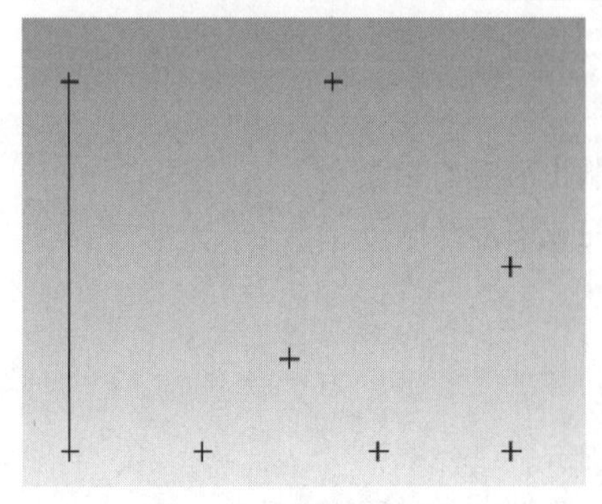

图 1-20 选择第一个点

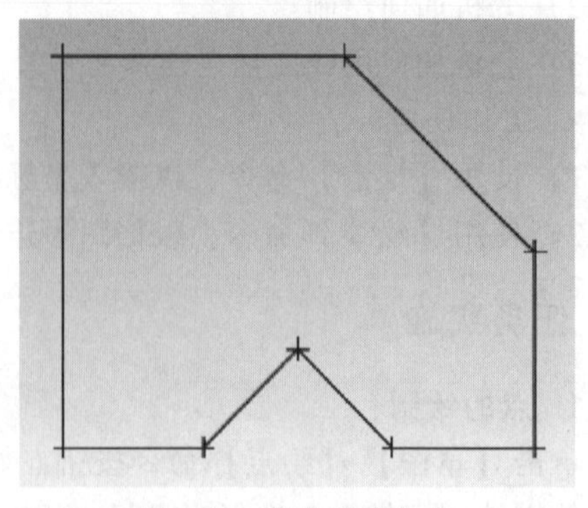

图 1-21 依次连接各点

【知识拓展】

一、动态点的绘制

图 1-22 所示为【绘点】命令。动态点是指用户可以沿着一个图素（直线、曲线、圆弧、整圆等）按照任务的要求，单击【动态绘点】按钮，能得到一系列沿着图素存在的点，效果如图 1-23 所示。

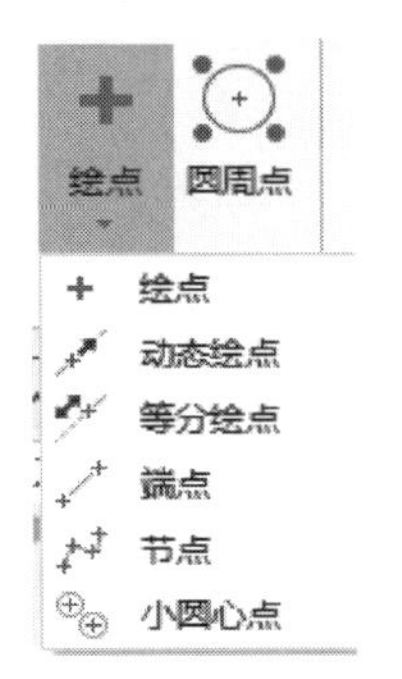

图 1-22　【绘点】命令

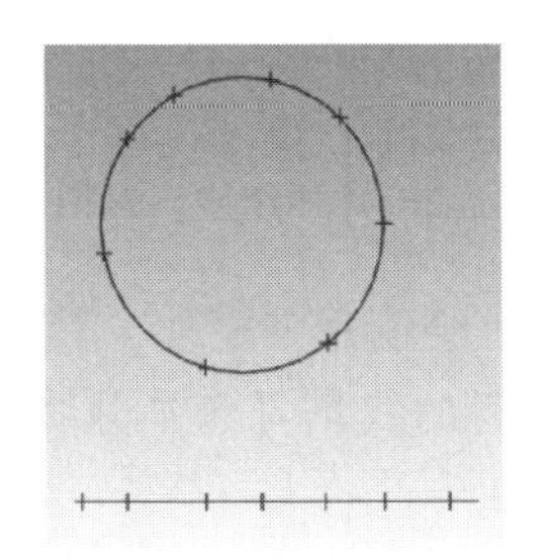

图 1-23　动态点绘点效果图

二、等分点的绘制

单击【等分绘点】按钮，绘图区域左侧会弹出一个【等分绘点】对话框，分别可以填写等分点的距离和等分点的点数，如图 1-24 所示。

例如：需要在一条长度为 50mm 的直线上绘制 5 个等分点，可以有两个方案。

方案一：在【距离】文本框中输入“10”。

方案二：在【点数】文本框中输入“6”（5 个等分点加 1 个端点）。

单击【确认】按钮，结果如图 1-25 所示。

图 1-24　【等分绘点】对话框

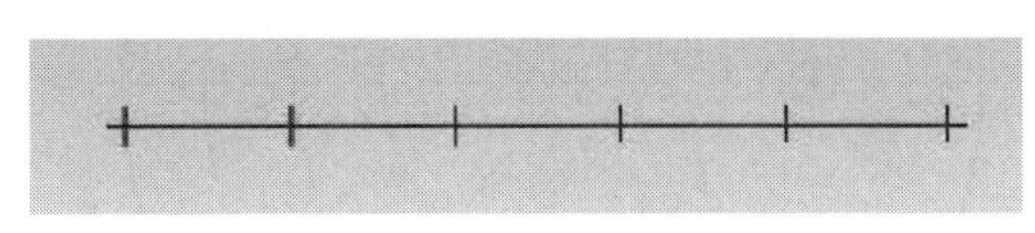

图 1-25　等分点效果图

三、线段的绘制

线段的绘制，单击【两点线】按钮，绘图区域左侧弹出【连续线】对话框，如图 1-26 所示。可以在对话框中修改绘图的方式以及线段的长度和角度，如图 1-27 所示。

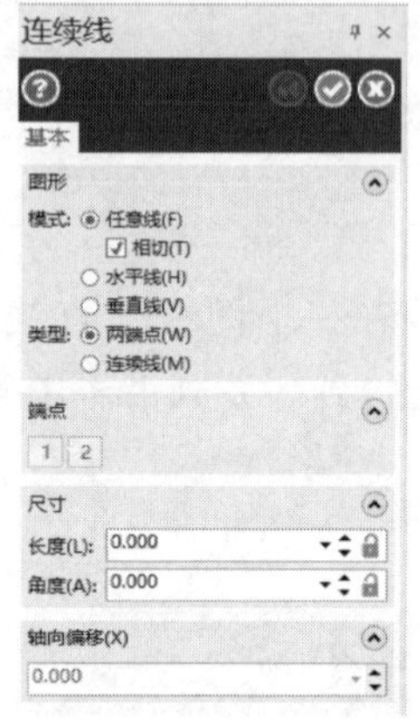

图 1-26 【连续线】对话框

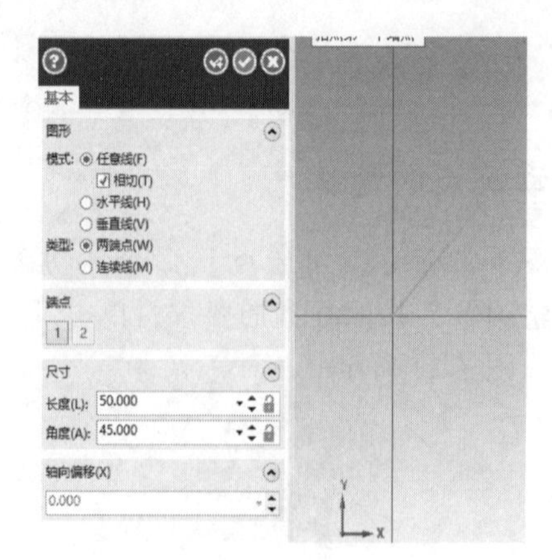

图 1-27 绘制连续线

除了以上绘线命令之外，其他的绘制线条命令如图 1-28 所示，如【平行线】、【垂直线】、【最接近的线】、【角平分线】、【通过点的切线】、【法线】等。

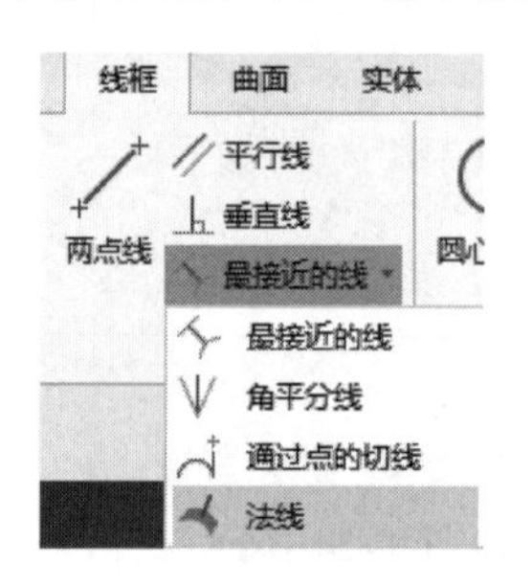

图 1-28 绘线命令

【强化练习】

利用点和直线的绘制命令完成图 1-29 和图 1-30 所示图形的绘制。

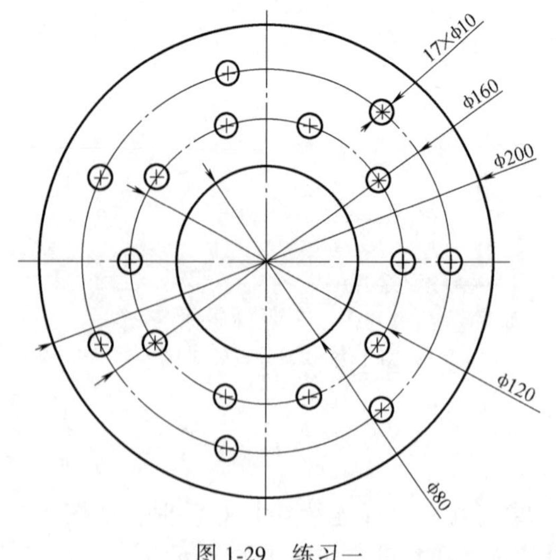

图 1-29 练习一

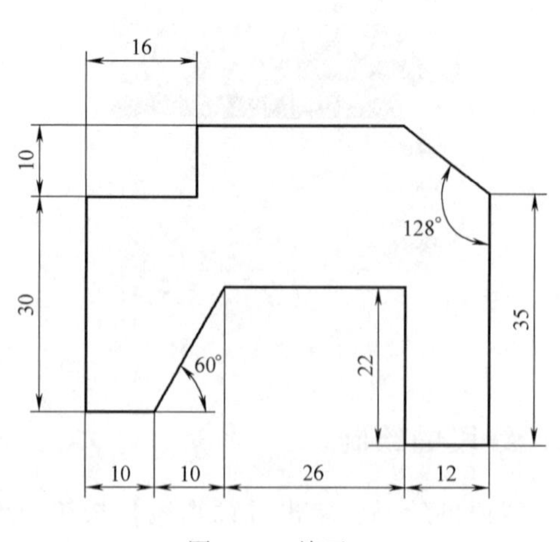

图 1-30 练习二

【检查与评价】

点线的绘制学生学习情况评价表

评价项目		具体评价内容	配分	自评	互评	教师评
项目完成的质量		项目按时保质完成，图线绘制正确	20			
知识与技能	绘点功能应用	正确使用【绘点】命令，数据准确	20			
	绘线功能应用	正确使用【绘线】命令，数据准确	25			
	课后练习完成情况	熟练、正确完成课后练习	20			
学习过程	信息技能	通过系统的帮助功能及试操作，解决问题引导及知识拓展所提问题	5			
	创新	提出可行绘图实施方案，意识创新	5			
	合作	小组互动性好，主动提问并正确解决	5			
评语（优缺点与建议）：			合计			
			总评价（等级）			

注：评价等级与分数的关系是85≤优≤100，70≤良≤84，55≤中≤69，40≤差≤54。

项目二

绘制矩形

【学习任务】

根据图 2-1 所示的尺寸标注要求，应用矩形绘制功能创建外部大矩形，使用偏移、倒角、倒圆角功能完成内部 3 个小矩形的绘制。按教师指定的路径，建立一个以自己学号为名称的文件夹，并将绘制好的图形以“学号+项目二”为文件名，保存在该文件夹内。

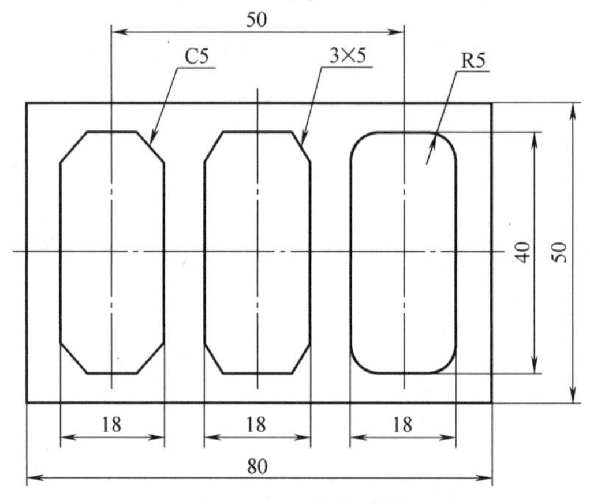

图 2-1　矩形的绘制

【学习目标】

1）熟练矩形绘制功能。

2）掌握图素偏移、倒角、倒圆角功能。

3）掌握多边形、椭圆的画法。

【知识基础】

一、矩形的绘制

矩形的创建主要有三个要素，分别为长度、宽度和参考点。如果选择把四个角当中的一个角顶点作为参考点，那只需要知道对角的点坐标即可绘制一个矩形，如图 2-2 所示；但是如果选择矩形中心作为参考点，则需要知道中心点的坐标和矩形的长与宽，如图 2-3 所示。两种方法都可以绘制矩形，可以根据作图实际需要来选择绘制方式。

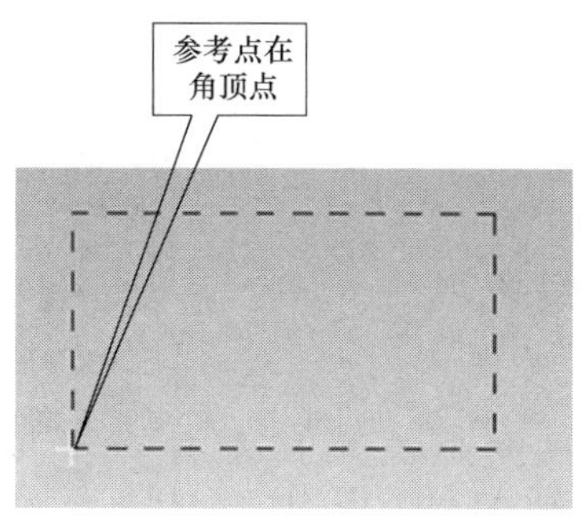

图 2-2　参考点在角顶点

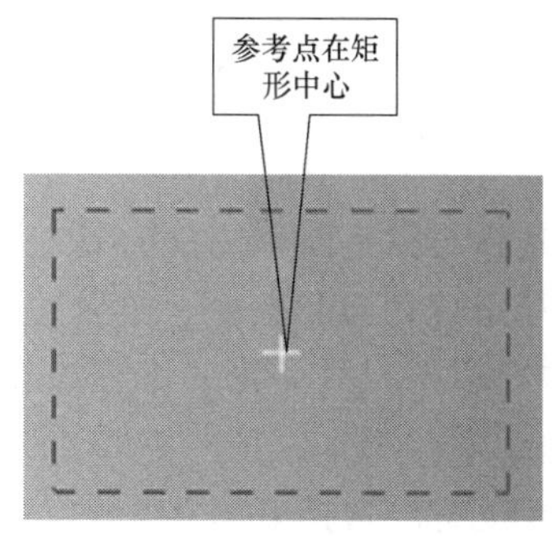

图 2-3　参考点在矩形中心

二、偏移功能

图 2-1 所示图形内部的 3 个小矩形虽然细节不同，但是它们的长、宽大小一致。根据尺寸标注可以得知矩形间的中心距。所以，只需要画出其中一个小矩形，通过偏移功能即可得到其余两个图形。

三、倒角、倒圆角

在绘图软件中对图形进行倒圆角只需知道圆角的半径和倒圆角的对象即可。倒角分为三种情况（图 2-4）。

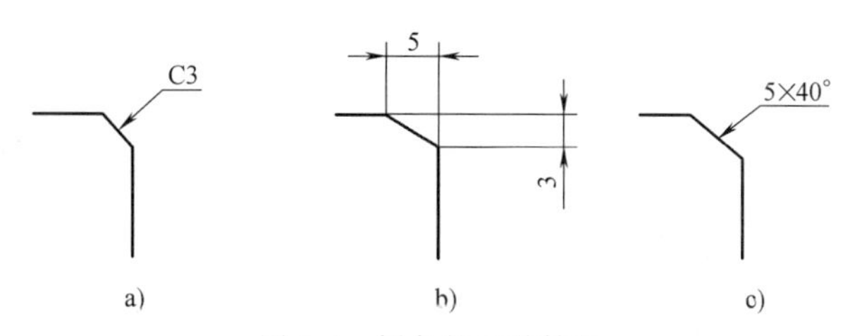

图 2-4　倒角的三种情况

1）图 2-4a 中 C3 代表直倒角，默认角度 45°，两边距离都是 3mm。

2）图 2-4b 中的标注表示两边距离不等，一边是 5mm，一边是 3mm。

3）图 2-4c 中的标注代表轴向距离为 5mm，角度为 40°。

【计划与实施】

一、确定绘图方案

1. 问题引导

1）分析图形由几种矩形组成。

2）分析绘制图形使用到的功能命令。

2. 工作任务

1）以左下角作为基准点画出 50mm×80mm 矩形。

2）以中心作为基准点画出 18mm×40mm 的小矩形

3）使用【平移】命令得到其余两个小矩形。

4）使用【倒圆角】【倒角】命令倒角，完成绘图。

二、任务实施

1）选择绘图平面，按<F9>键打开坐标系。

2）使用【矩形】命令，绘制边长为 50mm×80mm 矩形。

单击【草图】→【矩形】命令按钮，如图 2-5 所示。

选择对象：

//移动光标，选择第一个角的位置或在快速输入栏中输入（0，0，0）。

//按<Enter>键。

选择对象：

//移动光标，选择第二个角的位置或在快速输入栏中输入（80，50，0）

//按<Enter>键。

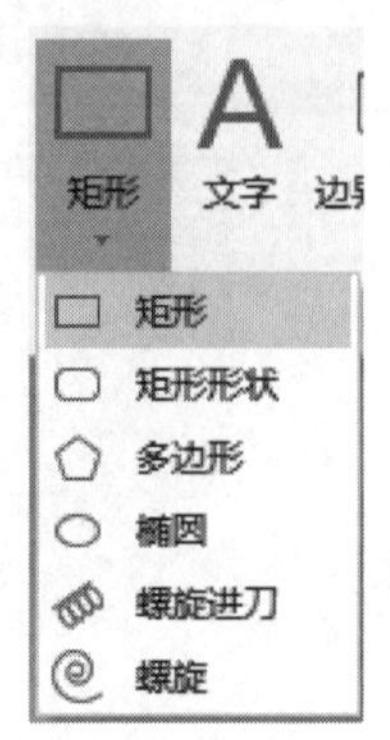

图 2-5 【矩形】命令

注意：

除上述方法外，也可以在定义第一个角点之后，在左侧【矩形】对话框中输入宽度与高度值，即可得到理想的矩形，如图 2-6 所示。

3）绘制图形中间的 3 个小矩形。

① 创建中间长方形。

单击【草图】→【矩形】命令按钮，弹出【矩形】对话框，如图 2-7 所示。

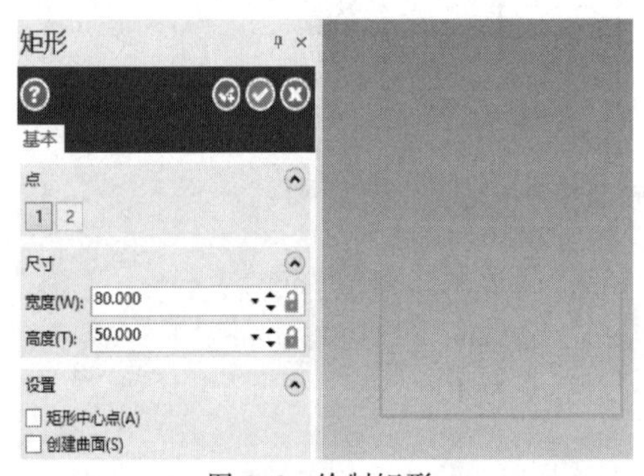

图 2-6 绘制矩形

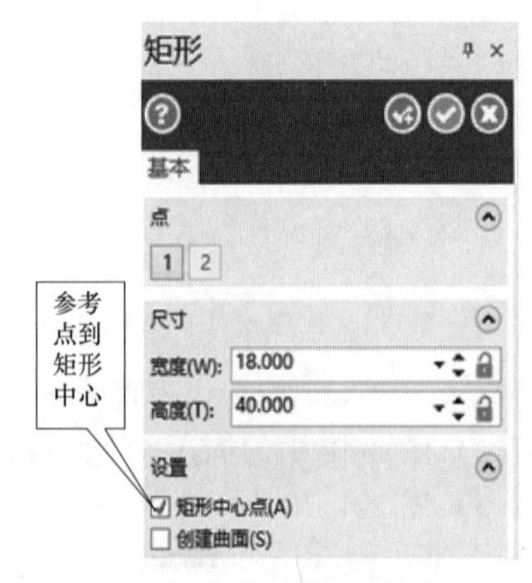

图 2-7 【矩形】对话框

指定宽度：

//在【宽度（W）】文本框中输入“18”。

指定长度：

//在【高度（T）】文本框中输入“40”。

指定参考点：

//勾选“矩形中心点（A）”。

快速输入：

//输入中心点坐标（40，25，0）。

//按<Enter>键。

得到 18mm×40mm 小矩形，如图 2-8 所示。

② 平移绘制两边长方形。

单击【转换】→【位置】→【平移】命令按钮，如图 2-9 所示弹出【平移】对话框。

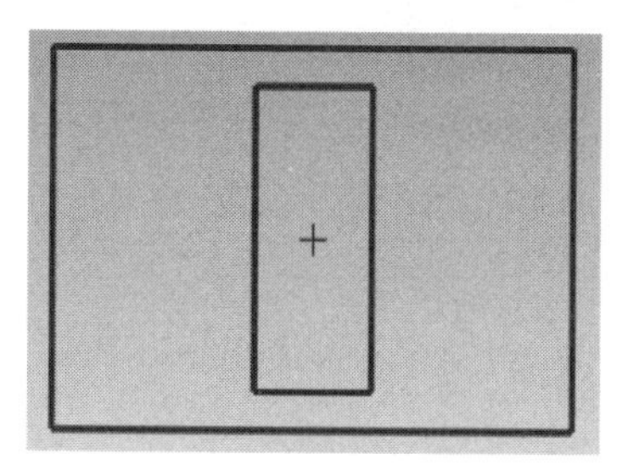

图 2-8　绘制中间矩形

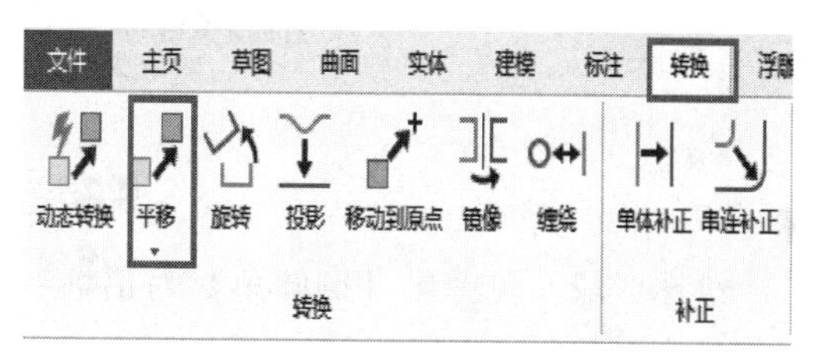

图 2-9　【平移】命令

指定模式：

//点选【复制】单选按钮，如图 2-10 所示。

指定对象：

//选择小矩形，如图 2-10 所示。

指定偏移：

//输入【ΔX】为“25”。

//输入【ΔY】为“0”。

//输入【ΔZ】为“0”。

单击【确定】按钮。

指定模式：

//点选【复制】单选按钮。

指定对象：

//选择小矩形。

指定偏移：

//输入【ΔX】为“-25”。

//输入【ΔY】为“0”。

//输入【ΔZ】为“0”。

单击【确定】按钮，结果如图 2-11 所示。

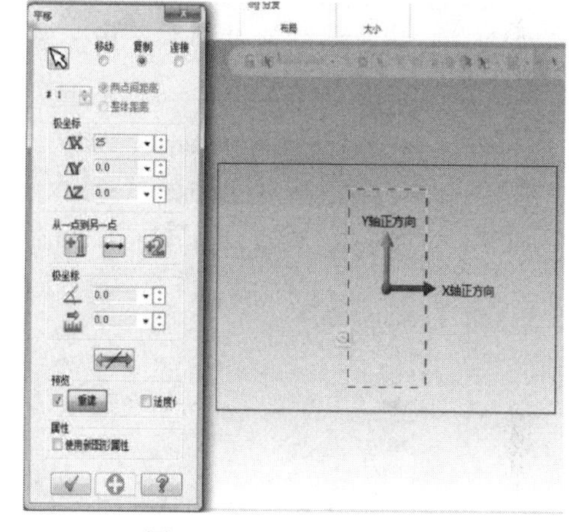

图 2-10　X 正方向上复制

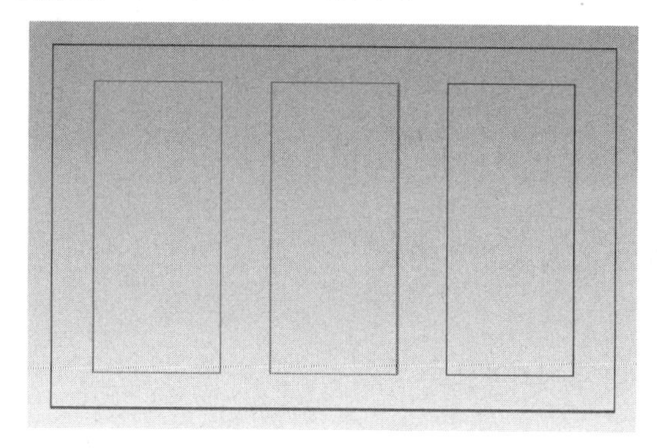

图 2-11　长方形的平移

4）倒圆角、倒角

单击【草图】→【修剪】→【倒圆角】命令按钮，如图 2-12 所示。

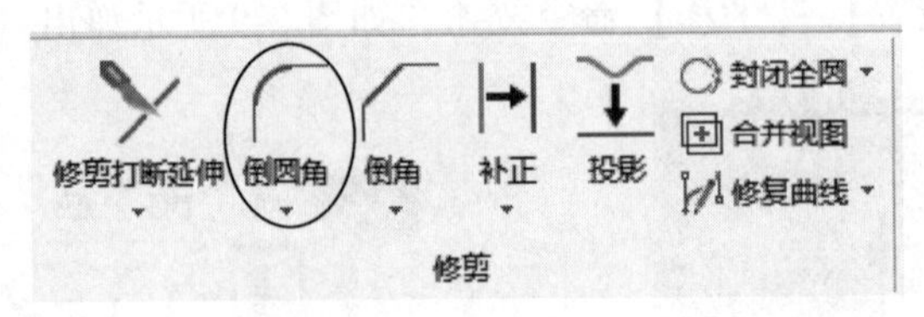

图 2-12　倒圆角命令

绘图区域左侧弹出【倒圆角】对话框，如图 2-13 所示。

指定对象：

//选择最右侧小矩形中的两根相邻的线。

指定半径：

//输入“半径”为“5”。

//按<Enter>键。

重复上述操作，完成其余三个角的倒圆角，结果如图 2-14 所示。

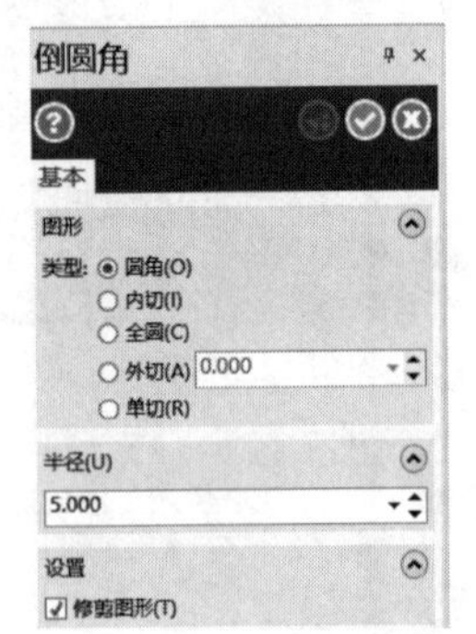

图 2-13 【倒圆角】对话框

图 2-14　圆角效果

单击【草图】→【修剪】→【倒角】命令按钮，如图 2-15 所示。

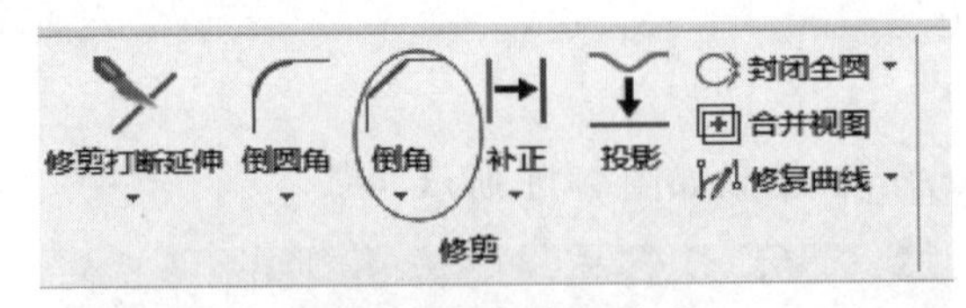

图 2-15 【倒角】命令

绘图区域左侧弹出【倒角】对话框，如图 2-16 所示。

指定对象：

//选择最左侧小矩形中的两根相邻的线。

指定模式：

//点选【距离 1】。

输入距离：

//在【距离 1】文本框中输入“5”。

//按<Enter>键。

重复上述操作，完成其余 3 个角的倒角，结果如图 2-17 所示。

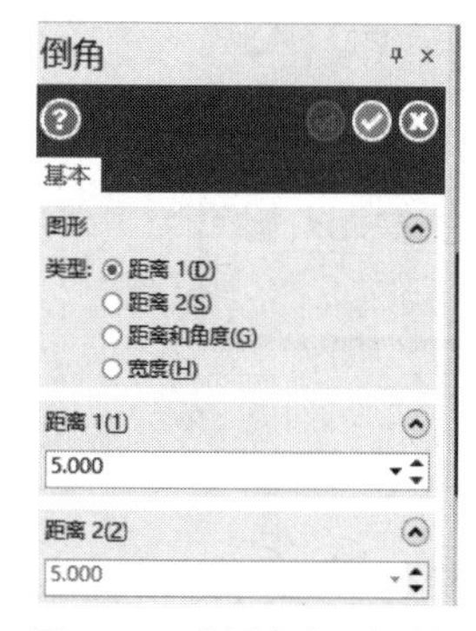

图 2-16 【倒角】对话框

图 2-17　倒角效果图

单击【草图】→【修剪】→【倒角】命令按钮，如图 2-18 所示。

指定对象：

//选择中间小矩形中的两根相邻的线，先选择短边，再选择长边。

指定模式：

//点选【距离 2】。

输入距离：

//在【距离 1】文本框中输入“3”。

//在【距离 2】文本框中输入“5”。

//按<Enter>键。

重复上述操作，完成其余三个角的倒角，结果如图 2-19 所示。

图形创建任务完成。

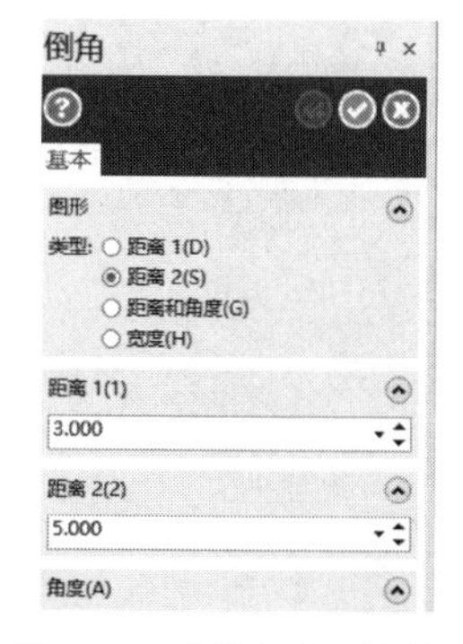

图 2-18 【倒角】对话框

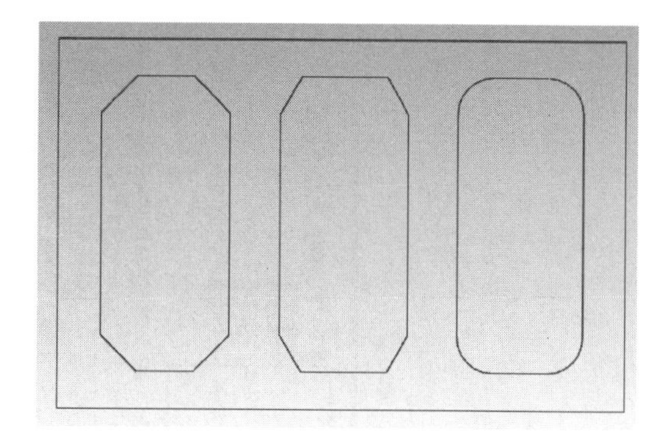

图 2-19　不同距离倒角效果

【知识拓展】

一、圆角矩形

一些带特征的矩形，除了可以使用相应命令修改之外，还可以运用【圆角矩形】命令

进行绘制，如图 2-20 所示。

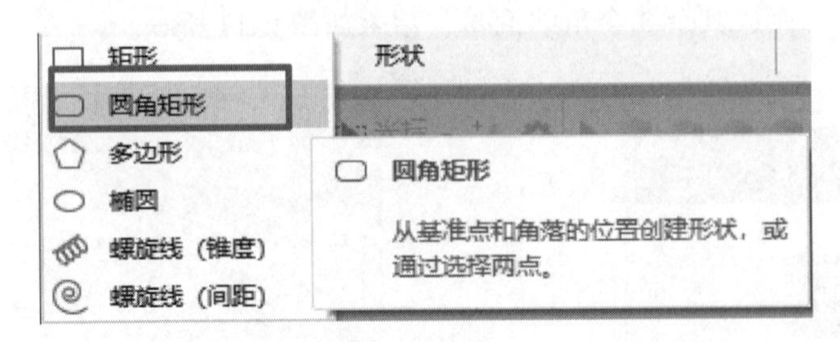

图 2-20 【圆角矩形】命令

单击【草图】→【形状】→【矩形】→【圆角矩形】命令按钮，弹出【矩形选项】对话框。

指定宽度：

//输入 18mm。

指定高度：

//输入 40mm。

指定形状：

//选择矩形。

指定固定位置：

//选择矩形中心。

快速输入：

//输入中心点坐标（40，25，0）。

//按<Enter>键。

得到 18mm×40mm 小矩形，如图 2-21 所示。

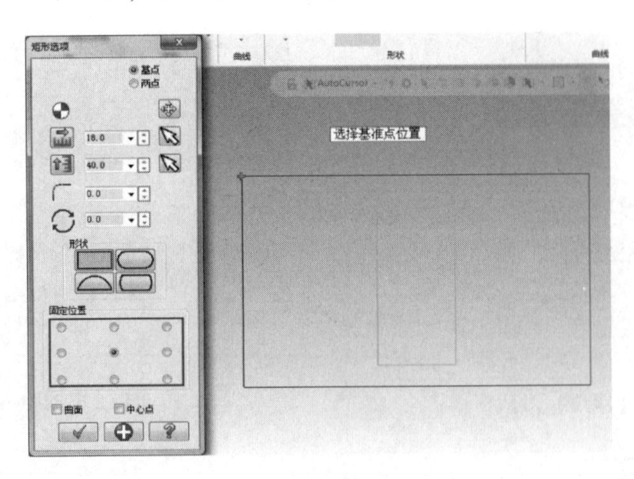

图 2-21 圆角矩形绘图

单击【草图】→【形状】→【矩形】→【圆角矩形】命令按钮，如图 2-22 所示。

指定宽度：

//输入 18mm。

指定高度：

//输入 40mm。

指定形状：

//选择圆角形。

指定固定位置：

//选择左下角。

快速输入：

//输入中心点坐标（5，5，0）。

//按<Enter>键。

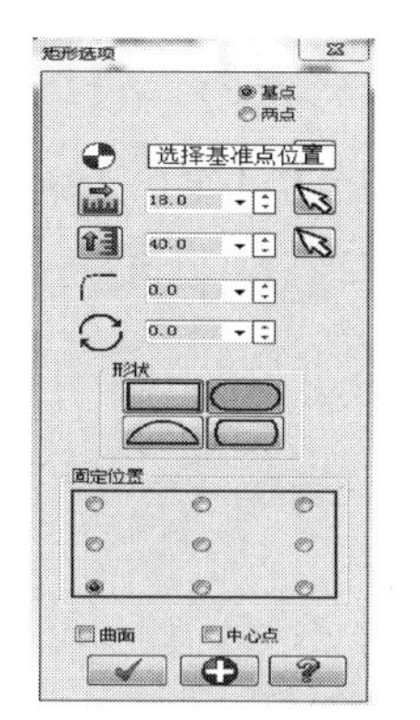

图 2-22　设置矩形参数

得到一个 18mm×40mm 圆角矩形，如图 2-23 所示。

单击【草图】→【形状】→【矩形】→【圆角矩形】命令按钮，如图 2-24 所示。

图 2-23　圆角矩形效果

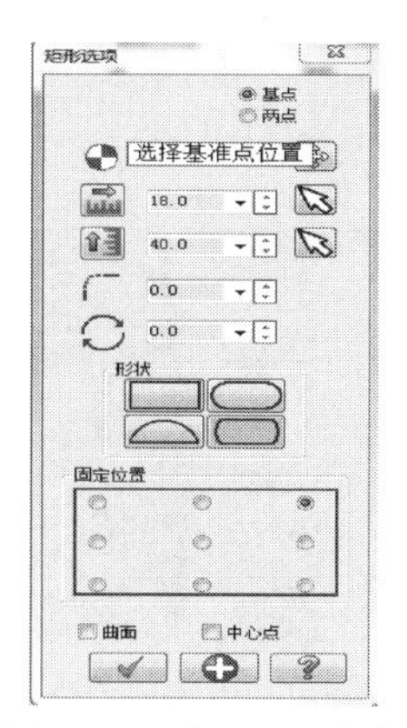

图 2-24　设置矩形参数

指定宽度：

//输入 18mm。

指定高度：

//输入 40mm。

指定形状：

//选择圆弧形。

指定固定位置：

//选择右上角。

快速输入：

//输入中心点坐标（75，45，0）。

//按<Enter>键。

得到一个 18mm×40mm 圆弧矩形，如图 2-25 右侧所示。

图 2-25　圆弧矩形效果

二、多边形

单击【草图】→【形状】→【矩形】→【多边形】命令按钮，如图 2-26 所示。

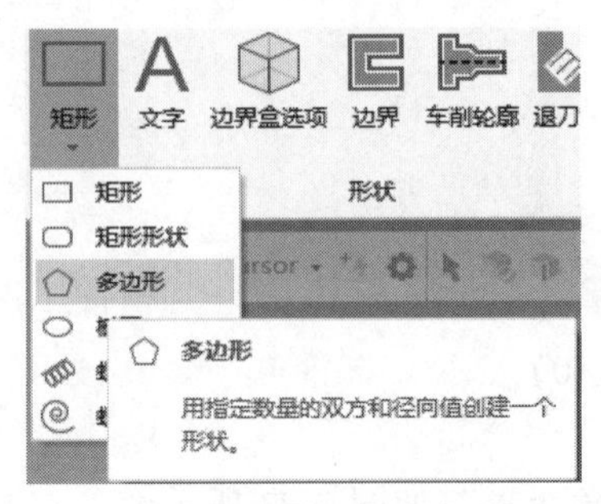

图 2-26 【多边形】命令

多边形可以用内接圆（图 2-27）和外切圆（图 2-28）两种方式进行绘制。内接圆方式是多边形是内接于一个圆里，只要输入圆的半径和多边形的边数即可得到一个多边形。外切圆方式是多边形外切于圆外，其余操作和上述一样。

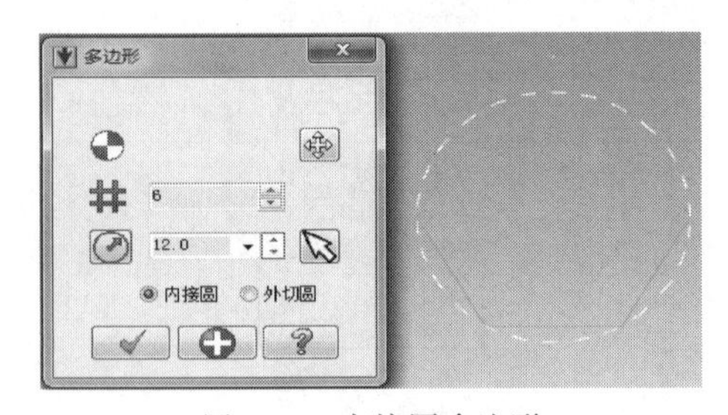

图 2-27 内接圆多边形

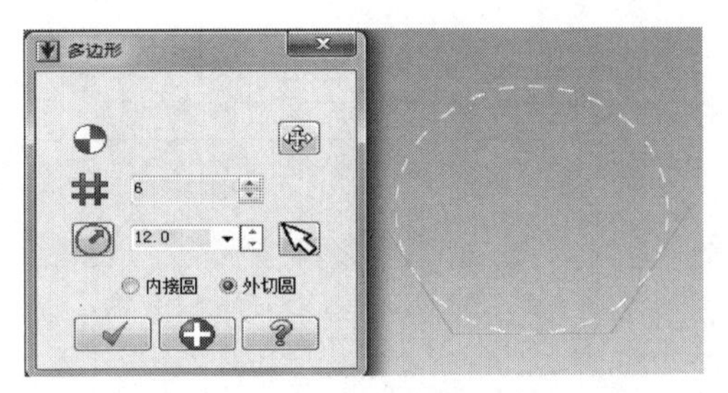

图 2-28 外切圆多边形

三、椭圆

椭圆的绘制主要由三个关键因素决定：最大半径 a（X 轴）、最小半径 b（Y 轴）和中心点。

单击【草图】→【形状】→【矩形】→【椭圆】命令按钮，如图 2-29 所示。

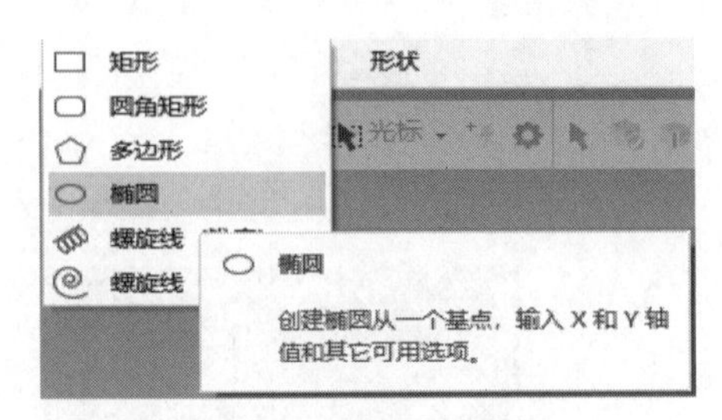

图 2-29 【椭圆】命令

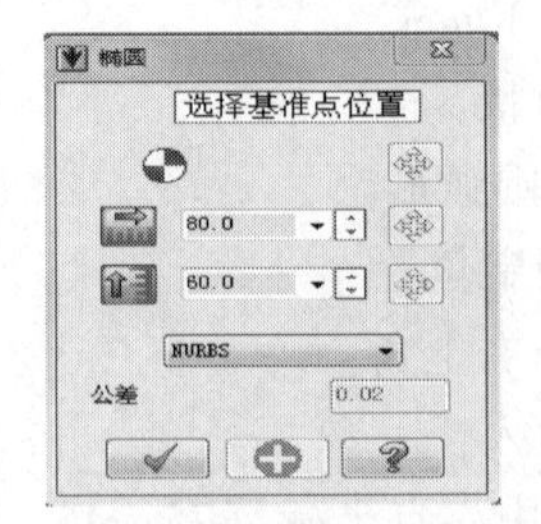

图 2-30 【椭圆】对话框

根据提示选择基准点位置，输入 X 轴方向的半径和 Y 轴方向的半径，如图 2-30 所示。单击【确定】按钮 完成绘制。

另外，根据需求可以选择绘制椭圆弧。单击【椭圆】对话框上方的下拉箭头，如图 2-31 所示；可以得到图 2-32 所示选项组。根据需求可以输入起始角度、终结角度和旋转角度，可以得到所需的椭圆弧，如图 2-33 所示。

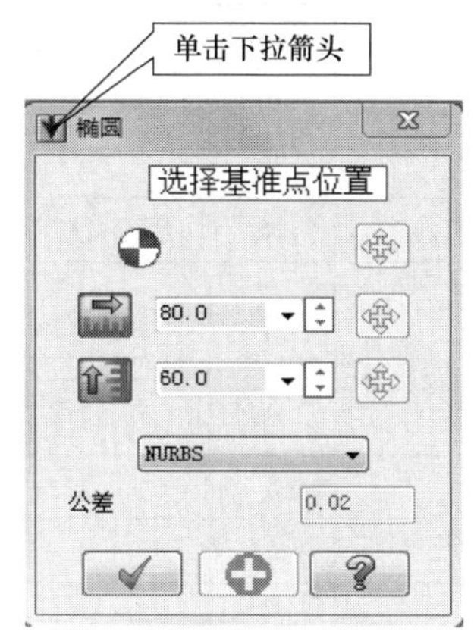

图 2-31　调出选项组

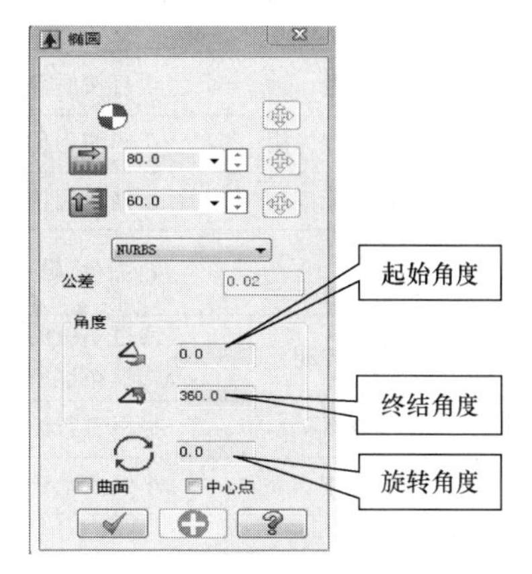

图 2-32　参数设置

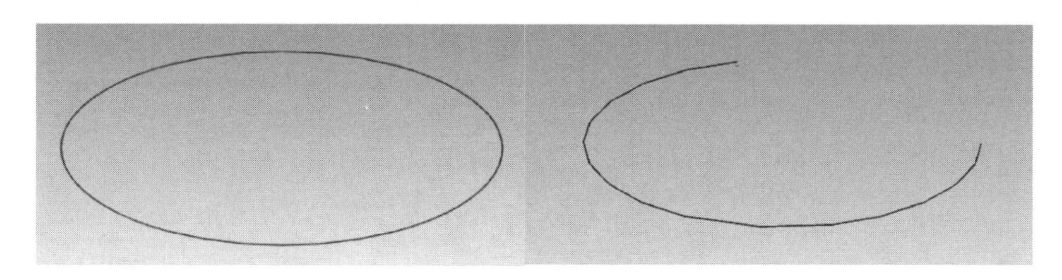

图 2-33　椭圆效果图

【强化练习】

利用绘制直线、多边形和椭圆的相关命令完成图 2-34 和图 2-35 所示图形的绘制。

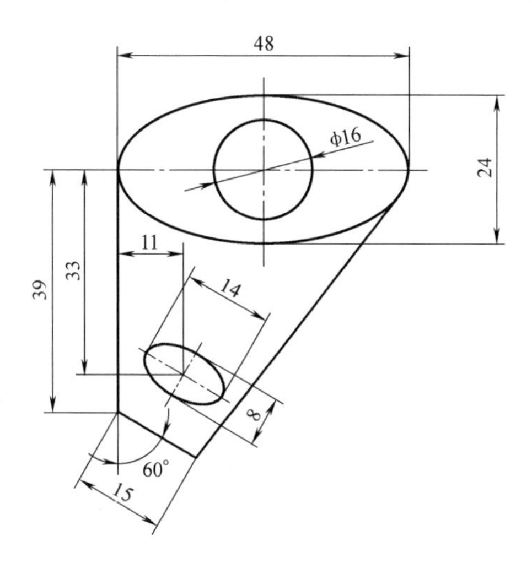

图 2-34　练习一

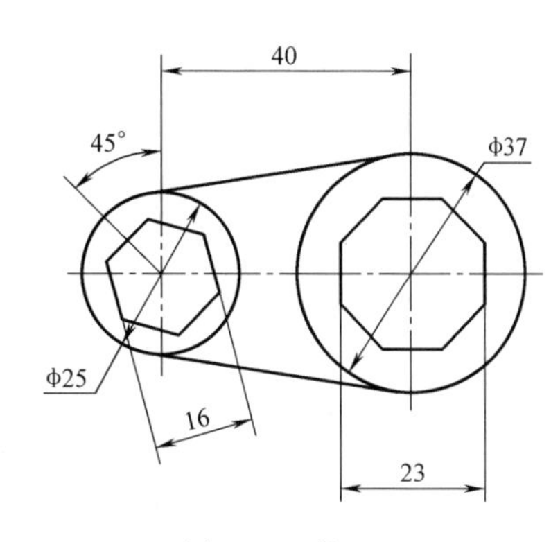

图 2-35　练习二

【检查与评价】

矩形的绘制学生学习情况评价表

评价项目		具体评价内容	配分	自评	互评	教师评
项目完成的质量		项目按时保质完成，图线绘制正确	20			
知识与技能	矩形功能应用	正确使用【矩形】命令，数据准确	20			
	倒角功能应用	正确使用【倒角】【倒圆角】命令，数据准确	25			
	课后练习完成情况	熟练、正确完成课后练习	20			
学习过程	信息技能	通过系统的帮助功能及试操作，解决问题引导及知识拓展所提问题	5			
	创新	提出可行绘图实施方案，意识创新	5			
	合作	小组互动性好，主动提问并正确解决	5			
评语（优缺点与建议）：			合计			
			总评价（等级）			

注：评价等级与分数的关系是85≤优≤100，70≤良≤84，55≤中≤69，40≤差≤54。

项目三

绘制与修剪圆弧

【学习任务】

根据图 3-1 所示的尺寸标注，使用【圆弧】命令绘制图线，并配合修剪功能，完成相关任务。绘制结束后，按教师指定的路径，创建一个以自己学号为名称的文件夹，并将绘制好的图形以“学号+项目三”为文件名，保存在该文件夹内。

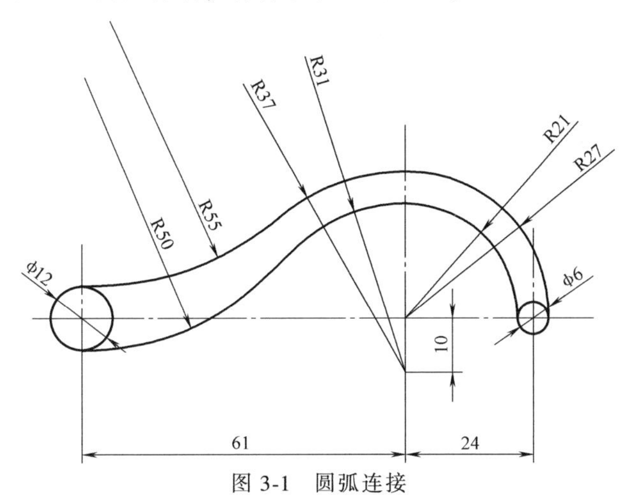

图 3-1　圆弧连接

【学习目标】

1）熟练【圆弧】下拉菜单中各命令的功能及使用方法；
2）了解修剪命令的应用。

【知识基础】

一、整圆的绘制

1. 圆心半径（直径）画圆

圆心半径（直径）画圆的决定要素是圆心和半径（直径）。

例 3-1：绘制圆心点坐标（0，0，0），直径为 30mm 的圆。

绘制：单击【草图】→【圆弧】→【已知点画圆】命令按钮，绘图区左侧弹出【已知点画圆】对话框，如图 3-2 所示。在【直径】文本框中输入“30”，单击【输入点】按钮 ，输入圆心点坐标（0，0，0），按<Enter>键，然后再单击左侧对话框右上角【确认】按钮，完成绘图任务，结果如图 3-3 所示。

图 3-2 【已知点画圆】对话框

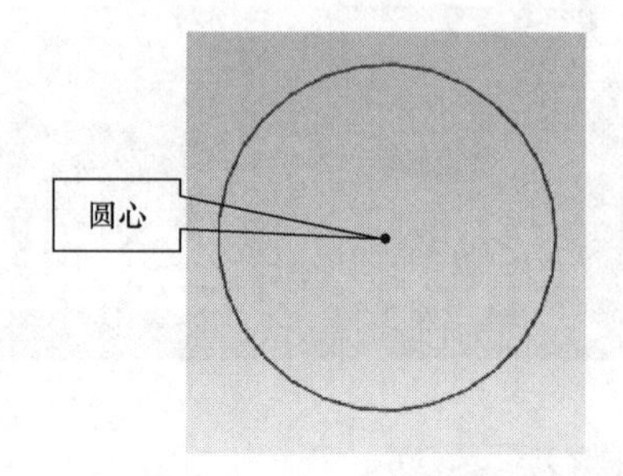

图 3-3 圆心半径画圆

2. 已知点画圆

通过已知点画圆的决定要素主要是：圆心点和通过点。

例 3-2：绘制圆心点坐标为（-15，-15，0），且通过 A 点的圆。

绘制：单击【草图】→【圆弧】→【已知点画圆】命令按钮；单击【输入点】按钮，输入圆心点坐标（-15，-15，0），按<Enter>键，如图 3-4 所示，然后移动光标，捕捉 A 点，再单击左侧对话框右上角【确认】按钮，完成绘图任务，如图 3-5 所示。

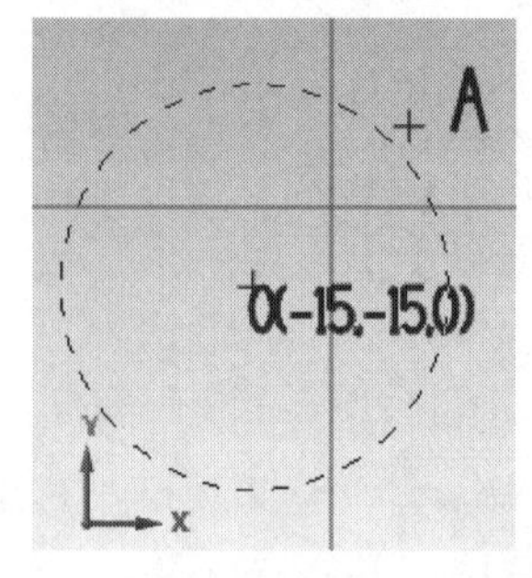

图 3-4 设定圆心点

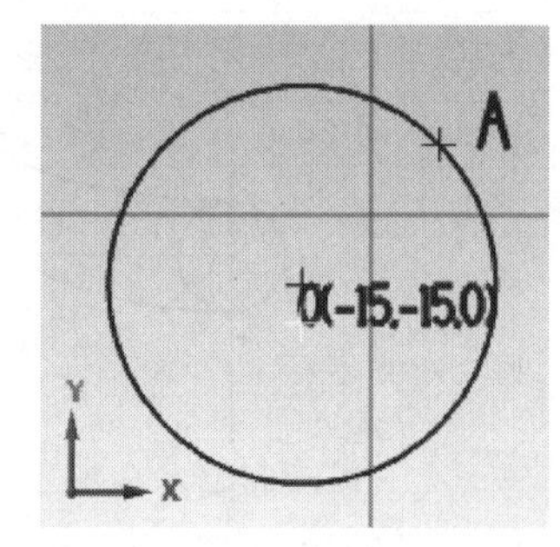

图 3-5 捕捉 A 点

3. 已知边界点画圆

创建边界点画圆，应具有已知两个点或三个边界点。

（1）两点画圆　通过两边界点创建圆，如图 3-6 所示。

（2）两点相切画圆　通过两边界点相切到现有图形创建圆，如图 3-7 所示。

（3）三点画圆　通过三个边界点创建圆，如图 3-8 所示。

（4）三点相切画圆　通过三个边界点与现有图形相切创建圆，如图 3-9 所示。

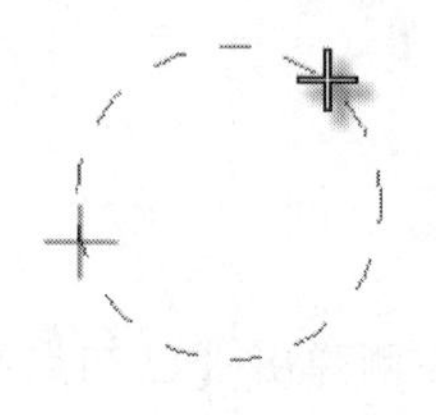

图 3-6 两点画圆

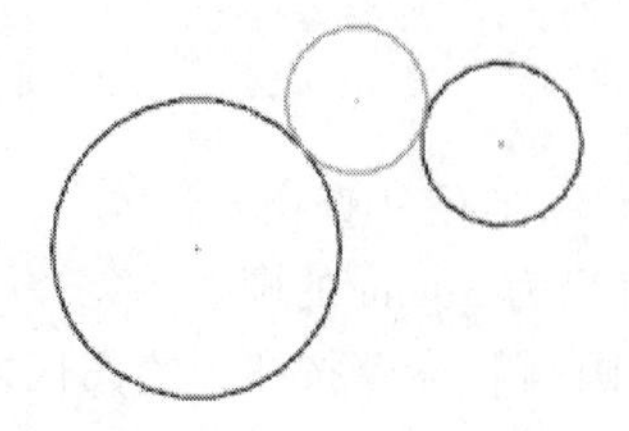

图 3-7 两点相切画圆

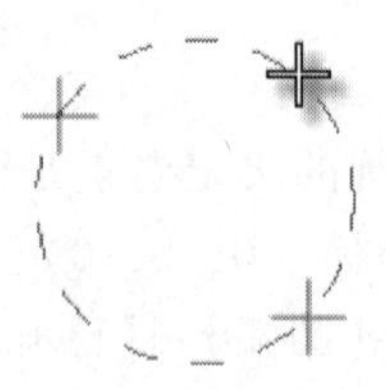

图 3-8 三点画圆

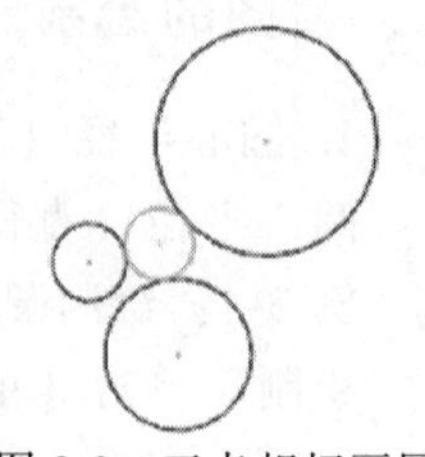

图 3-9 三点相切画圆

二、圆弧的绘制

创建圆弧的方式有多种，具体操作如下：

（1）两点画弧　定义起点和终点，输入半径创建圆弧，如图 3-10 所示。

（2）三点画弧　捕捉起点、终点和中间点创建圆弧，如图 3-11 所示。

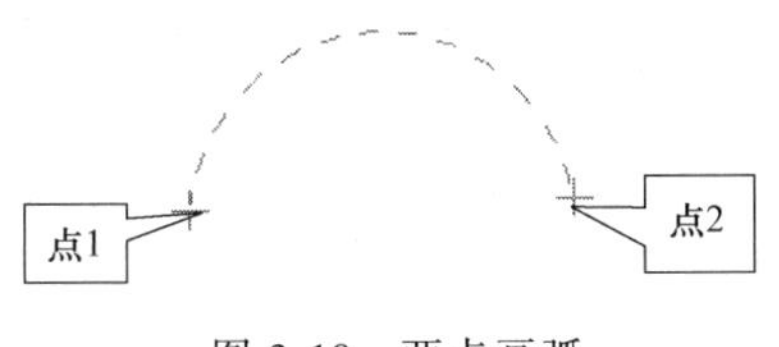

图 3-10　两点画弧

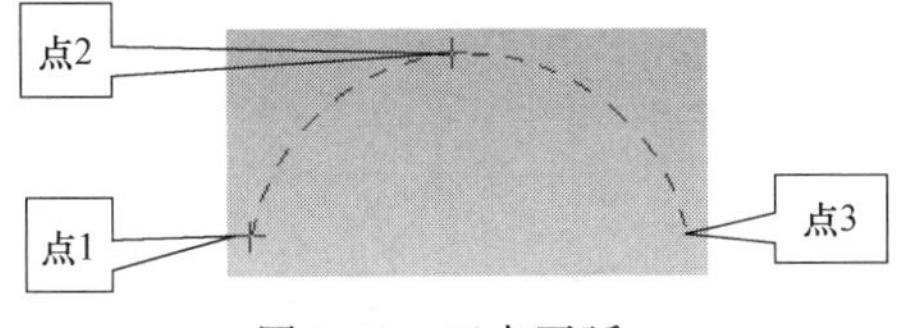

图 3-11　三点画弧

（3）极坐标画弧　通过输入起始角度、终点角度、半径（直径）创建圆弧。

例 3-3：绘制一圆心点为（15，15，0），圆弧的起始角度为 15°，结束角度为 145°，圆弧半径为 30mm 的圆弧。

绘制：单击【草图】→【圆弧】→【已知边界点画圆】→【极坐标画弧】命令按钮，弹出【已知点画圆】对话框，如图 3-12 所示，单击【输入点】按钮，输入圆心点坐标（15，15，0），在对话框中输入圆弧半径为“30”，起始角度为“15”，结束角度为“135”，选择圆弧方向，单击【确认】按钮，完成绘图任务，结果如图 3-13 所示。

图 3-12　【极坐标画弧】对话框

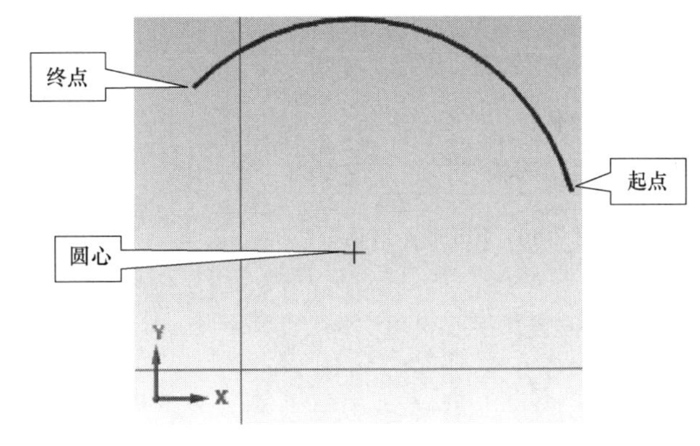

图 3-13　圆弧

三、切弧的绘制

切弧是指与一个或多个图像相切的一段圆弧，绘制切弧有多重模式，具体介绍如下：

（1）单一物体切弧　通过指定半径、相切图形、图形内切点创建的切弧。

（2）通过点切弧　通过指定半径、相切图形、图形外一点创建的切弧。

（3）中心线切弧　通过指定半径、相切直线、圆弧圆心所在直线创建的切弧。

（4）动态切弧　与图像相切，自由确定切点的切弧。

（5）两物体切弧　与两个图形相切的圆弧。

（6）三物体切弧　与三个图形相切的圆弧。

（7）三物体切圆　与三个图形相切的圆。

例 3-4：使用两物体切弧模式绘制图 3-14 所示图形。

使用画圆的命令绘制出中心距为 60mm，直径分别为 30mm 和 50mm 的圆，如图 3-15 所示。

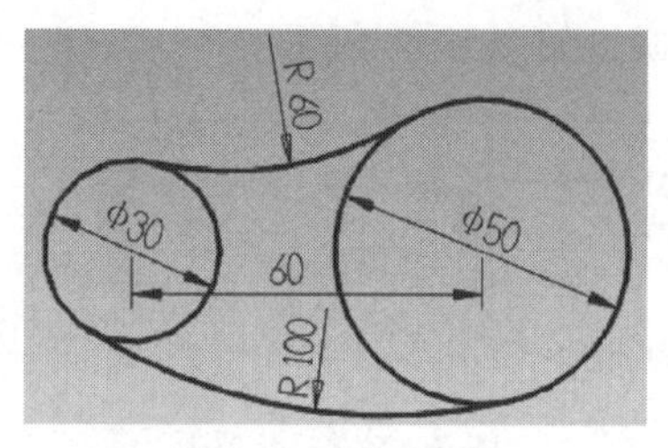

图 3-14　圆弧连接

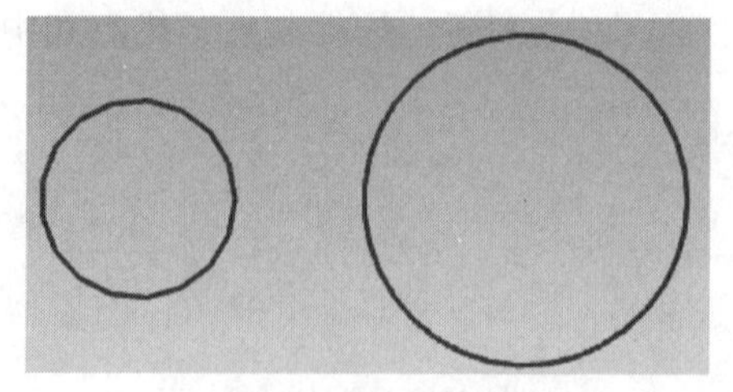

图 3-15　绘制已知圆

单击【草图】→【圆弧】→【切弧】命令按钮，在【切弧】对话框中的【模式】下拉列表中选择【两物体切弧】，在【半径】文本框中输入“60”，如图 3-16 所示。分别选取 ϕ30mm 和 ϕ50mm 的圆，生成如图 3-17 所示切弧，根据需要单击保留的圆弧，R60mm 切弧绘制完成，如图 3-18 所示。R100mm 切弧按上述步骤重复操作，完成图形绘制，结果如图 3-19 所示。

图 3-16　【切弧】对话框

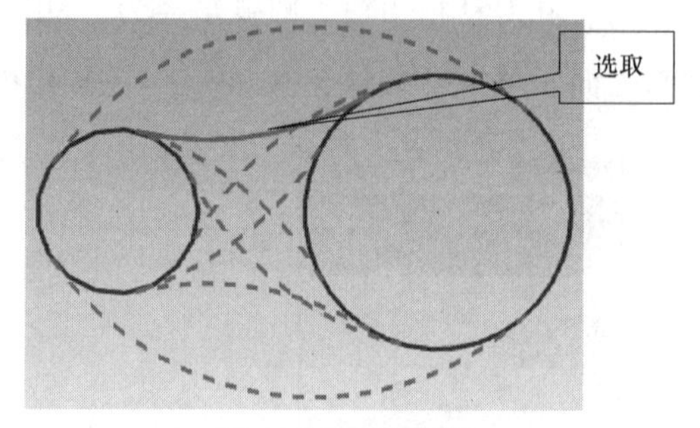

图 3-17　选择圆弧

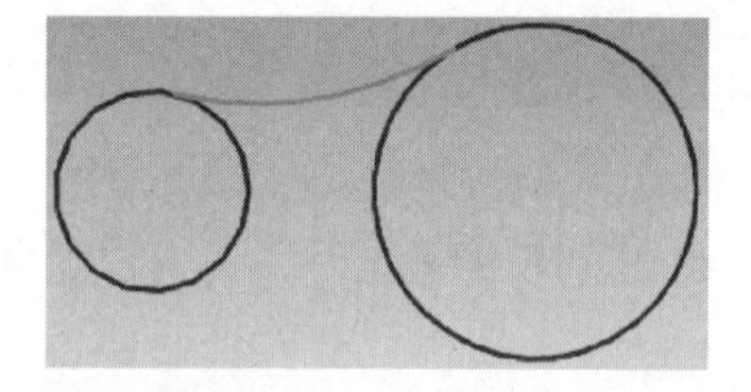

图 3-18　生成圆弧

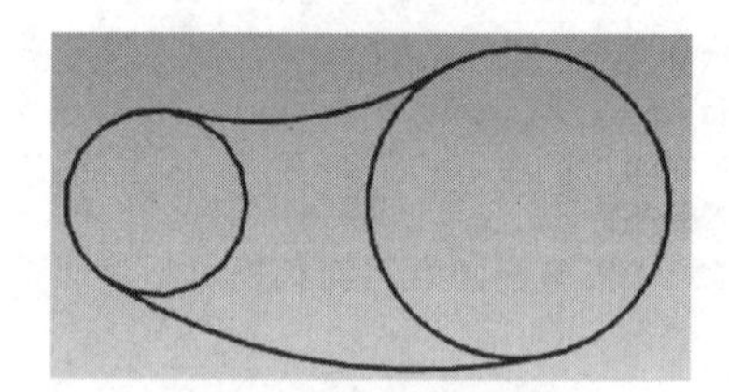

图 3-19　完成圆弧连接

【计划与实施】

一、确定绘图方案

1. 问题引导

1）分析绘制图形由几种基本图形组成。

2）分析绘制的图形运用到几种命令。

2. 工作任务

1）使用【圆弧】命令绘制出 ϕ6mm、ϕ12mm 的圆。

2）使用【圆弧】命令绘制出连接圆弧。

3）使用【修剪】命令裁剪多余圆弧。

二、任务实施

1. 选择绘图平面

按<F9>键打开坐标系。

2. ϕ6mm 小圆的绘制

单击【草图】→【圆弧】→【已知点画圆】命令按钮，弹出绘制圆的对话框如图 3-20 所示。

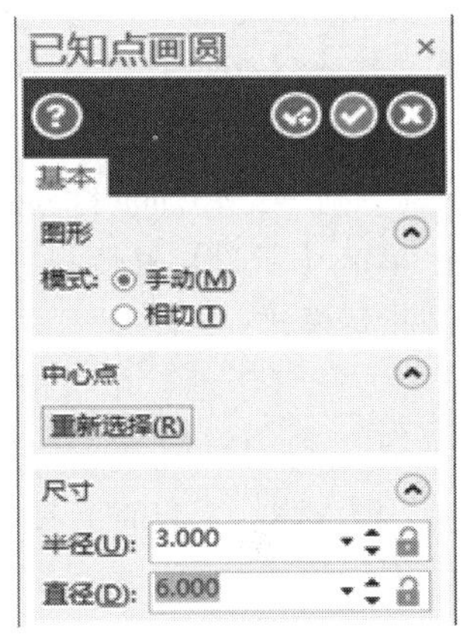

图 3-20 【已知点画圆】对话框

指定模式：

//点选【手动】单选按钮。

指定圆心位置：

//输入圆心点位置（24，0，0）。

指定半径：

//输入【半径】为“3”。

//按<Enter>键。

得到 ϕ6mm 小圆，如图 3-21 所示。

3. R21mm、R27mm、R31mm、R37mm 圆弧的绘制

（1）创建 R21mm 圆弧。

单击【草图】→【圆弧】→【已知点画圆】命令按钮，设置对话框中的参数。

图 3-21 绘制 ϕ6mm 圆

指定模式：

//点选【手动】单选按钮。

指定圆心位置：

//输入圆心位置坐标（0，0，0）。

指定半径：

//输入【半径】为“21”。

//按<Enter>键。

（2）创建 R27mm 圆弧。

单击【草图】→【圆弧】→【已知点画圆】命令按钮，设置对话框中的参数。

指定模式：

//点选【手动】单选按钮。

指定圆心位置：

//输入圆心点位置坐标（0，0，0）。

指定半径：

//输入【半径】为“27”。

//按<Enter>键。

（3）创建 R31mm 圆弧。

单击【草图】→【圆弧】→【已知点画圆】命令按钮，设置对话框中的参数。

指定模式：

//点选【手动】单选按钮。

指定圆心位置：

//输入圆心点位置坐标（0，-10，0）。

指定半径：

//输入【半径】为“31”。

//按<Enter>键。

（4）创建 R37mm 圆弧。

单击【草图】→【圆弧】→【已知点画圆】命令按钮，设置对话框中的参数。

指定模式：

//点选【手动】单选按钮。

指定圆心位置：

//输入圆心点位置坐标（0，-10，0）。

指定半径：

//输入【半径】为“37”。

//按<Enter>键。

得到 R21mm、R27mm、R31mm、R37mm 圆，如图 3-22 所示。

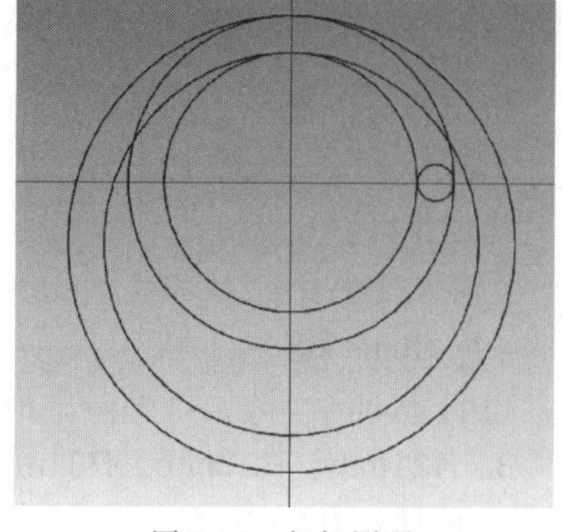

图 3-22　相切圆弧

4. 圆弧的修剪

单击【草图】→【修剪】→【修剪打断延伸】命令按钮，如图 3-23 所示。在弹出的【修剪打断延伸】对话框中选择修剪模式，并定义修剪的方式。根据图形需要，修剪或删除多余线段。

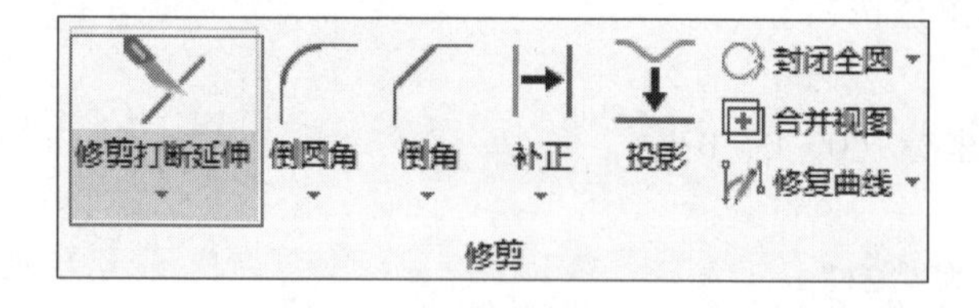

图 3-23　【修剪】命令

指定模式：

//点选【修剪】单选按钮。

指定方式：

//点选【分割/删除】单选按钮，如图 3-24 所示。

指定对象：

//选择需删除的圆弧，结果如图 3-25 所示。

5. ϕ12mm 圆的绘制

单击【草图】→【圆弧】→【圆心半径】命令按钮，设置对话框中的参数。

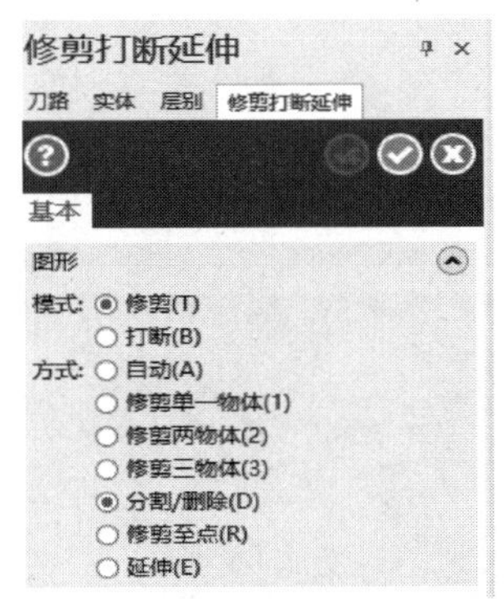

图 3-24 【修剪打断延伸】对话框

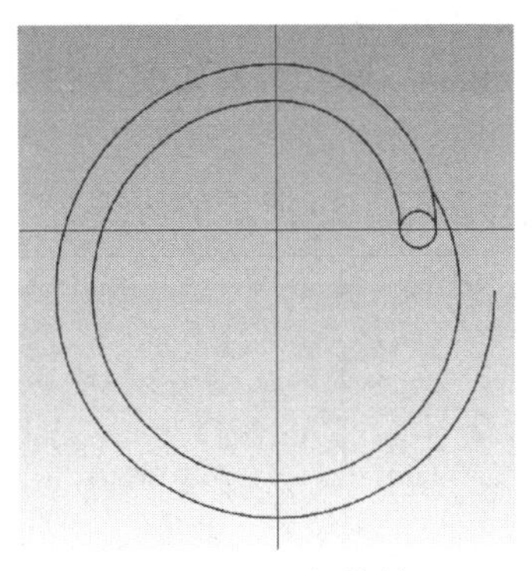

图 3-25　选择修剪

指定模式：

//点选【手动】单选按钮。

指定圆心位置：

//输入圆心点位置坐标（-61，0，0）。

指定半径：

//输入【半径】为“6”。

//按<Enter>键。

得到 ϕ12mm 小圆，结果如图 3-26 所示。

6. R55mm 圆弧的绘制

单击【草图】→【圆弧】→【切弧】命令按钮，在弹出的【切弧】对话框进行参数设置，如图 3-27 所示。

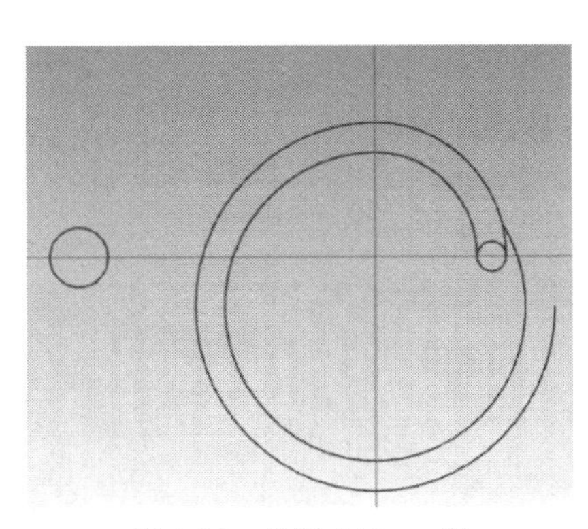

图 3-26　绘制 ϕ12mm 圆

图 3-27 【切弧】对话框

指定模式：

//选择【两物体切弧】。

指定半径：

//在【半径】文本框中输入“55”。

指定对象：

//分别单击 ϕ12 圆、R37 圆弧。

//按<Enter>键，结果如图 3-28 所示。

指定结果：

//选择跟图 3-29 所示的切线。

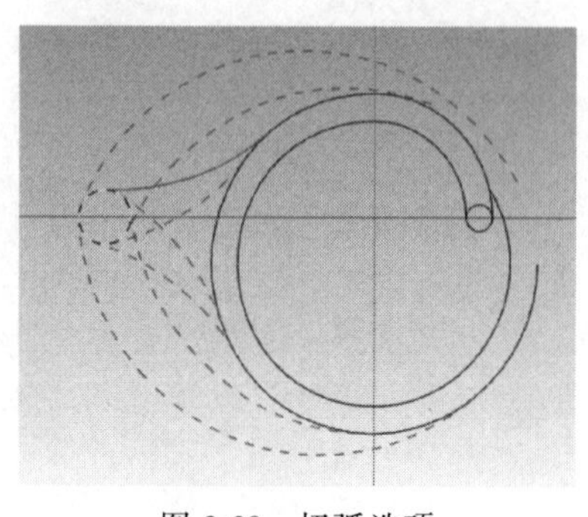

图 3-28　切弧选项

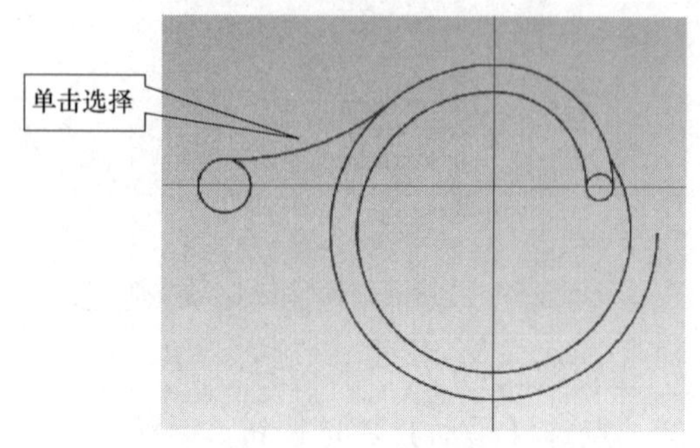

图 3-29　生成切弧

7. R50mm 圆弧的绘制

单击【草图】→【圆弧】→【切弧】命令按钮，在弹出的【切弧】对话框中进行参数设置。

指定模式：

//选择【两物体切弧】。

指定半径：

//在【半径】文本框中输入“50”。

指定对象：

//分别选择 ϕ12 圆、R31 圆弧。

//按<Enter>键。

指定结果：

//选择图 3-30 所示的切弧。

对多余的线段进行修剪，结果如图 3-31 所示。图形绘制结束。

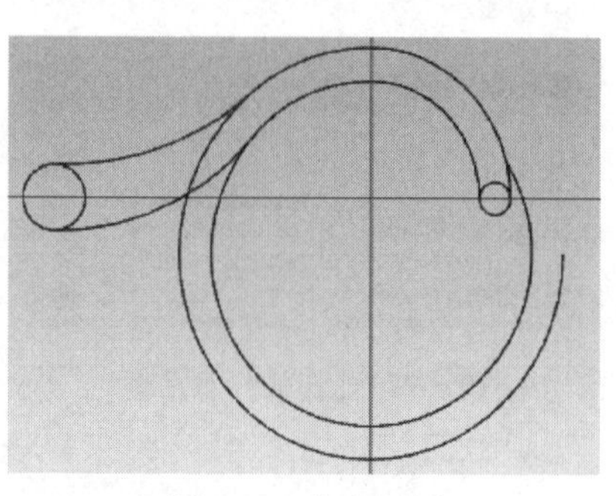

图 3-30　生成切弧

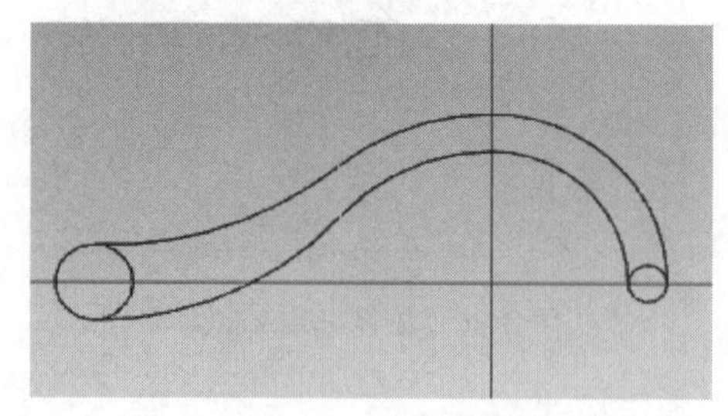

图 3-31　修剪多余线段

【知识拓展】

修剪打断延伸命令是对图形进行修正的命令，是实际绘图时大量选用的编辑功能，集成

在草图选项卡的修剪工具栏中。主要的功能是对线条进行修剪、打断或延伸。模式分为修剪和打断，主要的方式如下：

1. 自动

允许在修剪一物体和修剪两物体功能之间切换，如修剪一物体，选择要修剪的图形，然后单击与修剪图形的相交位置。要修剪两相交的图形，首先单击第一图形，并选择图形要保留的位置，双击第二个图形。

2. 修剪单一物体

用某条修剪图形为边界修剪某线型图形。修剪一物体时，选择修剪的图形，然后选择要修剪图形的位置，完成操作，如图 3-32a 所示。

3. 修剪两物体

用于两相交图线交点处修剪。修剪两个相交的图形，单击第一个图形并双击第二图形，单击图形要保留的部分，如图 3-32b 所示。

4. 修剪三物体

可同时对三相交图线沿交点进行修剪。修剪三物体，首先单击两交点之外的两条图线，再单击两交点之间的图线，系统以两交点之间的图线为边界图线修剪前两条图线，同时以前两条图线修剪边界图线，如图 3-32c 所示。

5. 分割/删除

可对相交图线的交点之间的图素进行分割并删除，如图 3-32d 所示。

6. 修剪至点

可对图线按其上的某一点进行修剪，如图 3-32e 所示。

7. 延伸

可使图线沿【延伸长度】文本框中指定的数值进行延伸。

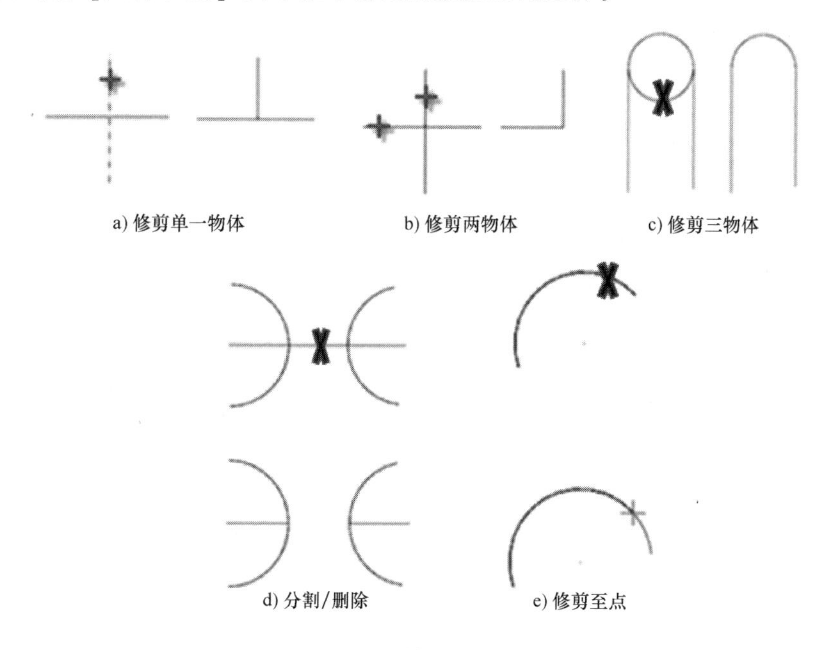

图 3-32　修剪功能示例

【强化练习】

分别用【圆弧】、【多边形】、【修剪】命令完成图3-33和图3-34所示图形的绘制。

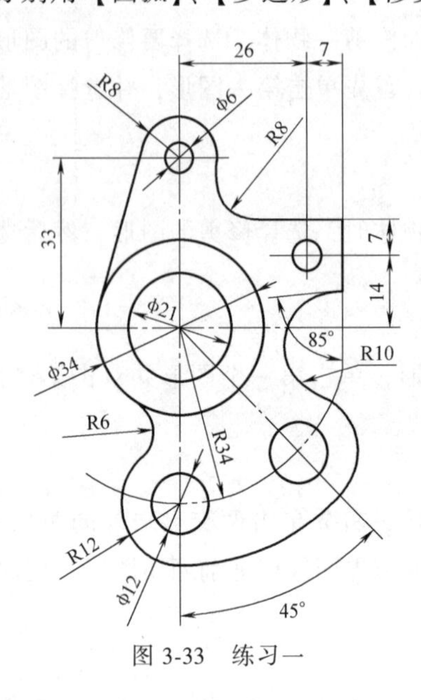

图3-33 练习一

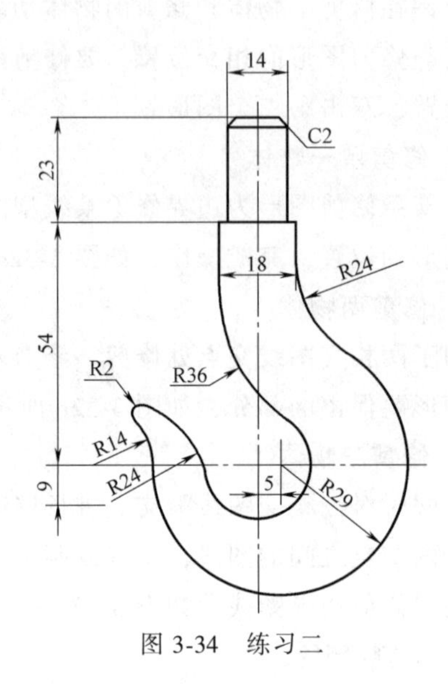

图3-34 练习二

【检查与评价】

圆弧的绘制与修剪学生学习情况评价表

评价项目		具体评价内容	配分	自评	互评	教师评
项目完成的质量		项目按时保质完成，图线绘制正确	20			
知识与技能	圆弧功能应用	正确使用【圆弧】命令，数据准确	20			
	修剪功能应用	正确使用【修剪】命令，数据准确	25			
	课后练习完成情况	熟练、正确完成课后练习	20			
学习过程	信息技能	通过系统的帮助功能及试操作，解决问题引导及知识拓展所提问题	5			
	创新	提出可行绘图实施方案，意识创新	5			
	合作	小组互动性好，主动提问并正确解决	5			
评语（优缺点与建议）：			合计			
			总评价（等级）			

注：评价等级与分数的关系是85≤优≤100，70≤良≤84，55≤中≤69，40≤差≤54。

项目四

绘制风车

【学习任务】

根据图4-1所示的标注要求，请使用基础的绘图命令和【旋转】、【阵列/平移】命令进行风车图形绘制。并按教师指定的路径，建立一个以自己学号为名称的文件夹，并将画好的图形以“学号+项目四”为文件名，保存在该文件夹内。

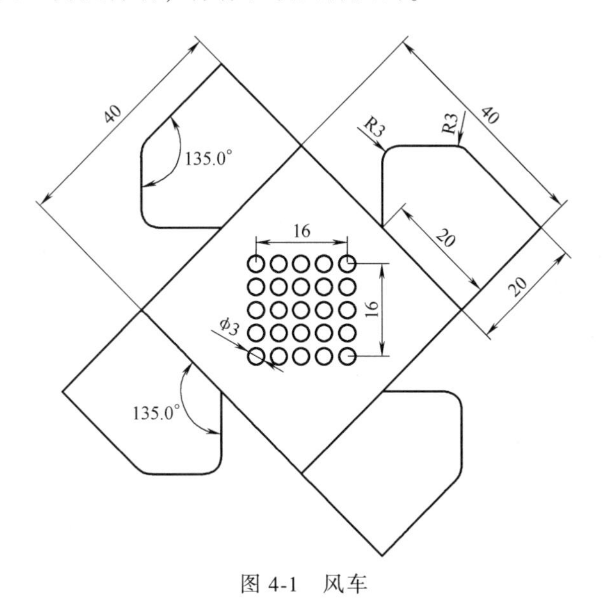

图4-1 风车

【学习目标】

1）掌握【旋转】、【阵列/平移】命令的使用方法。
2）培养学生的创造力，综合运用学过的命令进行设计。
3）培养学生对该门课程的兴趣，进一步激发对本专业的学习兴趣。

【知识基础】

一、旋转命令

同一图素绕一原点或图形均匀分布时，可以不需要将图素逐一创建，【旋转】命令可以对多个图素同时进行编辑。

1. 旋转命令的运用情景

基本图素的图形如图 4-2 所示。使用【旋转】命令进行复制后的效果如图 4-3 所示。

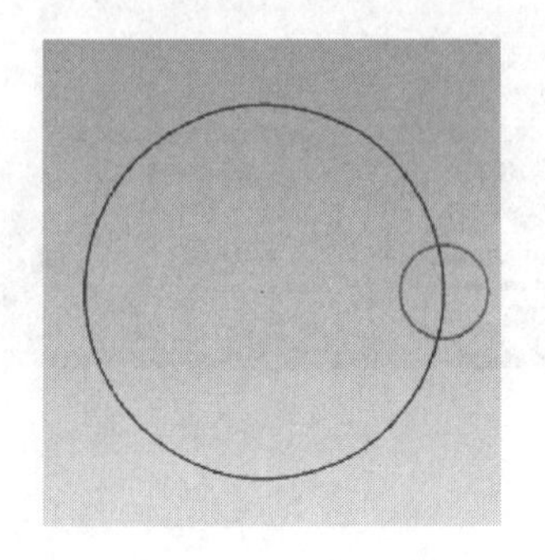

图 4-2　基本图素

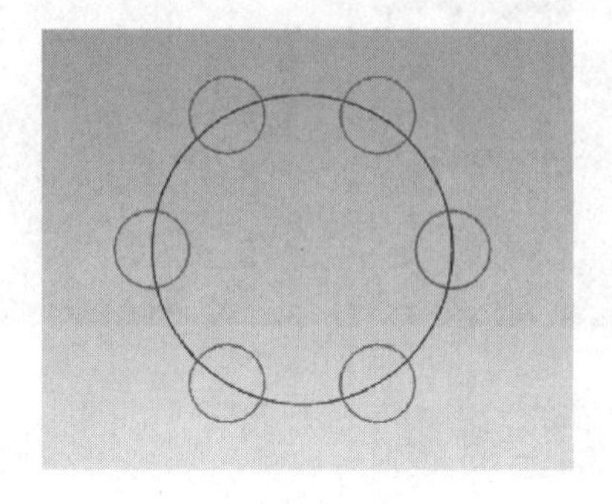

图 4-3　旋转效果图

2. 旋转命令的操作

单击【转换】→【旋转】命令按钮，在绘图区选择需要旋转的图素，在弹出的【旋转】对话框中进行参数设置，如图 4-4 所示，单击【确认】按钮，即可得到图 4-3 所示旋转效果图。

二、【平移】命令

对于同一图素绕沿着横向、纵向或者任意某一角度保持恒间距均匀排列的情况下，可以利用【平移】命令进行编辑。

1. 【平移】命令的运用情景

【平移】命令的运用情景如图 4-5 所示。

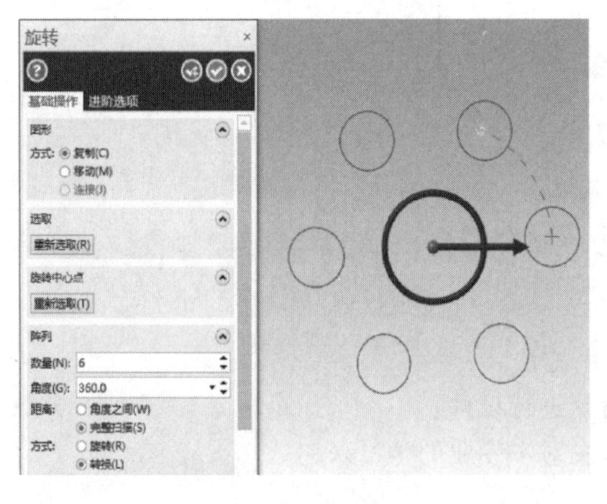

图 4-4　【旋转】对话框

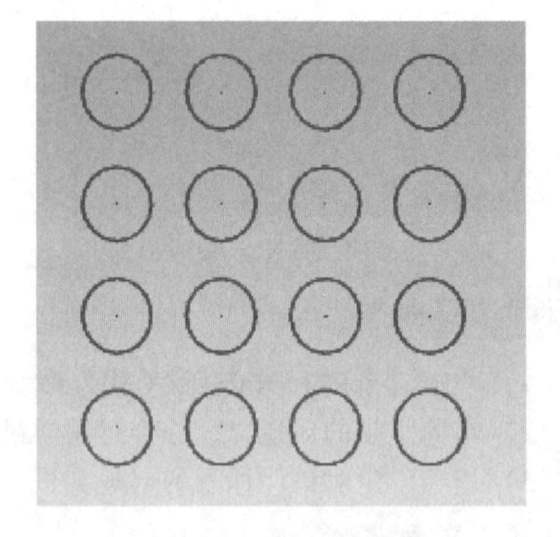

图 4-5　阵列效果图

2. 【平移】命令的操作

单击【转换】→【平移】命令按钮，选择基本图素，在弹出的【平移】对话框中进行图 4-6 和图 4-7 所示的参数设置，向 X 轴和 Y 轴方向分别进行阵列。

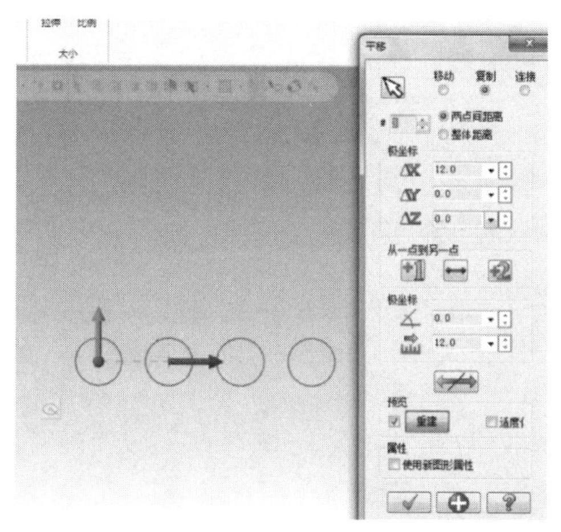

图 4-6　沿 X 轴方向阵列

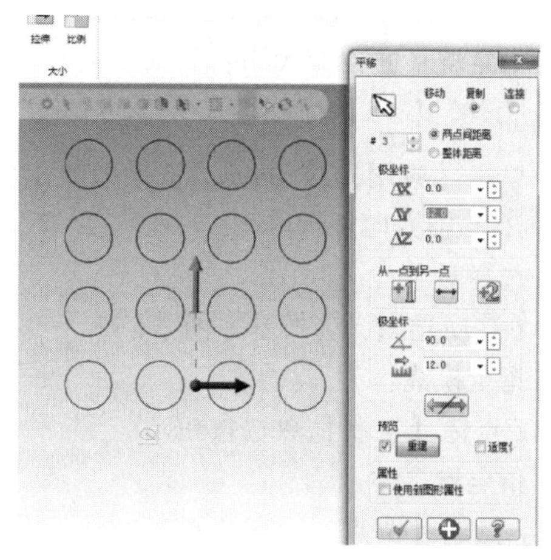

图 4-7　沿 Y 轴方向阵列

【计划与实施】

一、确定绘图方案

1. 问题引导

1）分析风车图形由几种基本图形组成。

2）分析风车绘制涉及几种命令。

3）分析绘制风车图需要用几次【平移】命令。

2. 工作任务

1）创建中心基本图素 φ3mm 的圆。

2）利用【平移】命令在 X 轴和 Y 轴方向上做 φ3mm 圆的阵列。

3）绘制边长 40mm 的正方形，并旋转 45°。

4）绘制风车翼，并进行旋转复制，完成绘图。

二、任务实施

1. 选择绘图平面

按<F9>键打开坐标系。

2. φ3mm 阵列圆的绘制

1）在坐标原点绘制 φ3mm 圆基本图素。

2）利用【平移】命令，分别在 X 轴和 Y 轴的正、反方向各阵列出两个圆。

① X 轴方向进行阵列。

选择对象：

//移动光标，选择基本图素。

指定模式：

//点选【复制】单选按钮。

指定增量：

//点选【两点间距离】单选按钮，在文本框中输入“2”。

指定增量方向及大小：

//设置【ΔX】为“4”，正反方向。

单击【应用】按钮，结果如图 4-8 所示。

② Y 轴方向进行阵列。

选择对象：

//移动光标，选择基本图素。

指定模式：

//点选【复制】单选按钮。

指定增量：

//点选【两点间距离】单选按钮，在文本框中输入“2”。

指定增量方向及大小：

//设置【ΔY】为“4”，正反方向。

单击【确定】按钮，结果如图 4-9 所示。

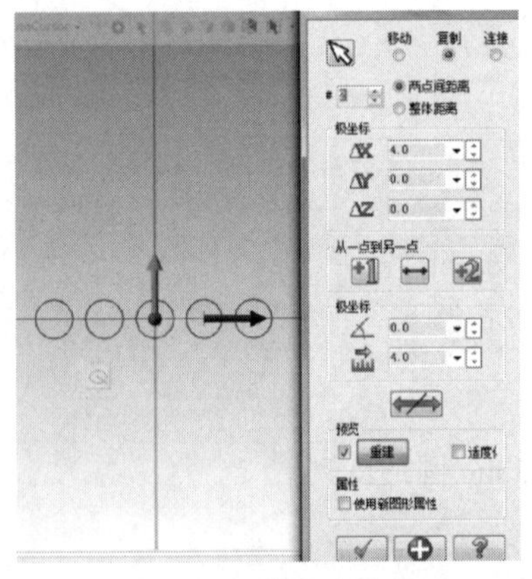

图 4-8　X 轴方向阵列

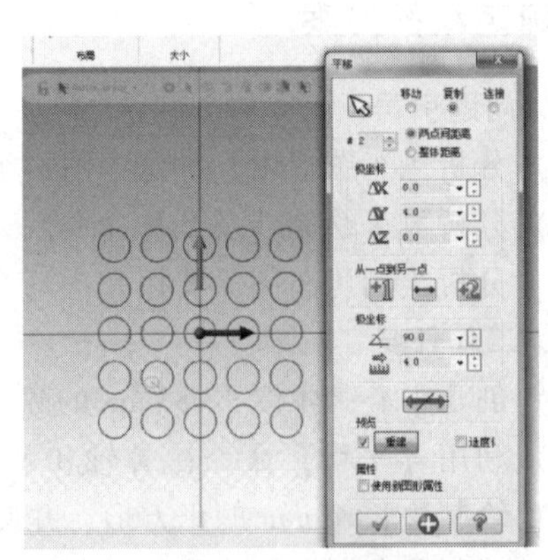

图 4-9　Y 轴方向阵列

3. 正方形的绘制

单击【草图】→【形状】→【矩形】命令按钮，以坐标原点为中心，绘制边长为 40mm 的正方形。

4. 风车翼的绘制

1）使用基础绘图命令绘制出一个风车翼，如图 4-10 所示。

2）使用【旋转】命令完成其他三个风车翼的绘制。

选择对象：

//移动光标，单击选择风车翼图素。

指定模式：

//点选【复制】单选按钮。

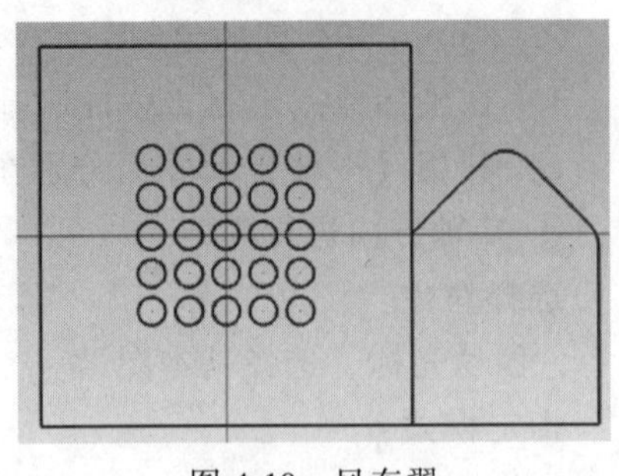

图 4-10　风车翼

指定增量：

//点选【两点间距离】单选按钮，在文本框中输入“3”。

选择旋转中心：

//选择原点。

指定旋转角度：

//输入“90”。

指定旋转方向，单击【确定】按钮，结果如图 4-11 所示。

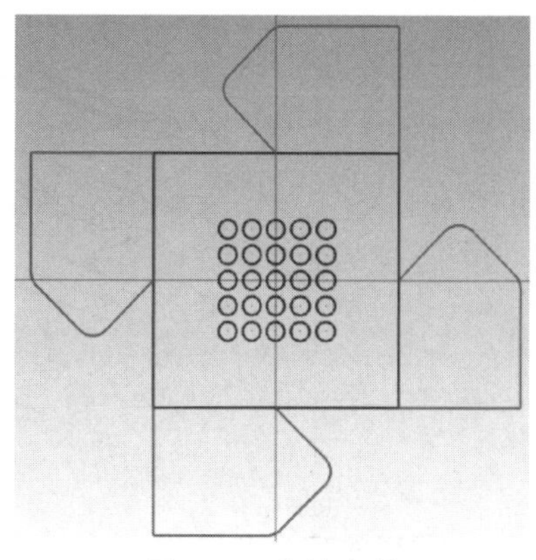

图 4-11 旋转车翼

5. 正方形与车翼的旋转

使用【旋转】命令对正方形和车翼旋转 45°。

选择对象：

//移动光标，单击选择正方形与风车翼图素。

指定模式：

//点选【移动】单选按钮。

指定增量：

//点选【角度之间】单选按钮，在文本框中输入“1”。

选择旋转中心：

//选择原点。

指定旋转角度：

//输入“45”。

指定旋转方向，单击【确定】按钮 ，结果如图 4-12 所示。完成绘图。

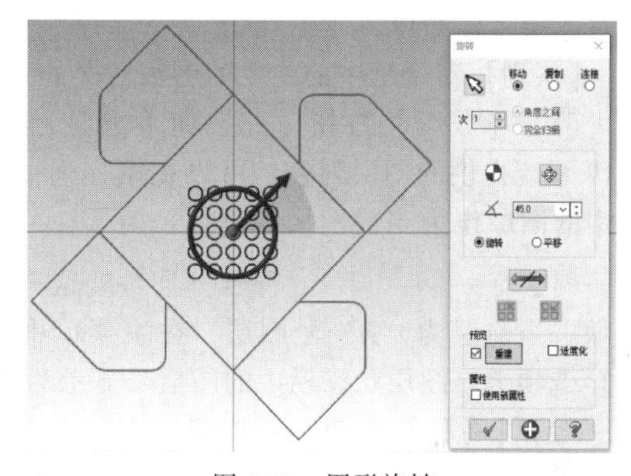

图 4-12 图形旋转

【知识拓展】

对于一款功能强大的 CAD/CAM 软件，图层的管理与运用非常重要。Mastercam 2019 系统的图层运用很方便，使用户在对图元进行管理时非常容易操作。

1. 图层的简介

一套完整的工程图样包括很多内容如可见轮廓线、细实线、细虚线、尺寸标注等，在操作的过程中，如果这些图元都同时显示在视窗中，操作起来很不方便，给编辑带来很大的麻烦，同时计算机在运行时也非常缓慢，因此，图层的使用就显得尤为重要。

可以将图层比喻为一张张透明的图纸，分别在每张上面绘制属性相同的图元，如用一张透明纸绘制轮廓线，一张透明纸绘制细虚线，一张透明纸绘制尺寸标志等，然后将所有的透明纸重叠起来，就构成了一张完整的图纸。当需要对可见轮廓线编辑时，就可以将细虚线和尺寸标注等其他的透明纸拿开（Mastercam 2019 系统采用图层隐藏处理），使可见轮廓线的画面显得清晰，操作更加方便，计算机运行更快。当对可见轮廓线编辑完成后，又可以将事先拿开的透明纸拿回来叠加（Mastercam 2019 系统采用取消图层隐藏处理），组成一张完整的图纸，如图 4-13 所示。

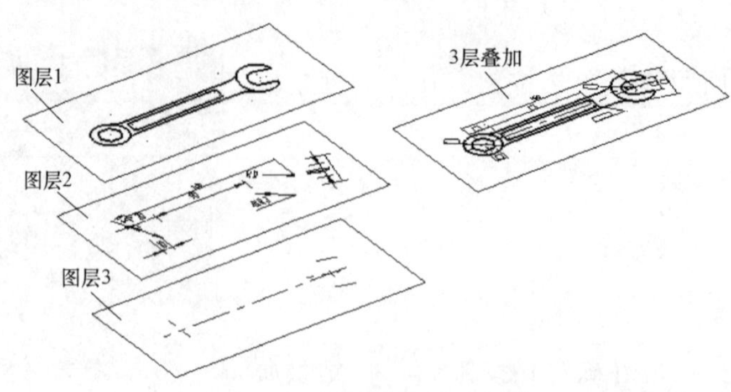

图 4-13　图层的使用示意图

2. 图层的建立和控制

Mastercam 2019 系统的图层建立非常方便，要建立一个新的图层，在【视图】工具条中单击【层别】按钮，系统将弹出图 4-14 所示的【层别】对话框，直接在对应文本框中输入要建立的图层号及图层名称即可。

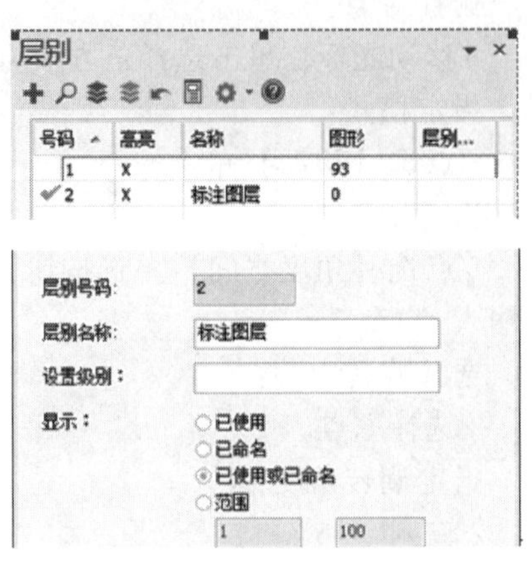

图 4-14　【层别】对话框

【层别】对话框中的主要的参数情况如下：

（1）【号码】按钮　此按钮下方显示 Mastercam 2019 系统提供的图层列表，可以在第一列中勾选所需使用的图层作为当前图层。例如：勾选 2 号图层，在第一列会有一个 ✔2 符号，且对应这一行会高亮显示。当前层为“2”号图层，在主菜单中换到【主页】选项卡，图层状态栏中的图层号显示为“2”。

（2）【高亮】按钮　此按钮下方显示各图层打开或关闭的状态，打开的图层，系统用×标识；关闭的图层，则无×标识。

要打开或者关闭某一图层时，可以直接在【高亮】栏按钮下方的图层栏内单击即可。

【强化练习】

分别用【旋转】和【平移/阵列】的命令完成图 4-15～图 4-18 所示图形的绘制。

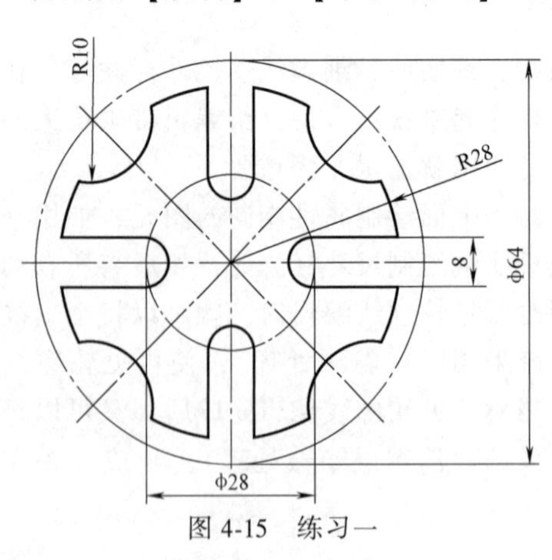

图 4-15　练习一

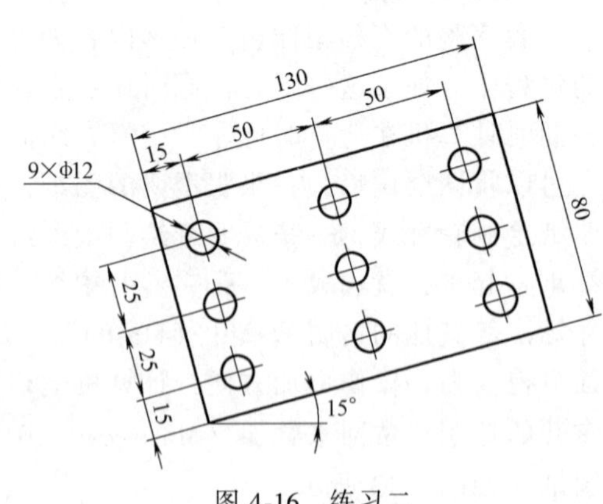

图 4-16　练习二

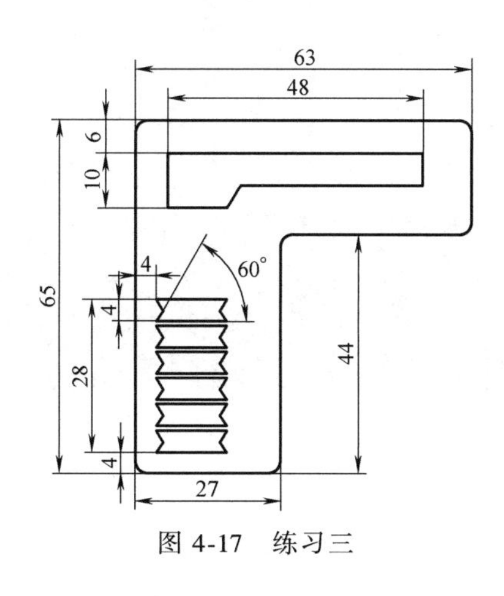

图 4-17　练习三

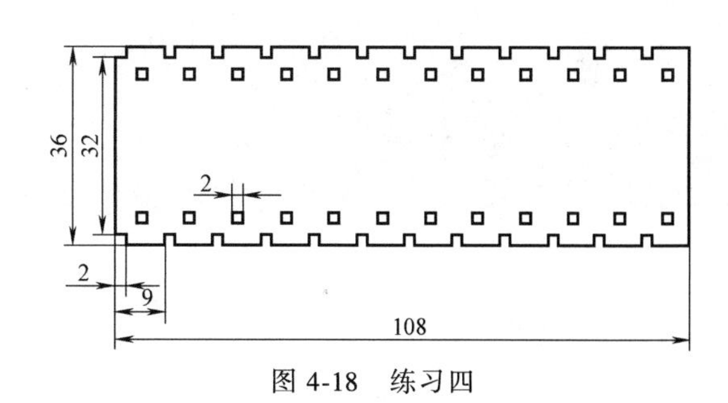

图 4-18　练习四

【检查与评价】

风车的绘制学生学习情况评价表

评价项目		具体评价内容	配分	自评	互评	教师评
项目完成的质量		项目按时保质完成,图线绘制正确	20			
知识与技能	阵列功能应用	正确使用【平移】命令,数据准确	20			
	旋转功能应用	正确使用【旋转】命令,数据准确	25			
	课后练习完成情况	熟练、正确完成课后练习	20			
学习过程	信息技能	通过系统的帮助功能及试操作,解决问题引导及知识拓展所提问题	5			
	创新	提出可行绘图实施方案,意识创新	5			
	合作	小组互动性好,主动提问并正确解决	5			
评语(优缺点与建议):			合计			
			总评价(等级)			

注:评价等级与分数的关系是 85≤优≤100,70≤良≤84,55≤中≤69,40≤差≤54。

项目五

绘制椭圆形垫片

【学习任务】

某校企合作企业需要加工一批椭圆形垫片（图 5-1），现委托学校对该零件进行草图绘制。同学们运用学习的【椭圆】、【镜像】、【补正】等命令完成本次任务，并按教师指定的路径，建立一个以自己学号为名称的文件夹，并将画好的图形以“学号+项目五”为文件名，保存在该文件夹内。

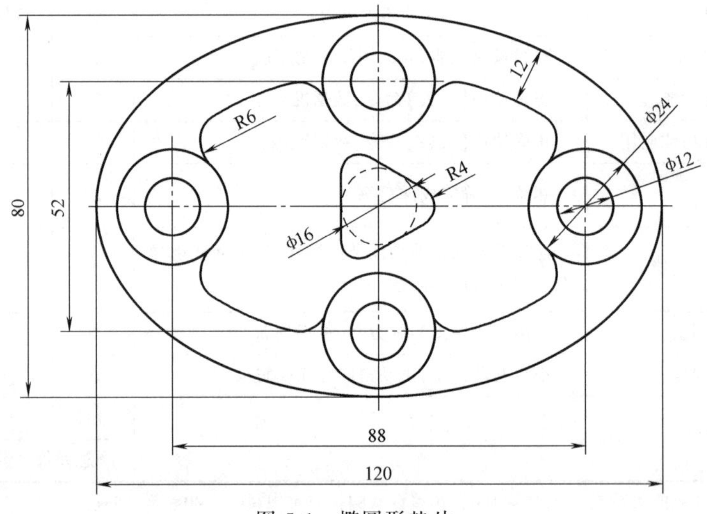

图 5-1　椭圆形垫片

【学习目标】

1）掌握【椭圆】命令的应用。

2）掌握【镜像】命令的应用。

3）熟练使用【单体补正】、【串连补正】命令绘制图形。

4）培养学生严谨的绘图习惯。

【知识基础】

一、椭圆命令

椭圆绘制的决定因素有三个，分别为中心点、长轴半径和短轴半径。

单击【草图】→【形状】→【矩形】→【椭圆】命令按钮，弹出【椭圆】对话框，如图 5-2 所示。根据需要选择或输入椭圆中心点位置坐标，在相应文本框中输入椭圆的长半轴和短半轴，单击【确定】按钮完成绘图，结果如图 5-3 所示。

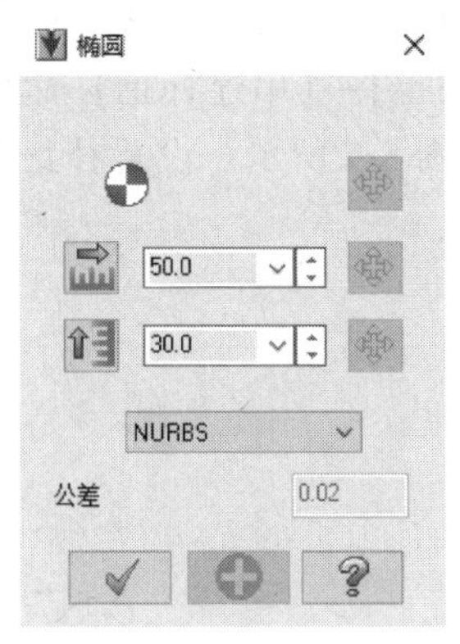

图 5-2 【椭圆】对话框

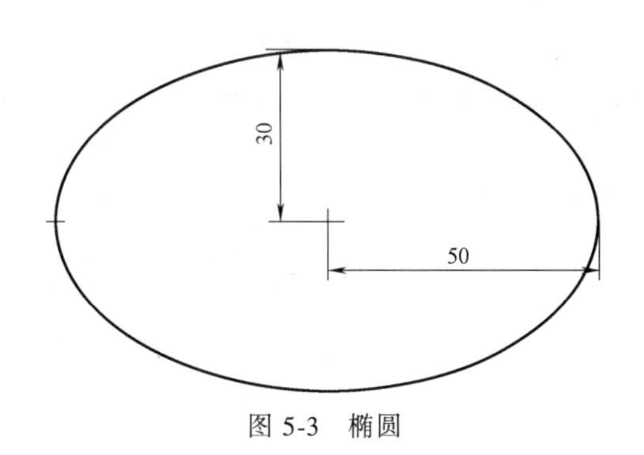

图 5-3　椭圆

二、镜像命令

镜像命令可使一组图形以点、线或图形为参考生成对称图形。

单击【转换】→【镜像】命令按钮，系统提示选择需要镜像的图形，选取后并确认，弹出【镜像】对话框，如图 5-4 所示。选择镜像模式，设置镜像参考，单击【确定】按钮完成镜像操作，结果如图 5-5 所示。

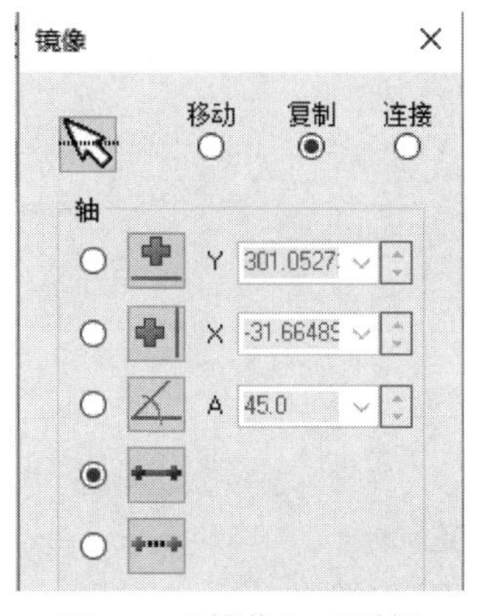

图 5-4 【镜像】对话框

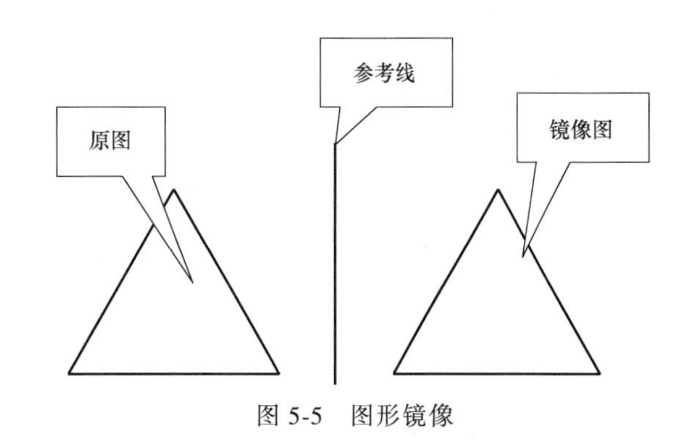

图 5-5　图形镜像

三、补正命令

在绘图的过程中，遇到的某些图是将某一图素进行一定比例的放大或缩小，又或是对一图素进行一定距离的偏移，此时可以选择【补正】命令绘制图形，【补正】命令分为单体补正和串连补正。

1. 单体补正

单体补正主要针对线性偏移设计，对已知线形向某侧做一定距离的偏置。单击【转换】→【补正】→【单体补正】命令按钮，弹出【补正】对话框，如图 5-6 所示。设置补正参数，单击【确定】按钮完成单体补正操作。

2. 串连补正

串连补正是针对外形线形整体偏置，属于一种三维偏置功能，即将一组首尾相连的线形一次性在 X、Y、Z 三个方向同时偏置。单击【转换】→【补正】→【串连补正】命令按钮，选择补正的图形并确认，弹出【串连补正选项】对话框，如图 5-7 所示。设置补正参数，单击【确定】按钮完成串连补正操作，结果如图 5-8 所示。

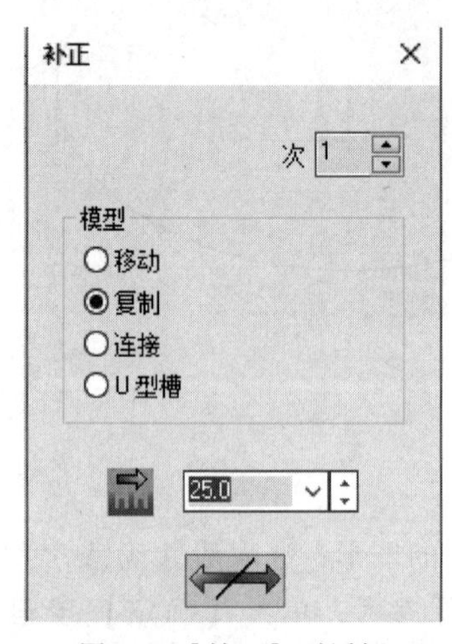

图 5-6 【补正】对话框

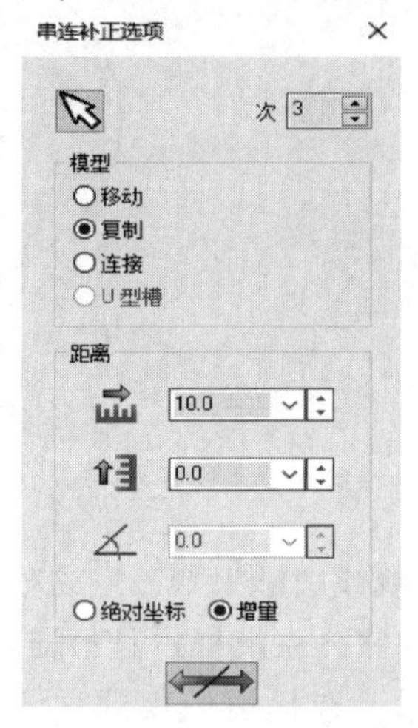

图 5-7 【串连补正选项】对话框

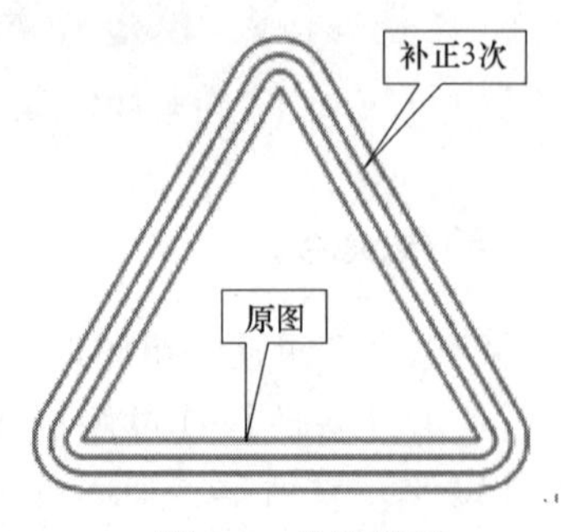

图 5-8 串连补正

【计划与实施】

一、确定绘图方案

1. 问题引导

1）分析椭圆垫片由几种基本图形组成。

2）分析创建图形过程中可能涉及几种命令。

2. 工作任务

1）绘制椭圆，并用【串连补正】命令对椭圆进行偏置。

2）绘制两组同心圆，并使用【镜像】命令完成对称图形绘制。

3）对图形进行倒圆角。

4）绘制中心点处的三角形，并使用【旋转】命令对图形进行旋转。

二、任务实施

1. 选择绘图平面

按<F9>键打开坐标系。

2. 120mm×80mm 椭圆的绘制

单击【草图】→【形状】→【矩形】→【椭圆】命令按钮，选择坐标原点为椭圆的中心点，

在弹出的【椭圆】对话框中分别设置长半轴为 60mm，短半轴为 40mm，单击【确定】完成椭圆绘制，如图 5-9 所示。

3. 偏置 12mm 小椭圆的绘制

单击【转换】→【补正】→【串连补正】命令按钮，设置补正参数，如图 5-10 所示。

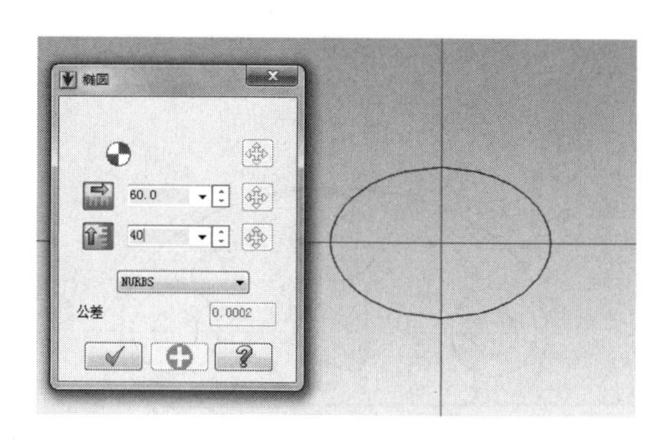

图 5-9　绘制椭圆

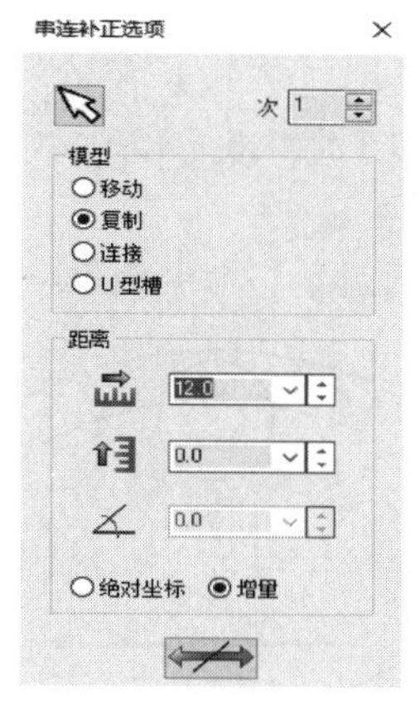

图 5-10　【串连补正】对话框

选择对象：

//移动光标，单击【串连选取】命令按钮，单击图形。

指定模式：

//点选【复制】单选按钮。

指定增量：

//在水平方向文本框中输入“12”，在竖直方向文本框中输入“0”。

指定增量方向：

//选择向里偏置。

单击【确定】按钮完成。

4. ϕ12mm 和 ϕ24mm 圆的绘制

1）使用绘圆功能分别在 X 轴和 Y 轴方向创建一组同心圆。

2）使用【镜像】命令分别对两组同心圆进行镜像。

在 Y 轴方向进行镜像，单击【转换】→【镜像】命令按钮，指定镜像图形并确认，弹出【镜像】对话框，如图 5-11 所示。

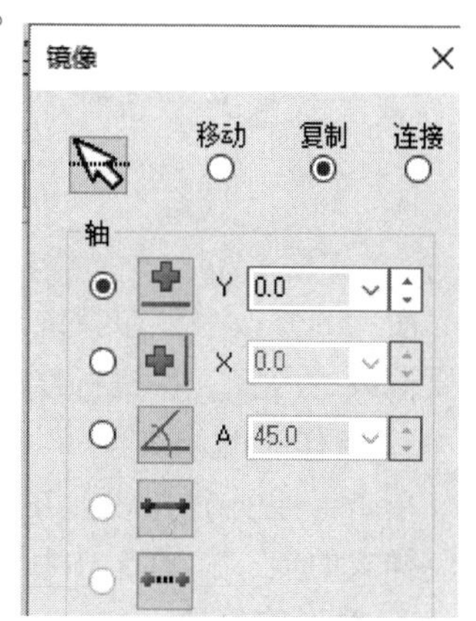

图 5-11　【镜像】对话框

指定模式：

//点选【复制】单选按钮。

指定镜像轴：

//点选【Y】轴，输入数值“0”。

单击【确定】按钮完成镜像操作。

X 轴方向镜像与 Y 轴方向镜像操作一致，选择镜像轴为

X 轴。圆的镜像结果如图 5-12 所示。

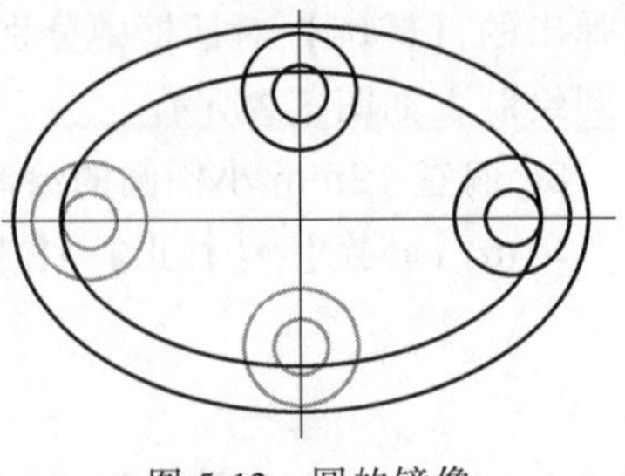

图 5-12 圆的镜像

5. 三角形的绘制

单击【草图】→【形状】→【矩形】→【多边形】命令按钮，弹出【多边形】对话框。设置多边形边数为 3，选择外切于圆，设置内接圆半径为 8mm，选择坐标原点为内接圆的圆心。使用【旋转】命令对三角形进行旋转，旋转角度为 30°，结果如图 5-13 所示。

6. 倒圆角

使用【倒圆角】命令倒 R4mm 和 R6mm 圆角，结果如图 5-14 所示。

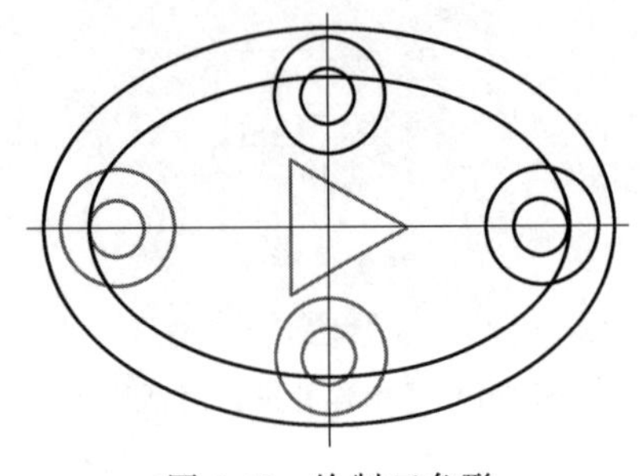

图 5-13 绘制三角形

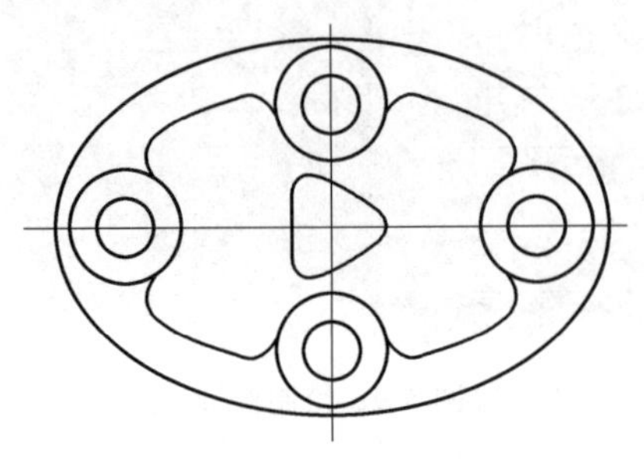

图 5-14 椭圆形垫片

【知识拓展】

图元的属性主要包括点的样式、线型、线宽、颜色等内容。在绘制图形时，可以根据需要设置图元属性，也可以在绘制完成后对图元修改属性。Mastercam 2019 软件中属性的设置和修改在【主页】的【属性】工具栏中，如图 5-15 所示。在实际的应用过程中，为了操作方便，多数情况都是在绘制好零件后，再改变零件的属性达到实际应用要求。

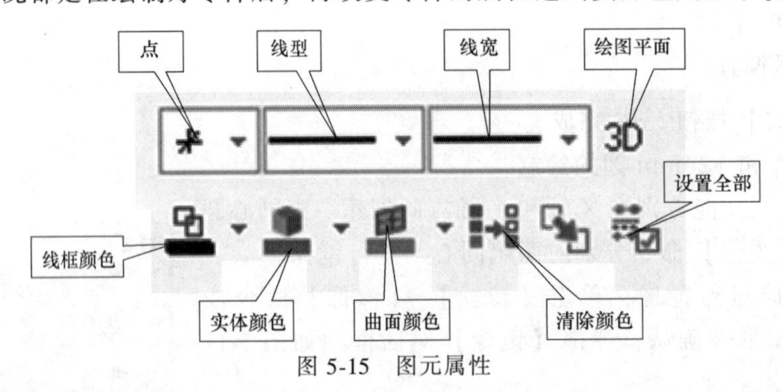

图 5-15 图元属性

图元的修改一般包括线型、线宽和图层，Mastercam 2019 的属性修改通常是利用光标选取要修改的内容，再执行修改操作。

1. 点样式的修改

单击【主页】按钮，在【属性】工具栏中选择点的样式，根据需要在下拉菜单中选取对应样式的点，如图 5-16 所示。

2. 线形的修改

“机械制图”标准中规定，图样中不同内容需用规定的线型表达，常用的线型有实线、

虚线、点画线等，线型修改在实际操作过程中应用较多。单击【主页】→【属性】→【线型】命令按钮，根据需要在下拉菜单中选择相应线型，如图 5-17 所示。

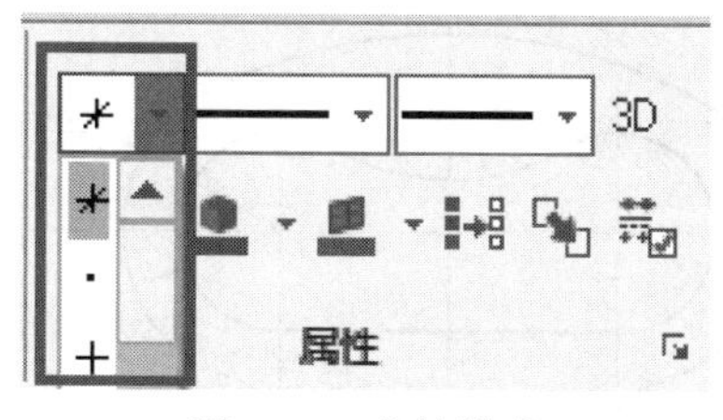

图 5-16　点的样式

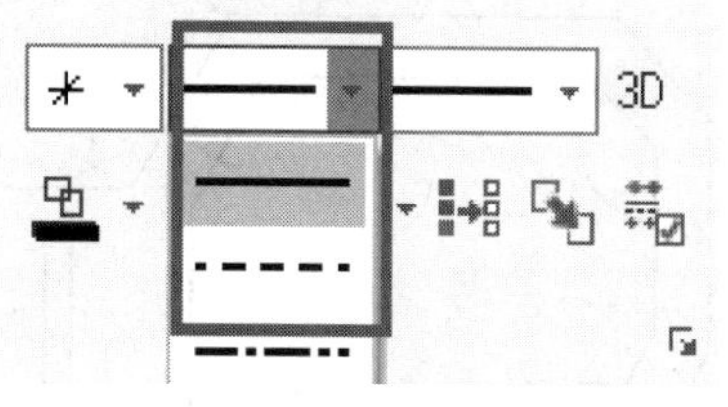

图 5-17　线型

3. 线宽的修改

线宽的修改也是图形属性修改中常见的操作，单击【主页】→【属性】→【线宽】命令按钮，根据需要在下拉菜单中选择相应线宽，如图 5-18 所示。

4. 颜色的修改

修改图元的颜色属性，将零件中各种不同类型的图元分别设置颜色，可以方便用户的读取与操作。单击【主页】→【属性】→【线宽】命令按钮，根据需要在下拉菜单中选择相应颜色，如图 5-19 所示。

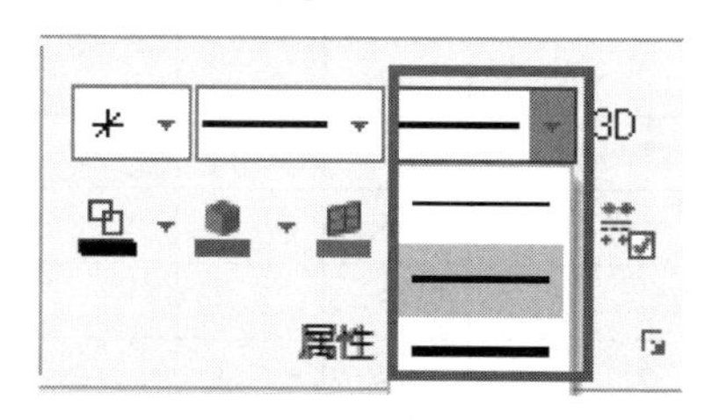

图 5-18　线宽

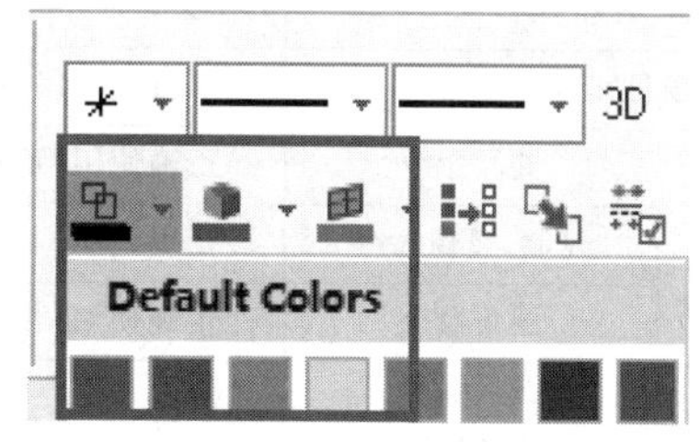

图 5-19　颜色

【强化练习】

1. 使用【椭圆】、【旋转】命令绘制图 5-20 所示的长、短轴分别是 50mm 和 30mm 的椭圆。

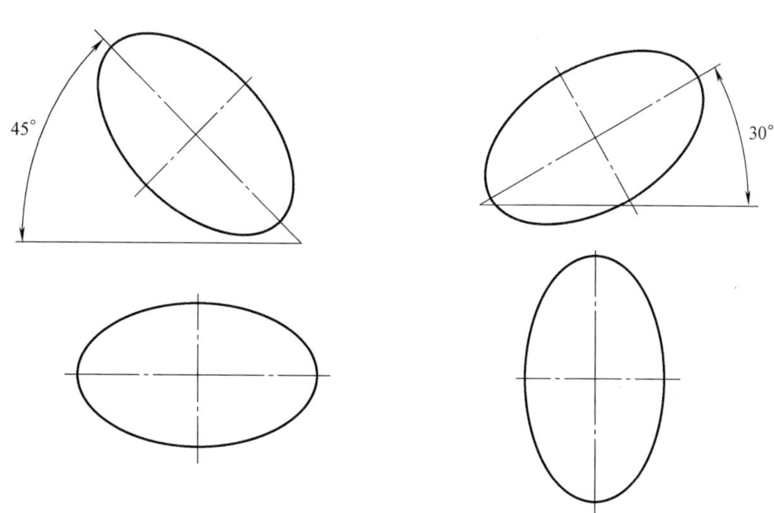

图 5-20　练习一

2. 使用【补正】、【镜像】等命令绘制图 5-21 和图 5-22 所示图形。

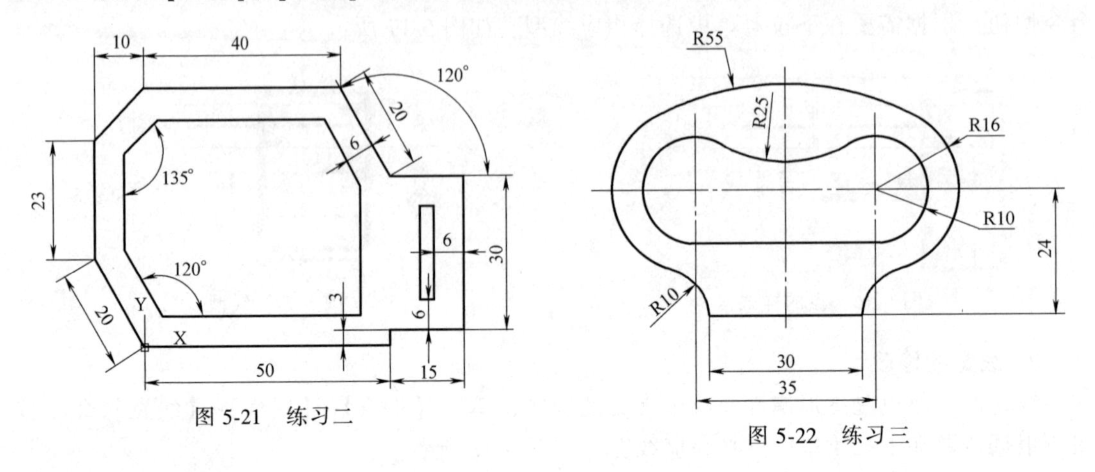

图 5-21 练习二

图 5-22 练习三

【检查与评价】

椭圆垫片的绘制学生学习情况评价表

评价项目		具体评价内容	配分	自评	互评	教师评
项目完成的质量		项目按时保质完成，图线绘制正确	20			
知识与技能	椭圆命令	正确使用椭圆命令	15			
	复制、镜像命令	正确使用【补正】、【复制】、【镜像】命令	15			
	圆角命令	正确使用【倒圆角】命令，数据准确	15			
	课后练习完成情况	熟练、正确完成课后练习	20			
学习过程	信息技能	通过系统的帮助功能及试操作，解决问题引导及知识拓展所提问题	5			
	创新	提出可行绘图实施方案，意识创新	5			
	合作	小组互动性好，主动提问并正确解决	5			
评语（优缺点与建议）：			合计			
			总评价（等级）			

注：评价等级与分数的关系是 85≤优≤100，70≤良≤84，55≤中≤69，40≤差≤54。

项目六

标注轴承端盖的尺寸

【学习任务】

某校企合作企业承接了一批轴承端盖（图 6-1）的设计与加工，设计师已经初步完成端盖设计图的手绘稿，现需要同学根据手绘稿绘制成电子图形并完成标注。本项目内容重点是介绍如何创建标注与剖面线。同学们根据教师指定的路径，建立一个以自己学号为名称的文件夹，并将画好的图形以“学号+项目六”为文件名，保存在该文件夹内。

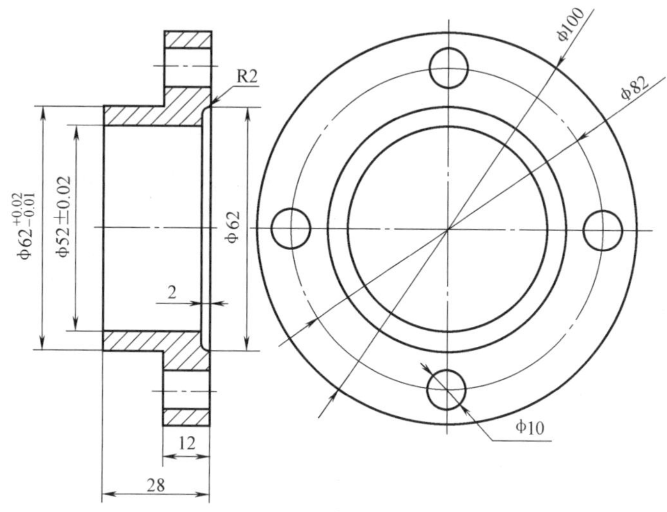

图 6-1　轴承端盖

【学习目标】

1）强化基本绘图命令的应用。
2）掌握尺寸标注样式的设置。
3）学会各种类型尺寸的标注。

【知识基础】

一、尺寸标注

1.【标注】选项卡

单击菜单栏中的【标注】按钮，【标注】选项卡如图 6-2 所示，该选项卡分【尺寸标

注】【纵标注】【注释】【重建】【修剪】工具栏。常用的命令有【快速标注】【水平】【垂直】【直径】【角度】【平行】【剖面线】【引导线】【注释】等，可根据标注对象选择相应命令。

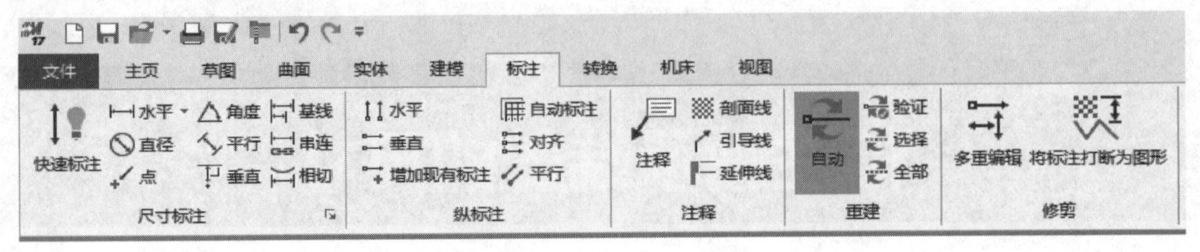

图 6-2 【标注】选项卡

2. 尺寸标注样式的设置

单击【尺寸标注】工具栏右下角下拉菜单按钮，弹出【自定义选项】对话框，如图 6-3 所示。尺寸标注设置的内容有【尺寸属性】【尺寸文字】【注释文字】【引导线/延伸线】【尺寸标注】5 个部分。标注过程中常设置前 4 项内容。

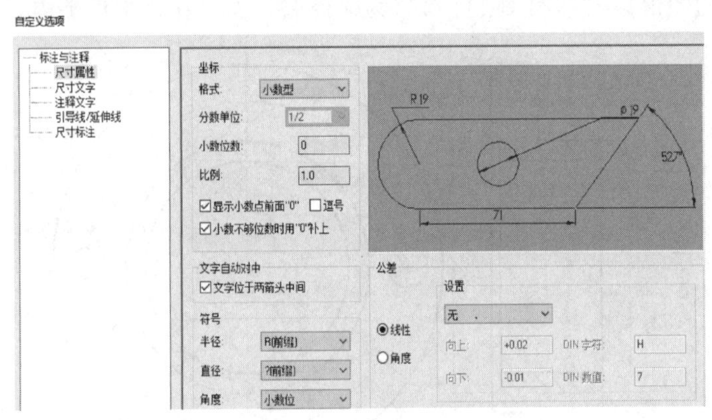

图 6-3 尺寸标注样式设置

(1) 尺寸属性　尺寸属性选项主要设置尺寸数字的样式，主要内容有数字格式、小数位数、比例、小数点样式、小数点后位数样式、对齐方式、数字符号、公差等内容，可根据需要和文字提示，在相应文本框内填写相应内容即可。

(2) 尺寸文字　尺寸文字选项主要设置尺寸文字大小、间距、比例、文字框架、文字方向、字型、文字定位等内容，如图 6-4 所示。

(3) 注释文字　注释文字选项主要针对注释的文字进行设置，设置的内容有文字的大小、间距、比例、文字框架、书写方向、字型、文字的对齐方向和角度等，设置内容和方式与尺寸文字设置相同，不同是仅针对注释文字，不影响尺寸数字。

(4) 引导线/延伸线　引导线/延伸线选项主要设置引导线和延伸线的类型、显示形式和箭头样式等。

(5) 尺寸标注　尺寸标注选项主要设置尺寸标注的关联性和控制性，一般应用较少。

二、剖面线

剖面线命令主要对选择对象进行填充，主要操作是定义填充区域和填充内容。单击

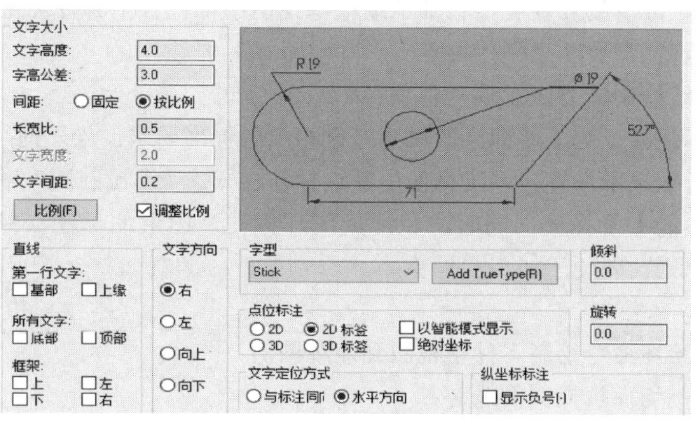

图 6-4 【尺寸文字】对话框

【标注】→【注释】→【剖面线】命令按钮，弹出【剖面线】对话框，如图 6-5 所示。选择填充图案，设置剖面线间距和角度，定义填充区域即完成操作。

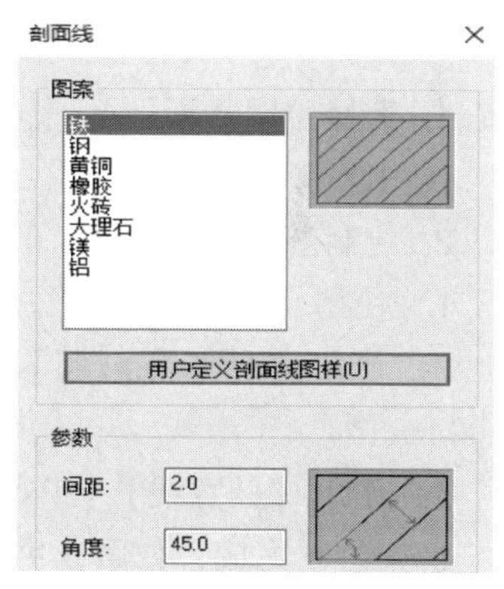

图 6-5　剖面线对话框

例如：使用【剖面线】命令完成图 6-6 所示图形的绘制。

绘图步骤：

1）使用【矩形】命令完成边长分别为 10mm 和 30mm 的矩形绘制；

2）单击【草图】→【修剪】→【修剪打断延伸】→【在交点处打断】命令按钮，框选整个图形，按<Enter>键完成确认，创建封闭边界。

3）单击【标注】→【注释】→【剖面线】命令按钮，设置剖面线参数，如图 6-5 所示，选择需要填充的区域，如图 6-7 所示。单击【确定】按钮，结果如图 6-8 所示。

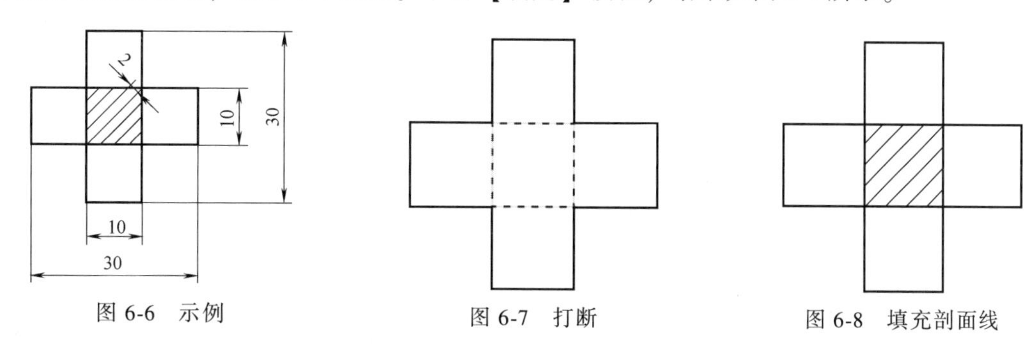

图 6-6　示例　　图 6-7　打断　　图 6-8　填充剖面线

【计划与实施】

一、确定绘图方案

1. 问题引导

1）分析标注尺寸时，默认的标注样式是什么；用户是否可以重新建立标注样式。

2）分析常见尺寸有哪几种类型；轴承端盖零件图中都包含了哪种类型的尺寸。

3）分析尺寸标注需要注意哪些要点。

4）分析剖面线绘制需要注意哪些事项。

在进行尺寸标注时，为了使标注的尺寸符合相关的标准要求，绘图时一般都根据需要预先设置标注样式，如果不设置，系统将使用默认标注样式。“机械制图”标准规定，标注尺寸时，同一对象不能重复标注，同时避免形成闭环标注。图形的标注必须完整、有序、清晰，要考虑加工原则，要便于加工和检验。

2. 工作任务

1）使用基本绘图命令绘制零件主视图和左视图。

2）对主视图剖切面填充剖面线。

3）标注零件图。

二、任务实施

1. 选择绘图平面

按<F9>键，打开坐标系。

2. 绘制基本图形

1）使用【已知点画圆】命令，选择中心线绘制 ϕ82mm 辅助圆。

2）使用【已知点画圆】命令，选择粗实线绘制左视图的 ϕ10mm、ϕ52mm、ϕ62mm、ϕ100mm 圆。

3）使用【任意线】【平行线】【裁剪】命令绘制主视图。

框架绘制完成，如图 6-9 所示。

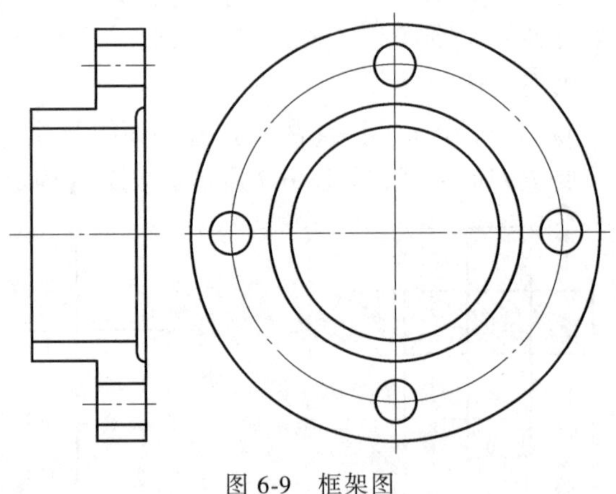

图 6-9　框架图

3. 主视图剖面线的绘制

1）框选主视图，单击【修剪】工具栏中的【修剪打断延伸】命令按钮，按<Enter>键完成确认，将所有线段在交点处打断，以便创建封闭边界。

2）单击【标注】→【注释】→【剖面线】命令按钮，弹出【剖面线】对话框，如图 6-10 所示。设置对话框中参数，选择填充【图案】为【铁】，【间距】为【2.0】，【角度】为【45.0】，单击【确认】按钮。弹出【选择方式】对话框，选择【区域选取】模式，单击需要填充的区域，如图 6-11 所示。

任务完成，结果如图 6-12 所示。

4. 尺寸标注

单击【尺寸标注】工具栏右下角下拉菜单，弹出【自定义选项】对话框，根据需要对尺寸标注进行设置。

（1）线性尺寸标注　单击【标注】→【尺寸标注】→【快速标注】命令按钮，分别标注 2mm、12mm、28mm 的尺寸，如图 6-13 所示。

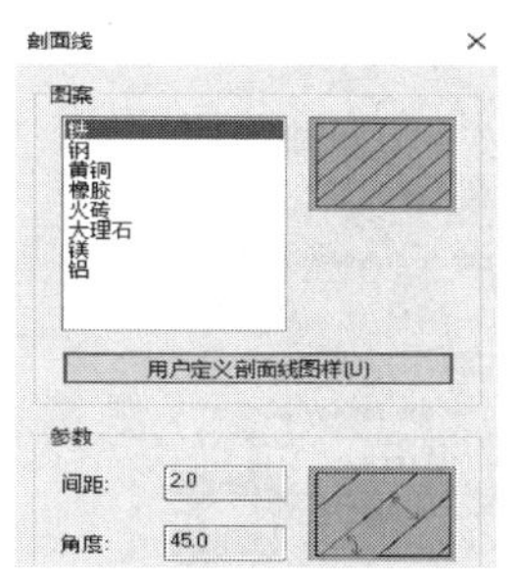

图 6-10 【剖面线】对话框

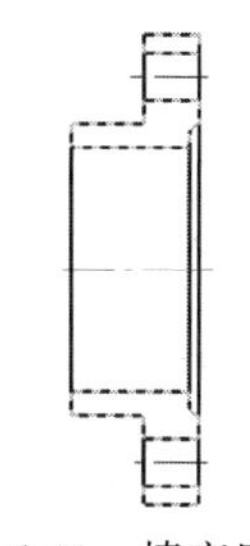

图 6-11　填充区域

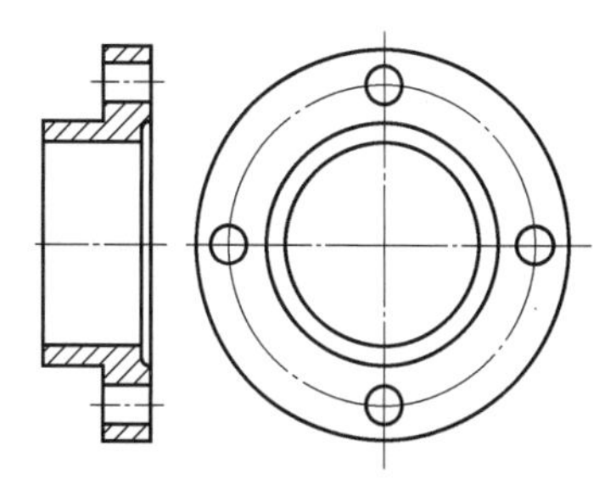

图 6-12　零件草图

（2）圆尺寸标注　单击【标注】→【尺寸标注】→【直径】命令按钮，分别标注尺寸为 ϕ10mm，ϕ82mm，ϕ100mm 的圆，如图 6-14 所示。

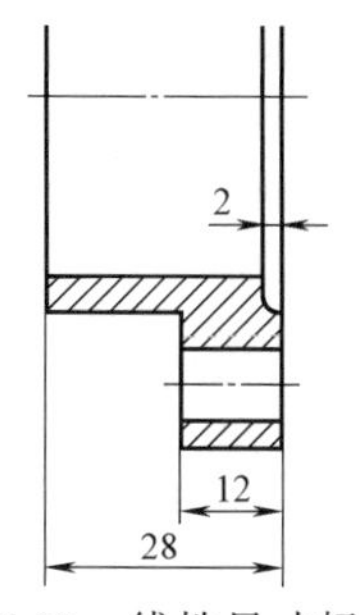

图 6-13　线性尺寸标注

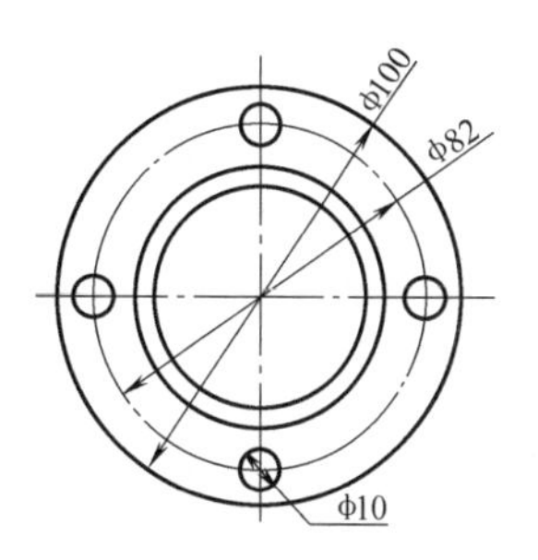

图 6-14　直径标注

（3）圆弧的线性标注　单击【标注】→【尺寸标注】→【快速标注】命令按钮，标注尺寸为 ϕ62mm 的直径尺寸，在弹出的【尺寸标注】对话框（图 6-15）中，设置【圆弧符号】为【直径】和【应用到线性尺寸标注】，单击【确定】按钮 ，结果如图 6-16 所示。

（4）尺寸公差的标注　标注 $\phi52\pm0.02$mm、$\phi60^{+0.02}_{-0.01}$mm 的尺寸。单击【标注】→【尺寸标注】→【直径】命令按钮，弹出【尺寸标注】对话框，如图 6-17 所示。单击【高级】中的【选项】按钮，设置【文字属性】页面下的【公差】选项组中的参数，如图 6-18 所示，标注完成。两个公差标注的设置步骤一致。

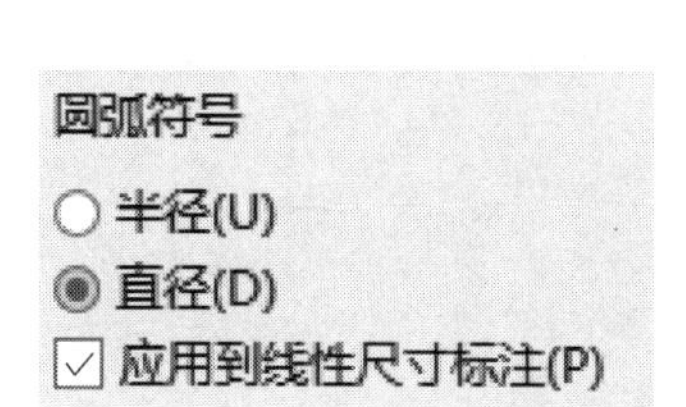

图 6-15　圆弧符号设置

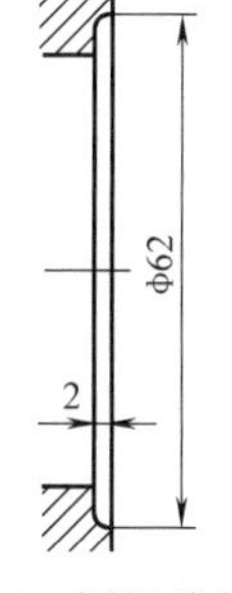

图 6-16　圆弧线性标注

图 6-17　高级选项

（5）引出标注　标注倒角 R2mm 尺寸。单击【标注】→【注释】→【引出线】命令按钮，绘制引出线，再单击【注释】命令按钮，输入“R2”，选择对应位置，单击【确定】按钮 ，完成绘制。

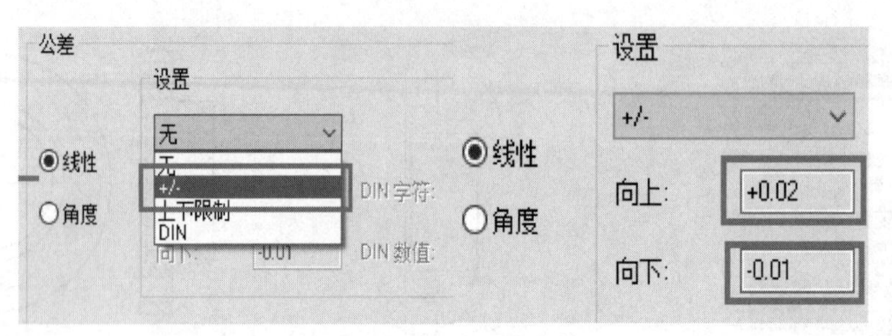

图 6-18 【公差】选项组

图形绘制和标注完成，结果如图 6-19 所示。

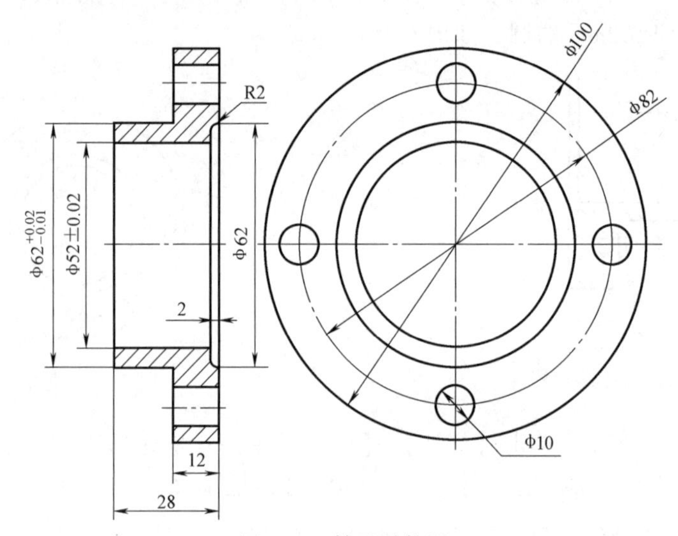

图 6-19 轴承零件图

【知识拓展】

一、图线打断与连接

1. 图线打断

图线打断是将直线、曲线、圆弧创建断点的一种操作，常用的图线打断的方式有指定点打断、在交点处打断、打断若干段、打断至点等方式。

1）指定点打断　指在图线上任意指定位置打断。

2）在交点处打断　指打断所有选取图素的交点位置。

3）打断若干段　选择直线、圆弧、曲线打断成均匀的若干段。

4）打断至点　打断线、圆弧、曲线至存在的点。

单击【草图】→【修剪】→【修剪打断延伸】下拉菜单，可以选取打断图线的各种方式，如图 6-20 所示。

2. 图线连接

将若干相同轨迹的直线、圆弧或曲线连接成单一整体的一种操作为图线连接。单击

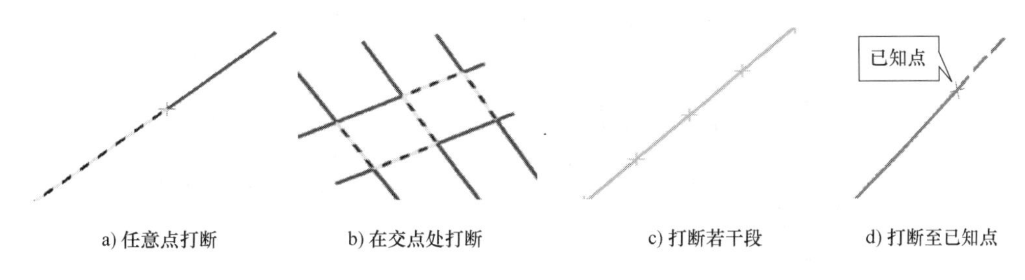

图 6-20　图线打断方式

【草图】→【修剪】→【修剪打断延伸】→【图线连接】按钮，选择需要连接的图线，确认完成即可。

二、标注打断

打断尺寸标注、注释、标签、延伸线、剖面线、剖面线图案、圆弧及 NURBS 曲线。尺寸标注、剖面线等通常都是以块形式存在，在一些特殊区域，需要分解编辑，可以采用标注打断功能。单击菜单栏中的【标注】按钮，在【修剪】工具栏中选择【将标注打断为图形】命令，选择需要打断的块，确认完成，则可以进行图线编辑。

【强化练习】

使用【草图】和【标注】选项卡中的命令完成图 6-21 和图 6-22 所示的图形和尺寸标注。

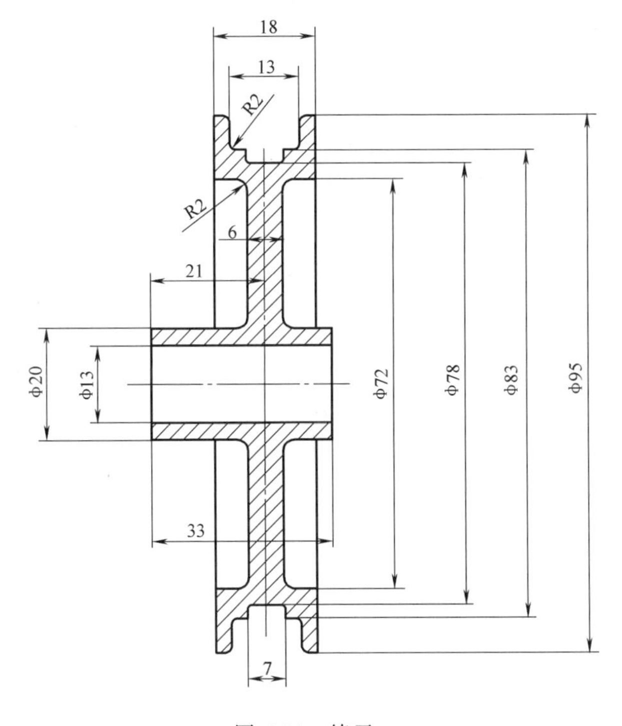

图 6-21　练习一

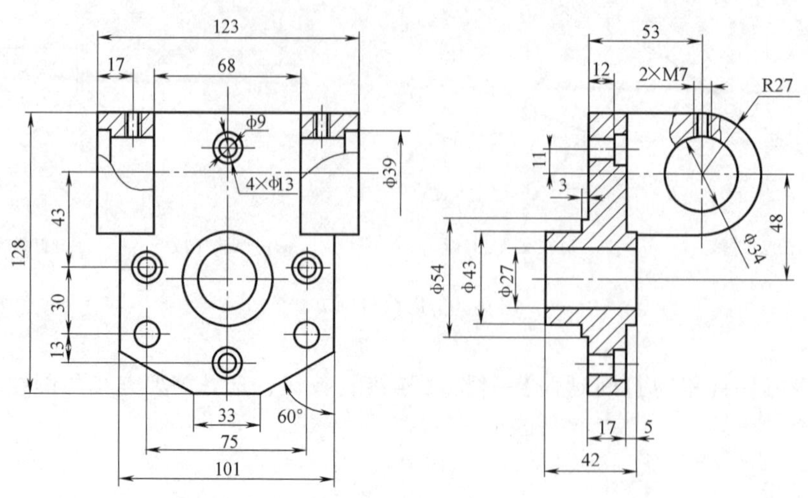

图 6-22　练习二

【检查与评价】

轴承端盖的尺寸标注学生学习情况评价表

评价项目		具体评价内容	配分	自评	互评	教师评
项目完成的质量		项目按时保质完成，图线绘制正确	20			
知识与技能	实施方案	制定绘图方案正确合理，切实可行	5			
	国家标准	正确掌握零件图各种尺寸标注的组成	5			
	尺寸标注	正确使用各种类型尺寸标注	10			
	尺寸标注样式	正确设置尺寸标注样式	10			
	尺寸公差的标注	正确使用尺寸公差的标注	10			
	课后练习完成情况	熟练、正确完成课后练习	25			
学习过程	信息技能	钻研书本知识，正确应用到实际操作中	5			
	创新	提出可行绘图实施方案，意识创新	5			
	合作	小组互动性好，主动提问并正确解决	5			
评语（优缺点与建议）：			合计			
			总评价（等级）			

注：评价等级与分数的关系是 85≤优≤100，70≤良≤84，55≤中≤69，40≤差≤54。

项目七

创建印章曲面模型

【学习任务】

学校某专业部要制作一枚专业科室内部使用的公章（图 7-1），面向学生征集设计方案。现有一款公章图样，需要绘制成 3D 曲面图形，请同学们使用创建曲面的命令将草图生成电子图形。根据教师指定的路径，建立一个以自己学号为名称的文件夹，并将画好的图形以“学号+项目七”为文件名，保存在该文件夹内。

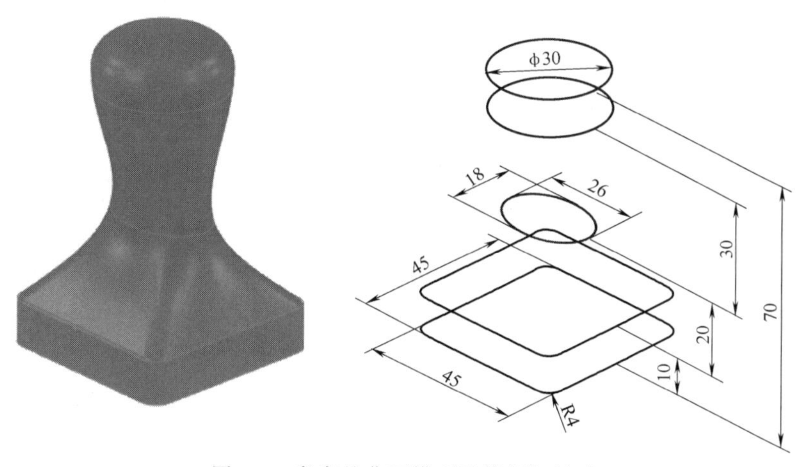

图 7-1 印章的曲面模型及线框架尺寸

【学习目标】

1）掌握创建直纹、举升曲面的操作方法。
2）掌握曲面修剪、曲面倒圆角的操作方法。
3）培养学生的创造力，综合运用学过的命令进行设计。
4）培养学生对分析问题和解决问题的能力，激发对课程的学习兴趣。

【知识基础】

曲面是利用各种曲面命令对点、线进行操作后生成的面体，是一种定义边界的非实体特征。印章的三维造型采用曲面造型的方法。曲面模型是用来表示零件表面的模型，是在线框架模型的基础上，用 6 种曲面进行处理后得到的。它不仅显示曲面的边界轮廓，而且可以用来表示工件的真实形状，产生具有真实感的图形，还可以针对曲面直接生成刀具路径。

一、绘制直纹、举升曲面

直纹曲面是顺接至少两条曲线或串连曲线而构建的曲面。直纹曲面使用线性熔接的方式来连接断面的轮廓外形。

举升曲面是顺接至少两条曲线或串连曲线（不一定要求封闭）而构建的曲面。举升曲面使用平滑的连接方式来熔接截面的轮廓外形。区别直纹曲面与举升曲面的主要是连接方式的不同，前者是线性，后者是平滑。

创建直纹、举升曲面的操作步骤如下：

1）执行菜单栏【曲面】→【创建】→【举升】命令按钮，如图7-2所示。依次单击选中各个外形曲线，保持串连起点与箭头方向一致，可绘制直纹或举升曲面。

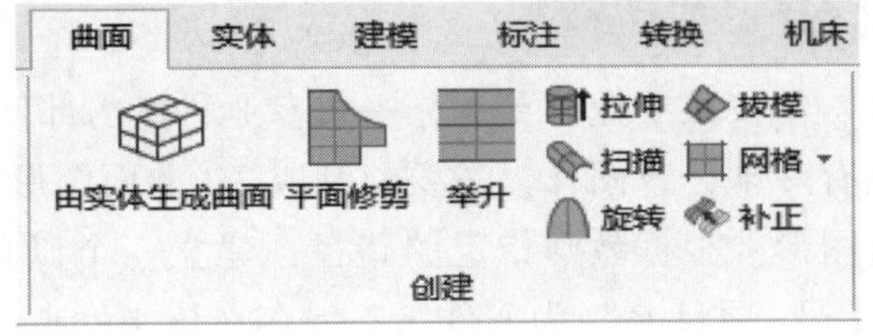

图7-2 【举升】命令

2）根据系统弹出的【选择方式】对话框，设置相应的串连方式，并在绘图区域内依次选择截面图形1、2和3作为创建直纹或举升曲面的截面，串连的方向和起点要一致，如图7-3所示。

3）选择类型，选择【直纹（U）】是绘制直纹曲面，结果如图7-4所示；选择【举升（L）】是绘制举升曲面，得到图7-5所示结果。单击【直纹/举升曲面】对话框中的【确定】按钮，结束直纹或举升曲面截面的选取操作。

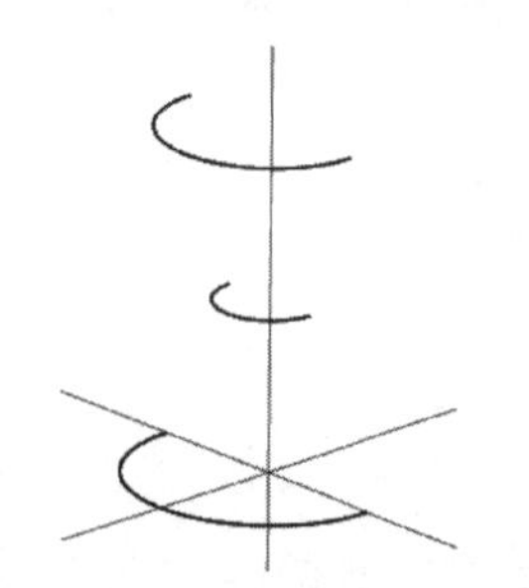

图7-3 举升曲面的截面选择

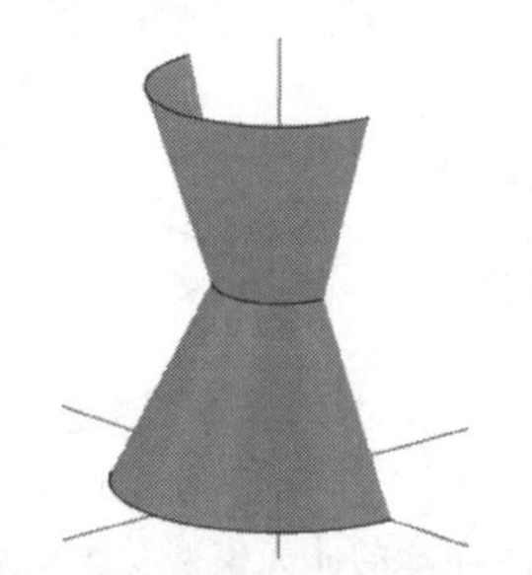

图7-4 直纹曲面的绘制

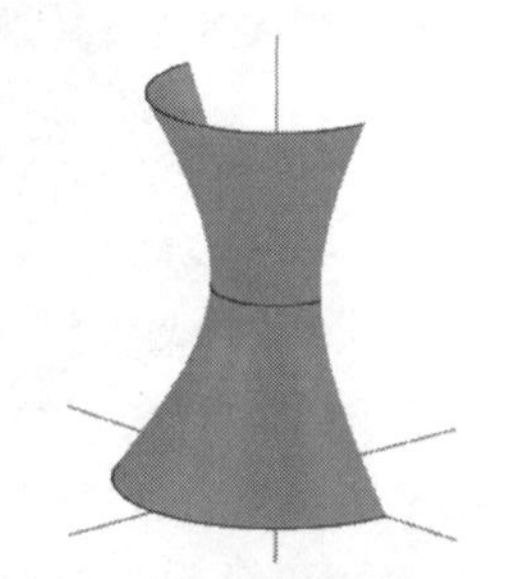

图7-5 举升曲面的绘制

注意：

在选取直纹或举升曲面外形曲线时，所有曲线串连的起点和串连的方向要一致，且要按次序串连图素，否则生成的曲面为扭曲的曲面，如图7-6所示。

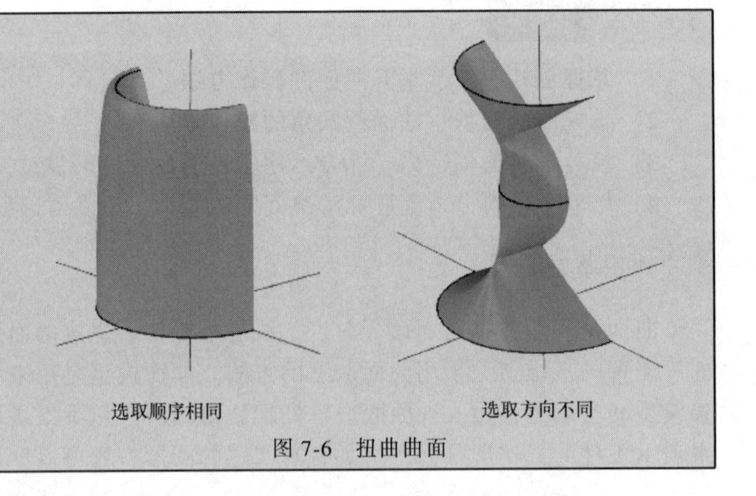

图7-6 扭曲曲面

二、平面修剪

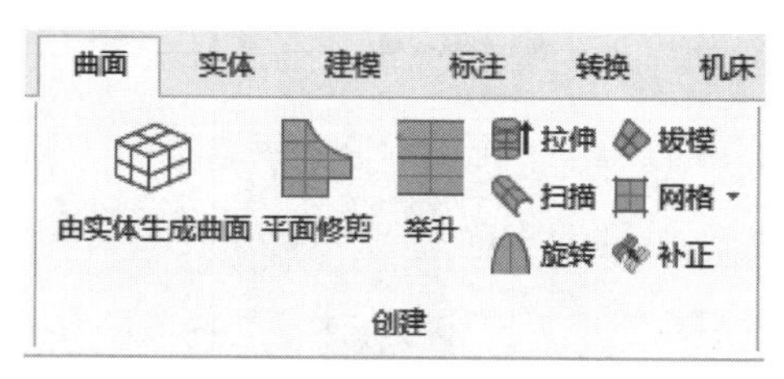

图 7-7 【平面修剪】命令

平面修剪是指通过选取一个封闭的线串来创建一个平面曲面。

创建平面修剪的操作步骤如下：

1）单击【曲面】→【创建】→【平面修剪】命令按钮，如图 7-7 所示。

2）设置相应的串连方式，并在绘图区域内选取图 7-8 所示的封闭的线串，单击【平面修剪】对话框内【确定】按钮 ✔，即可完成平面修剪操作，结果如图 7-9 所示。

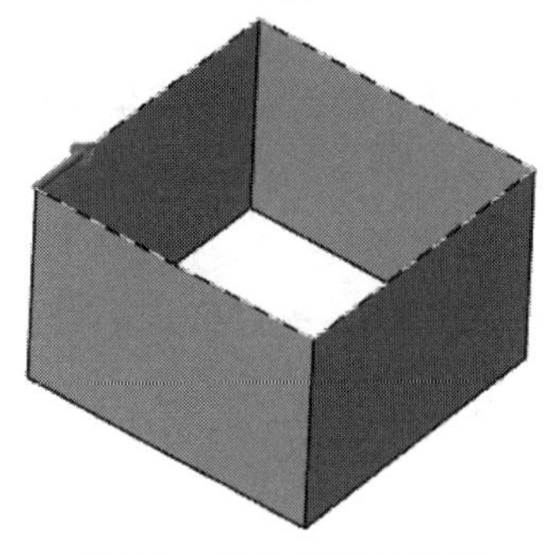

图 7-8　选取封闭的线串

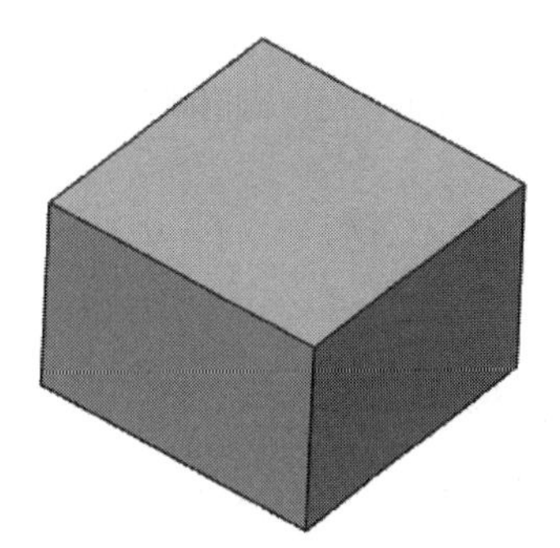

图 7-9　平面修剪效果

三、曲面倒圆角

曲面倒圆角是指将两组曲面以圆弧的形式进行过渡连接，从而将比较尖锐的交线变得圆滑平顺。

创建曲面倒圆角的操作步骤如下：

1）执行菜单栏【曲面】→【修剪】→【曲面与曲面倒圆角】命令按钮，如图 7-10 所示。

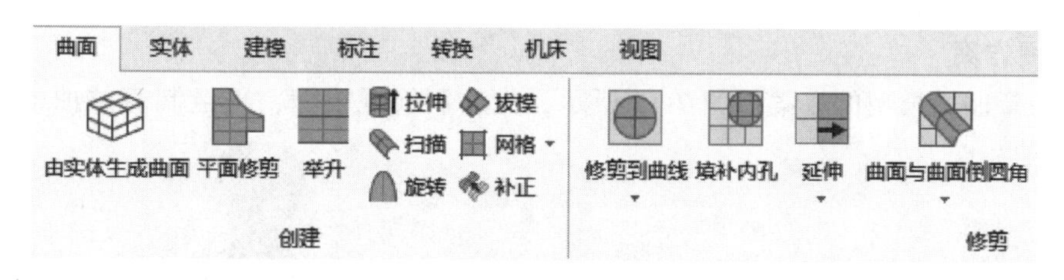

图 7-10 【曲面与曲面倒圆角】命令

2）根据系统提示选择第一组曲面，并按<Enter>键，继续选择第二组曲面，按<Enter>键，如图 7-11 所示。

3）系统弹出【曲面与曲面倒圆角】对话框如图 7-12 所示，输入倒圆角半径为“5”，并选中【修剪】选项，再单击对话框中的【确定】按钮 ✔，即可完成倒圆角操作，结果如图 7-13 所示。

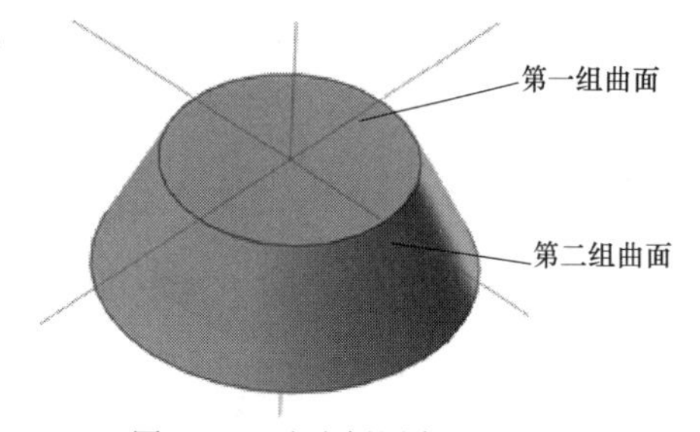

图 7-11　选取倒圆角的曲面

图 7-12 【曲面与曲面倒圆角】对话框

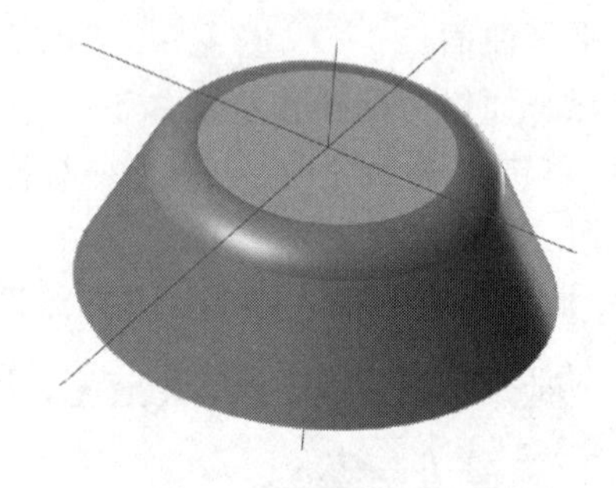
图 7-13 曲面倒圆角创建结果

【计划与实施】

一、确定绘图方案

1. 问题引导

1）分析曲面图形涉及几种基本图素。

2）分析曲面图形绘制涉及哪几种曲面命令。

2. 工作任务

1）绘制印章的线框草图。

2）绘制印章底座的直纹曲面。

3）绘制印章柄部的举升曲面。

4）平面修剪印章的顶面和底面。

5）曲面倒圆角。

3. 绘图方案

绘制印章曲面模型的方案如图 7-14 所示，先绘制线框模型，再绘制直纹曲面、举升曲

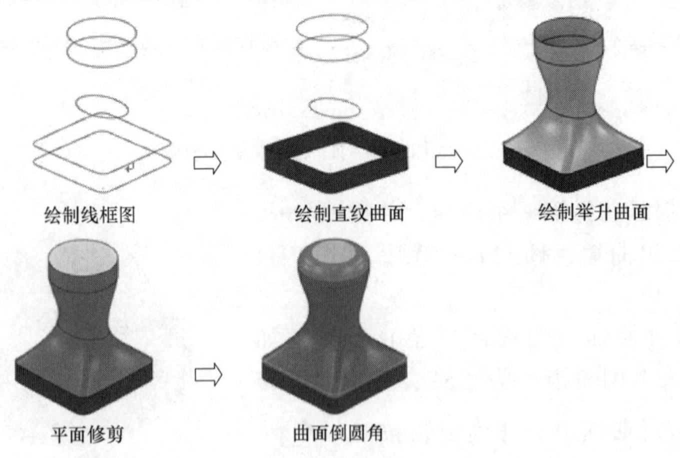

图 7-14 印章曲面模型绘图方案

面，最后修剪平面、倒圆角。

二、实施任务

1. 绘制带圆角的四边形

1）将当前图层设为 1，命名为“线框图”，其余设置为默认值。按<F9>键显示坐标轴。

2）在构图深度为 0mm 和 10mm 的位置，分别绘制一个 45mm×45mm 的矩形，倒 R4mm 圆角，结果如图 7-15 所示。

2. 绘制椭圆

在构图深度为 30mm 的位置，绘制椭圆的方法如下：

1）设置构图深度 Z 为“30”。

2）单击【草图】→【形状】→【椭圆】命令按钮。

系统提示“选择基准点位置”，然后输入椭圆中心位置坐标为（0，0，30）。

系统提示“输入 X 轴半径或选择一点”，输入 X 轴半径为“13”，Y 轴半径为“9”，如图 7-16 所示。

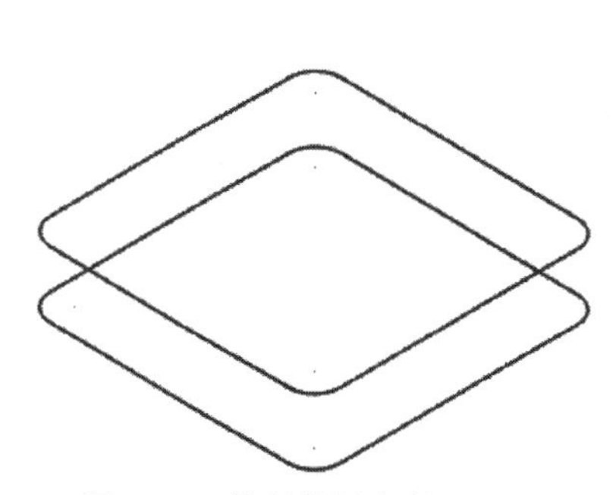

图 7-15　绘制带圆角的四边形

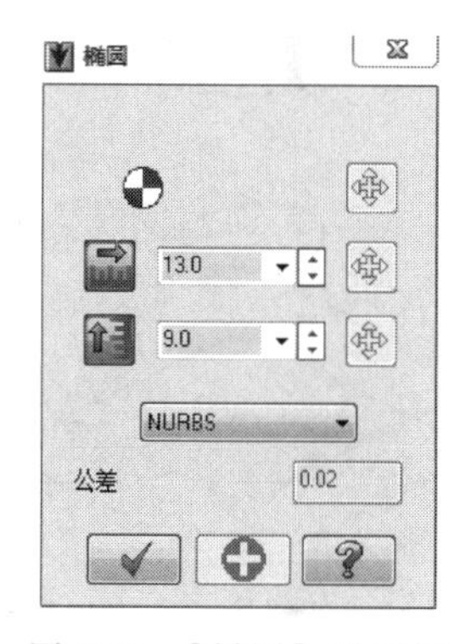

图 7-16　【椭圆】对话框

单击【确定】按钮，绘图区显示已绘制的一个椭圆，结果如图 7-17 所示。

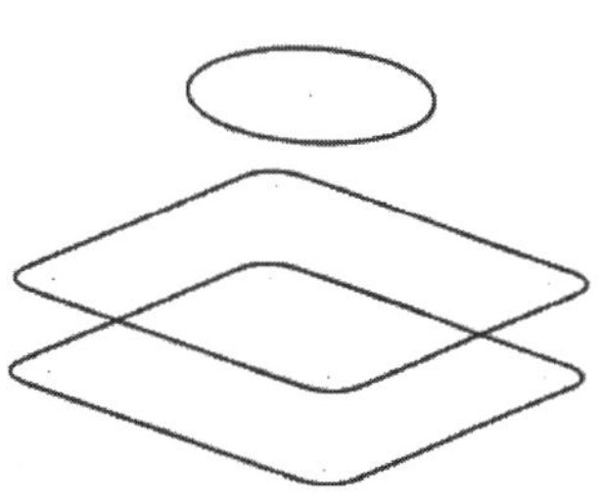

图 7-17　绘制椭圆

3. 绘制圆弧

绘制在同一构图面而构图深度不同的两个圆弧的方法如下：

1）设置构图深度 Z 为“60”。

2）单击【草图】→【圆弧】→【已知点画弧】命令按钮。

系统提示“请输入圆心点”，输入圆中心位置坐标为（0，0，60）。

在【极坐标画弧】对话框中输入圆弧直径为“30”。单击【确定】按钮，绘图区显示已绘制的一个圆弧。

3）单击【草图】→【圆弧】→【已知点画弧】命令按钮。

系统提示“请输入圆心点”，输入圆中心位置坐标为（0，0，70）。

【极坐标画弧】对话框中输入圆弧直径为“30”。

单击【确定】按钮，绘图区显示已绘制的另一个圆弧，结果如图 7-18 所示。

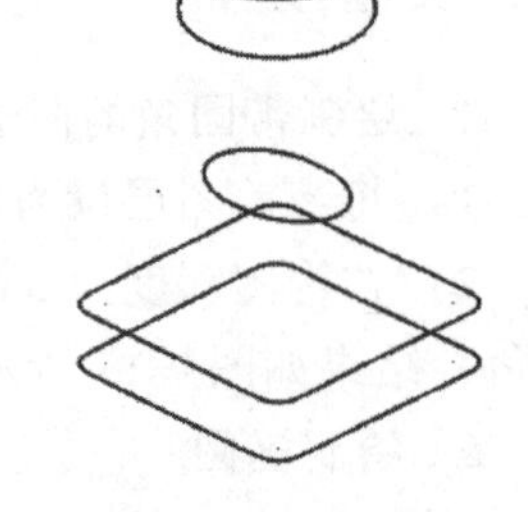

图 7-18 印章线框模型

4. 绘制直纹曲面

直纹曲面使用线性熔接方式来连接断面的轮廓外形。

1）将当前图层设为 2，图层命名为“直纹曲面”，其余设置为默认值。

2）单击【曲面】→【创建】→【举升】命令按钮。

系统弹出【选择方式】对话框，单击【串连】按钮。

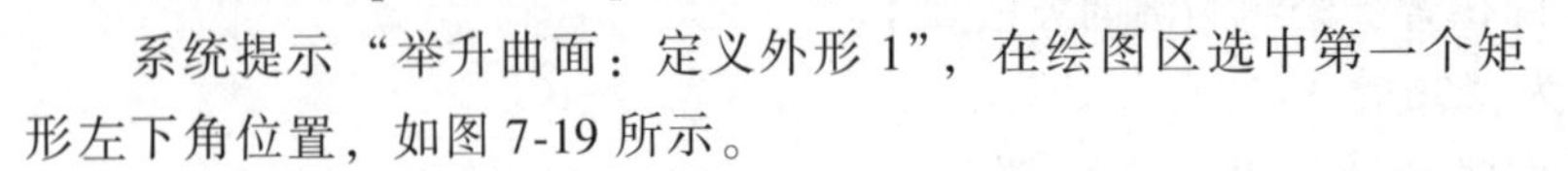

系统提示“举升曲面：定义外形 1”，在绘图区选中第一个矩形左下角位置，如图 7-19 所示。

系统提示“举升曲面：定义外形 2”，在绘图区选中第二个矩形左下角位置，如图 7-20 所示。

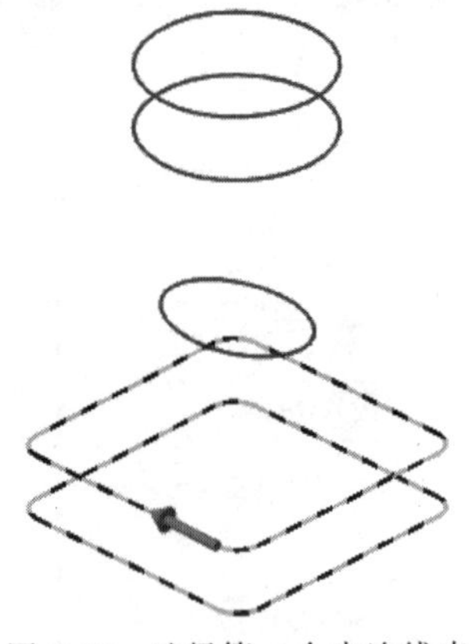

图 7-19 选择第一个串连线串

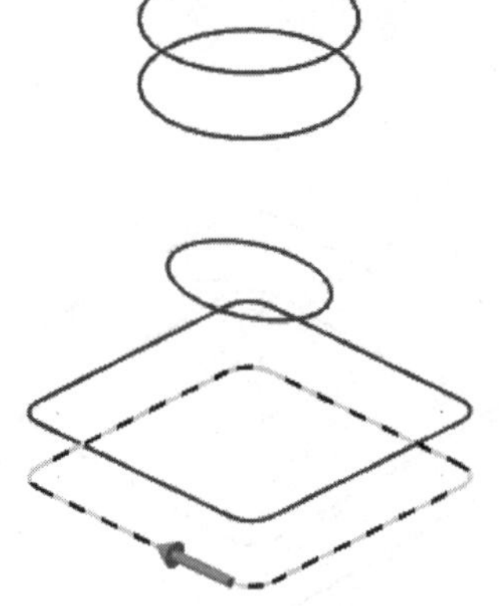

图 7-20 选择第二个串连线串

> **注意：**
> 每条串连的箭头的起点与方向要对应。

单击【确定】按钮，系统弹出【直纹/举升曲面】对话框，单击【直纹（U）】，如图 7-21 所示。

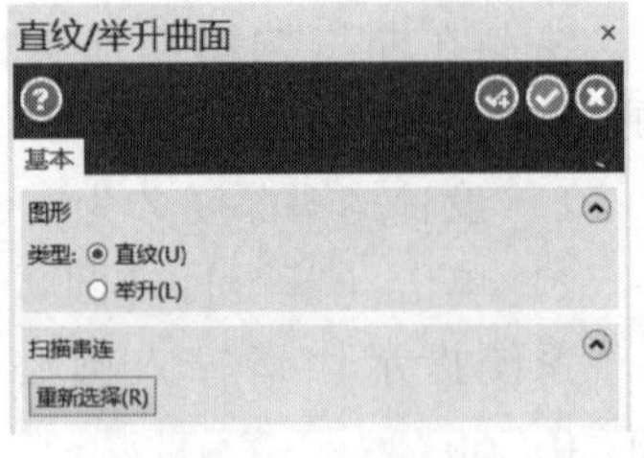

图 7-21 【直纹/举升曲面】对话框

单击【确定】按钮，完成直纹曲面的创建，结果如图 7-22 所示。

3）点击彩显图标，直纹曲面着色效果如图 7-23 所示。

5. 绘制举升曲面

1）将当前图层设为 3，图层命名为“举升曲面”，其余设置为默认值。

2）单击【草图】→【修剪】→【两点打断】命令按钮。

系统提示“选择要打断的图形”，选择高度为 10mm 的矩形右边的垂直线。

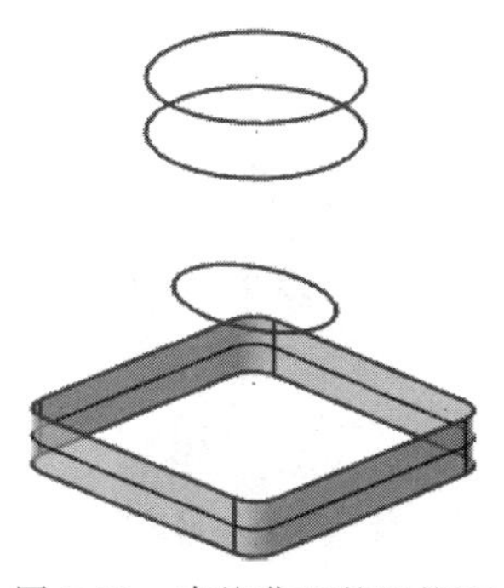

图 7-22　直纹曲面的网格面

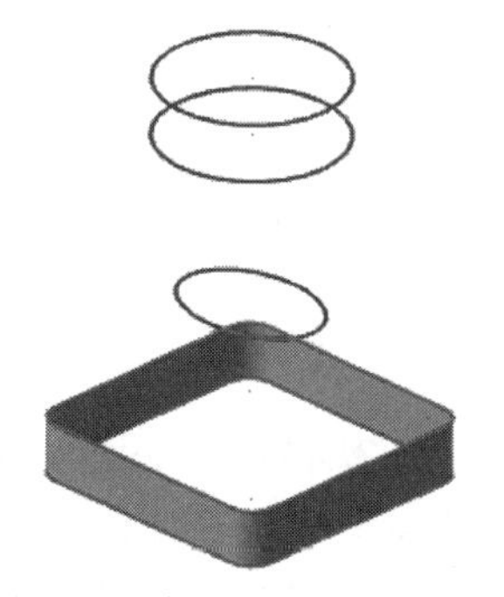

图 7-23　直纹曲面的着色效果

系统提示“指定打断位置”，单击选中该线的中点，将该垂直线打断成两段，如图 7-24 中的点 4。

3）单击【曲面】→【创建】→【举升】命令按钮，如图 7-24 所示。

系统弹出【选择方式】对话框，单击【串连】按钮。

系统提示“举升曲面：定义外形 1”，按从上往下顺序依次选择圆弧、椭圆以及矩形，起点位置分别是图 7-24 中的点 1、2、3、4，保证所有的串连都是顺时针或逆时针方向，起点相互对应。

单击【确定】按钮，系统弹出【直纹/举升曲面】对话框，单击【举升（L）】。

单击【确定】按钮，完成举升曲面的创建，结果如图 7-25 所示。

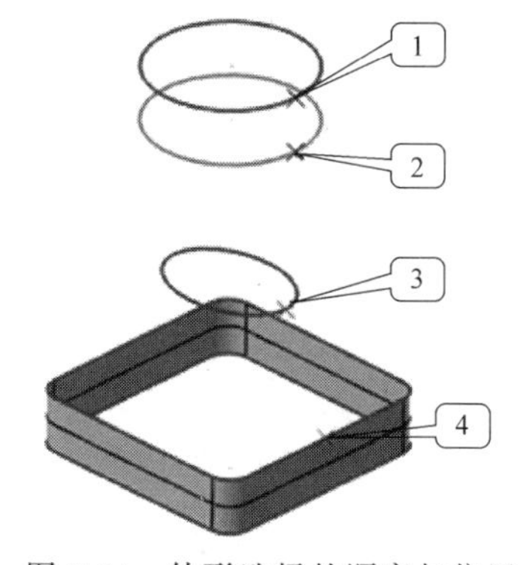

图 7-24　外形选择的顺序与位置

图 7-25　举升曲面

6. 平面修剪

顶面是一个平面，可采用【平面修剪】命令绘制。

1）将当前图层设为 4，图层命名为“平面修剪”，其余设置为默认值。

2）单击【曲面】→【创建】→【平面修剪】命令按钮。

系统弹出【选择方式】对话框，单击【串连】按钮。

系统提示“选择要定义平面串连 1”，选择顶面上 ϕ30mm 的圆。

单击【确定】按钮，完成平面修剪的创建，结果如图 7-26 所示。

3）采用同样的方法，选择底面的矩形为串连，可将底面绘制出来。

7. 曲面倒圆角

在印章的顶部手柄位置倒圆角，圆角半径为6mm。

1）将当前图层设为5，图层命名为“曲面倒圆角”，将线框图层1关闭。

2）单击【曲面】→【修剪】→【曲面与曲面倒圆角】命令按钮。

系统提示“选择第一个曲面或按<Esc>键退出”，选择顶面的平面为第一组曲面，按<Enter>键。

系统提示“选择第二个曲面或按<Esc>键退出”，选择举升曲面作为第二组曲面，如图7-27所示，按<Enter>键。

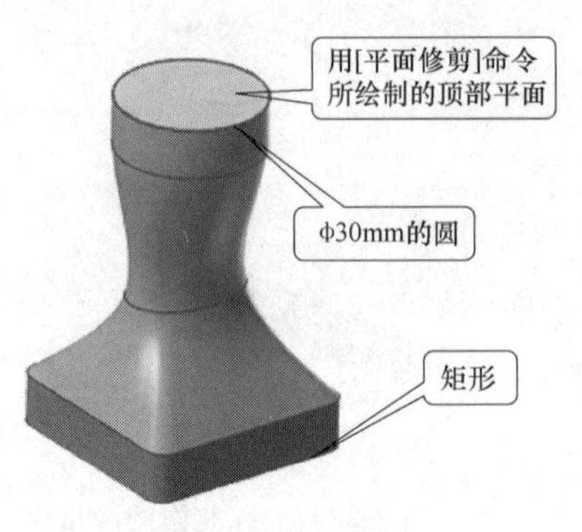

图7-26　平面修剪

系统弹出【曲面与曲面倒圆角】对话框，输入半径为“6”，选择修剪，勾选【自动预览（A）】，如图7-28所示。

单击【确定】按钮，完成曲面倒圆角，结果如图7-29所示。

3）采用同样的方法，完成直纹曲面与举升曲面的倒圆角，圆角半径为2mm，结果如图7-30所示。

图7-27　选择倒圆角的两组曲面

图7-28　【曲面与曲面倒圆角】对话框

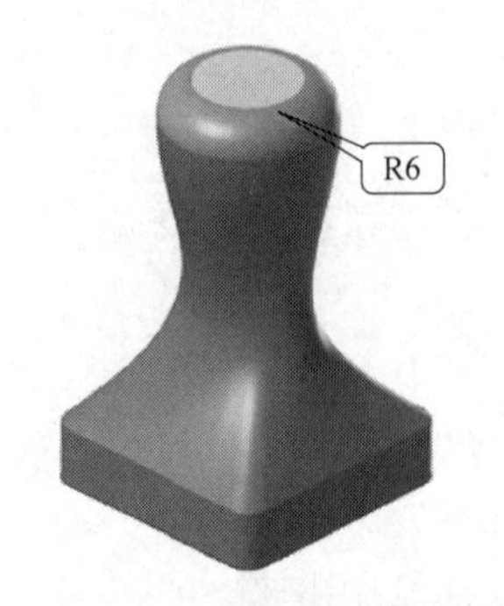

图7-29　倒R6mm圆角

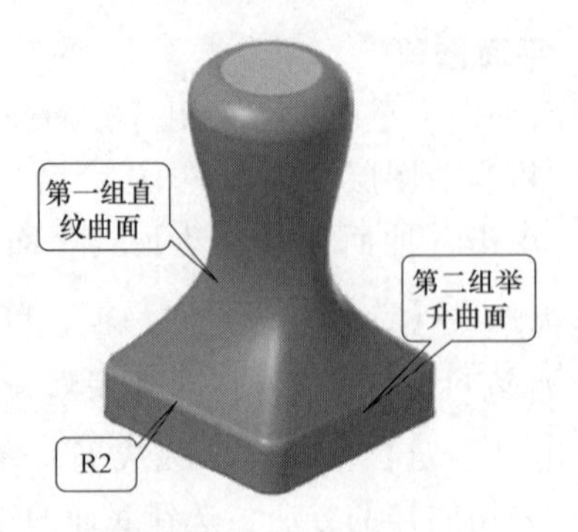

图7-30　倒R2mm圆角

【知识拓展】

由曲面生成为实体，操作步骤如下：

1）单击【实体】→【创建】→【由曲面生成实体】命令按钮，如图 7-31 所示。

2）系统提示“选择一个或多个曲面缝合实体，按<Ctrl+A>键可选择所有可见曲面。完成选择后按<Enter>键”，框选需要生成实体的所有曲面，按<Enter>键。

3）在【由曲面生成实体】对话框中选择【原始曲面】选项组中的【删除】，如图 7-32 所示。

4）单击【确定】按钮，完成曲面生成实体的操作。

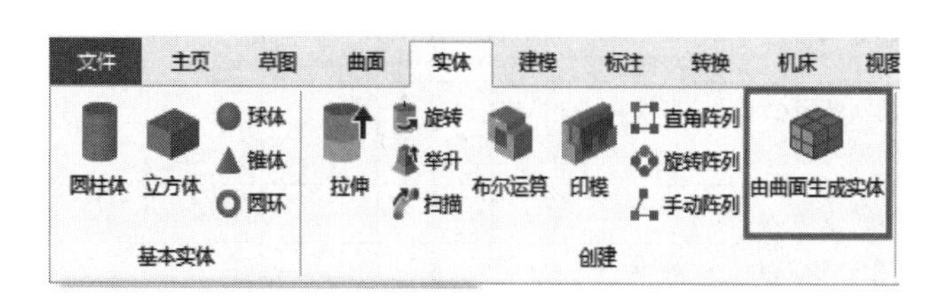

图 7-31　【由曲面生成实体】命令

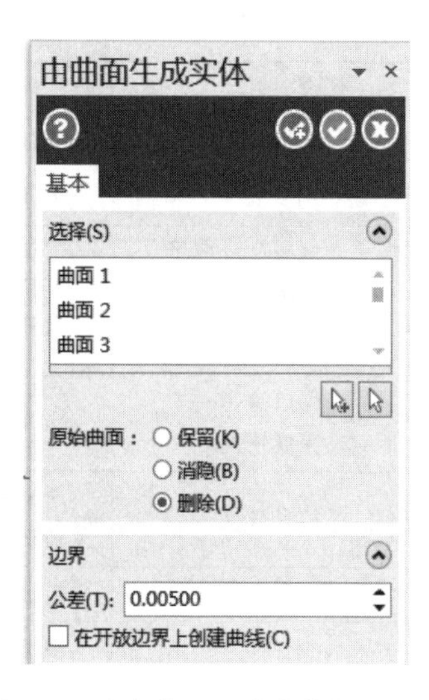

图 7-32　【由曲面生成实体】对话框

【强化练习】

1. 列举举升曲面的构建要注意的事项。
2. 列举曲面倒圆角要注意的事项。
3. 使用曲面绘制命令绘制图 7-33 所示印章模型。

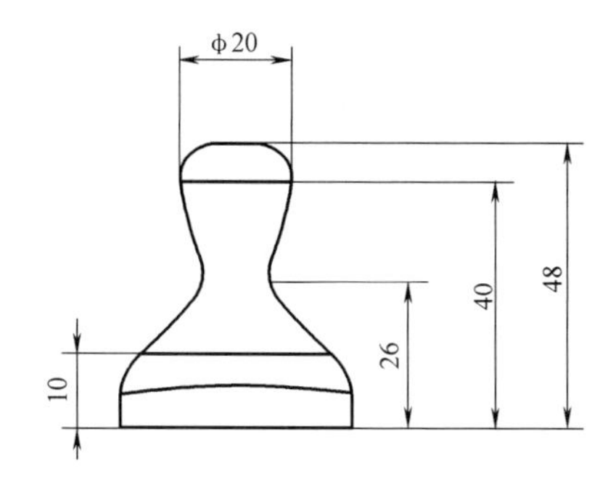

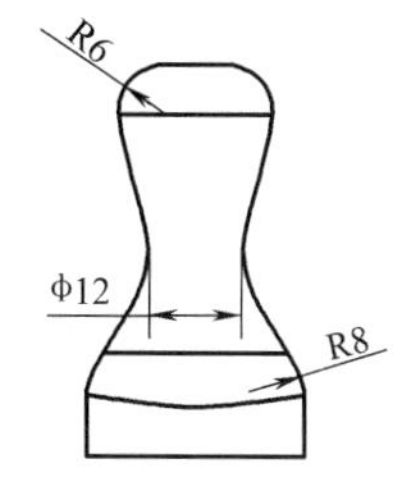

图 7-33　练习

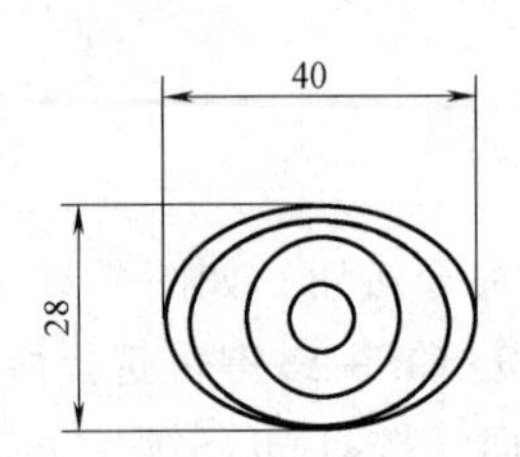

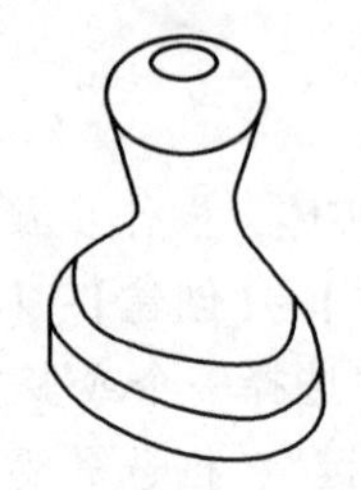

图 7-33　练习（续）

【检查与评价】

印章曲面模型的绘制学生学习情况评价表

评价项目		具体评价内容	配分	自评	互评	教师评
项目完成的质量		项目按时保质完成，图线绘制正确	10			
知识与技能	直纹/举升曲面命令应用	正确使用【举升】命令，数据准确	20			
	平面修剪命令应用	正确使用【平面修剪】命令，数据准确	20			
	曲面倒圆角命令应用	正确使用【曲面与曲面倒圆角】命令，数据准确	20			
	课后练习完成情况	熟练、正确完成课后练习	15			
学习过程	信息技能	通过系统的帮助功能及试操作，解决问题引导及知识拓展所提问题	5			
	创新	提出可行绘图实施方案，意识创新	5			
	合作	小组互动性好，主动提问并正确解决	5			
评语（优缺点与建议）：			合计			
			总评价（等级）			

注：评价等级与分数的关系是 85≤优≤100，70≤良≤84，55≤中≤69，40≤差≤54。

项目八

创建水壶曲面模型

【学习任务】

某公司要生产一款水壶（图 8-1），现需要绘制成 3D 曲面图形，请同学们使用曲面命令，根据草图中的尺寸要求生成曲面图形，并按教师指定的路径，建立一个以自己学号为名称的文件夹，并将画好的图形以“学号+项目八”为文件名，保存在该文件夹内。

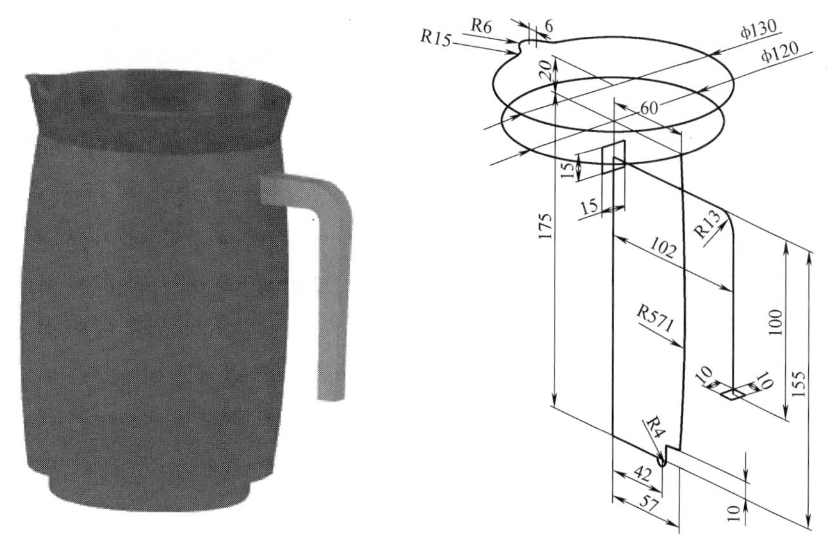

图 8-1　水壶曲面模型及线框架尺寸

【学习目标】

1）掌握使用【旋转】、【扫描】命令创建曲面的方法。

2）掌握【修剪到曲面】命令的使用方法。

3）培养学生的创造力，综合运用学过的命令进行设计。

4）培养学生对该门课程的兴趣，进一步激发对本专业的学习兴趣。

【知识基础】

一、绘制旋转曲面

旋转曲面是指将选取的图素围绕一条旋转轴旋转所产生的曲面。

创建旋转曲面的操作步骤如下：

1）单击【曲面】→【创建】→【旋转】命令按钮，弹出【串连】对话框，设置相应的串连方式，并在绘图区域内选择图 8-2 所示的轮廓曲线作为旋转截面，单击对话框中的【确定】按钮✔。

2）根据系统提示选取旋转轴，在绘图区内选择直线作为旋转轴线。在【旋转曲面】对话框中输入旋转曲面的起始角度为 0°，终止角度为 360°，单击对话框中的【确定】按钮✔，即可完成旋转曲面的创建操作，结果如图 8-3 所示。

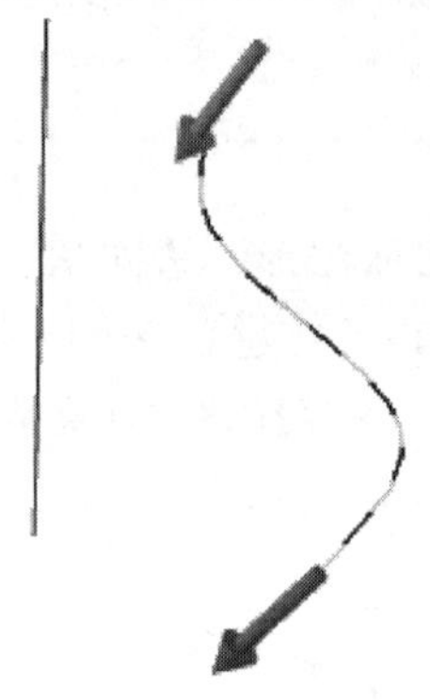
图 8-2　选取旋转截面

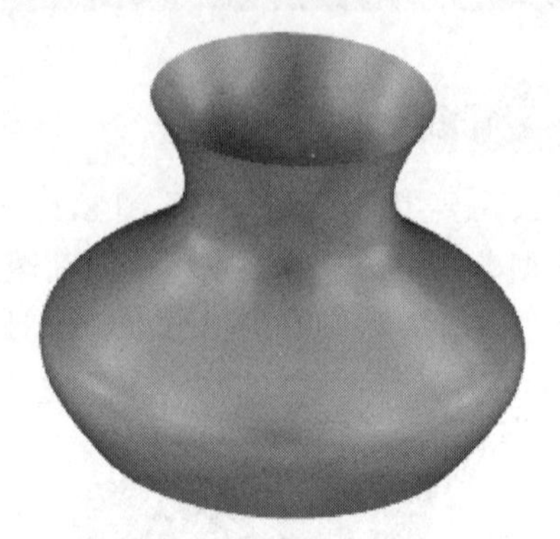
图 8-3　旋转曲面的绘制

二、绘制扫描曲面

扫描曲面是指将截面沿着轨迹移动产生的曲面。其截面和线框可以是封闭的线串，也可以是开放的线串。创建扫描曲面有三种形式，分别为一个截面和一条轨迹曲线、一个截面和两条轨迹曲线、两个或两个以上截面和一条轨迹曲线。

一个截面和一条轨迹曲线创建扫描曲面的操作步骤如下：

1）单击【曲面】→【创建】→【扫描】命令按钮，在弹出的【扫描曲面】对话框中选择 ◉ 旋转(O) 模式，根据系统提示（定义截断方向外形）在绘图区内选择圆作为扫描截面，如图 8-4 所示，然后单击对话框中的【确定】按钮✔。

2）根据系统提示（定义引导方向外形）选取扫描路径，然后单击对话框中的【确定】按钮✔，即可完成扫描曲面的创建操作，结果如图 8-5 所示。

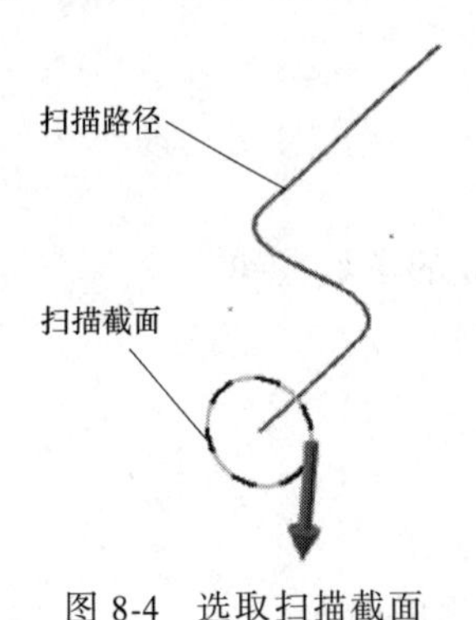

图 8-4　选取扫描截面

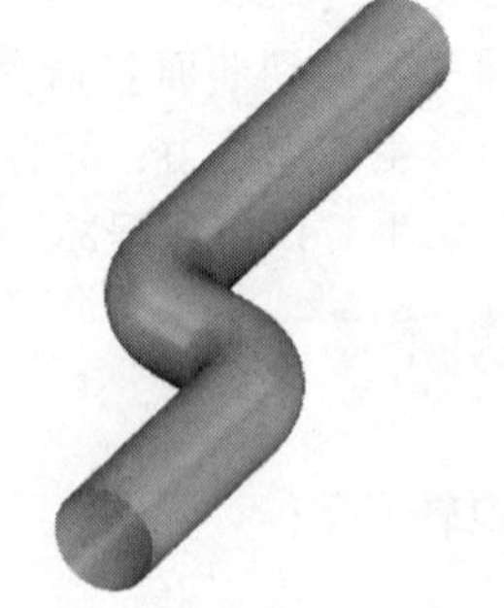
图 8-5　扫描曲面的绘制

两个截面和一条轨迹曲线创建扫描曲面的操作步骤如下：

1）执行菜单栏【曲面】→【创建】→【扫描】命令按钮，在弹出的【扫描曲面】对话框中选择 ◉ 旋转(O) 模式，根据系统提示（定义截断方向外形）在绘图区内选择矩形和圆作为扫描截面，如图 8-6 所示，然后单击对话框中的【确定】按钮 ✔。

2）根据系统提示（定义引导方向外形），选择扫描路径，单击对话框中的【确定】按钮 ✔，即可完成扫描曲面的创建操作，结果如图 8-7 所示。

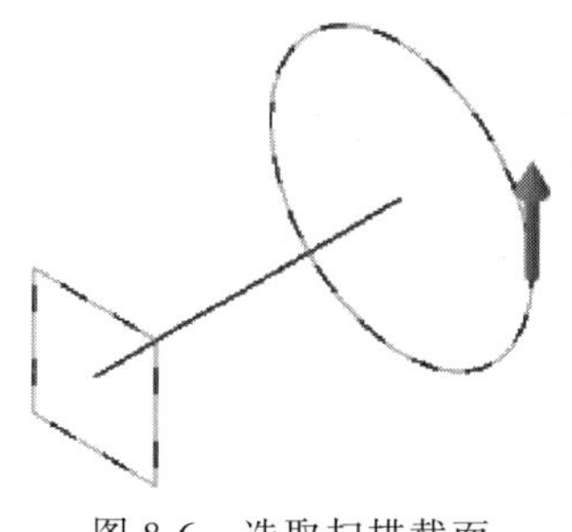

图 8-6　选取扫描截面

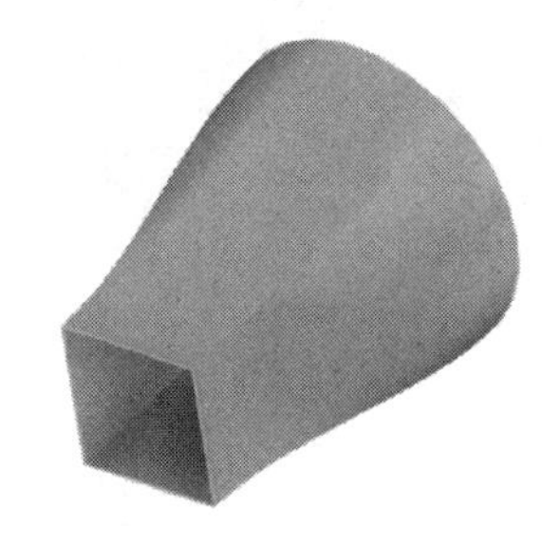

图 8-7　双截面扫描曲面的绘制

三、曲面修剪

曲面修剪是指通过选取指定的曲面沿着选定边界进行修剪操作，从而产生新的曲面。修剪的边界可以是曲线、曲面或平面。曲面修剪有三种方式，分别为修剪到曲面、修剪到曲线、修剪到平面。

修剪到曲面的操作步骤如下：

1）单击【曲面】→【修剪】→【修剪到曲面】命令按钮，根据系统提示（选择第一个曲面或按<Esc>键退出）选取第一个曲面，然后按<Enter>键；根据系统提示（选择第二个曲面或按<Esc>键退出）选取第二个曲面，如图 8-8 所示，按<Enter>键。

2）根据系统提示（选择曲面去修剪-指出保留区域）单击第一个曲面的内侧，在第一个曲面上显示出一个绿色的移动箭头，如图 8-9 所示，再移动箭头指定需要保留的区域，单击以确定。

3）根据系统提示（选择曲面去修剪-指出保留区域）单击第二个曲面的外侧，在第二个曲面上显示出一个绿色的移动箭头，如图 8-10 所示，再移动箭头指定需要保留的区域，

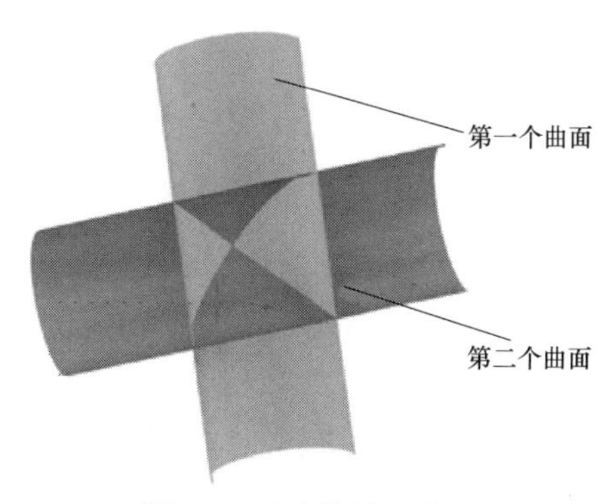

图 8-8　选取修剪的曲面

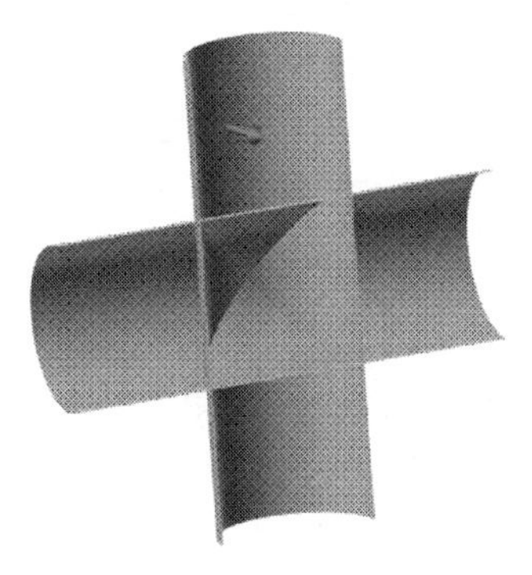

图 8-9　指定第一个曲面要保留的区域

单击以确定。

4）在【修剪到曲面】对话框中单击 修剪第一组(F) 按钮，结果如图 8-11 所示；单击 修剪第二组(S) 按钮，结果如图 8-12 所示；单击 两者修剪(B) 按钮，结果如图 8-13 所示。

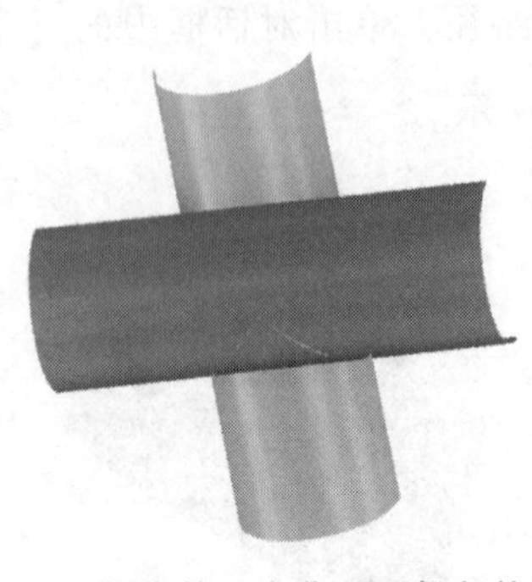

图 8-10 指定第二个曲面要保留的区域

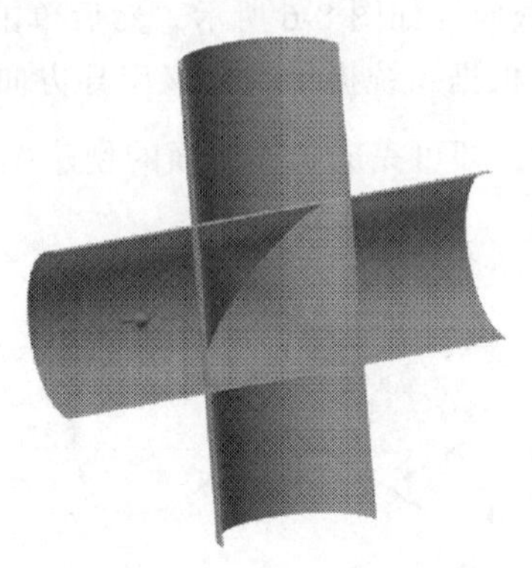

图 8-11 修剪第一个曲面

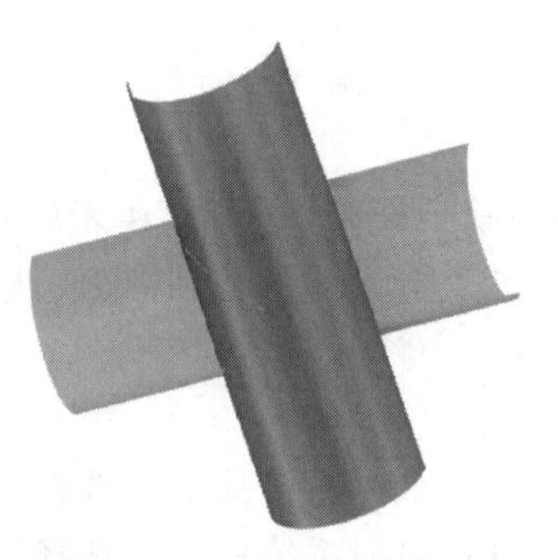

图 8-12 修剪第二个曲面

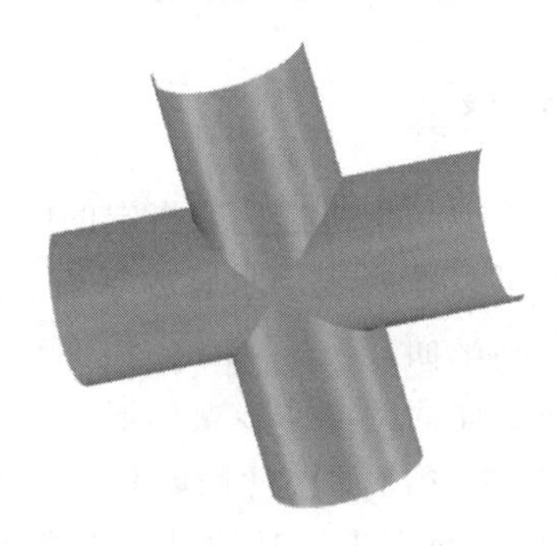

图 8-13 两个曲面都修剪

【计划与实施】

一、确定绘图方案

1. 问题引导

1）分析水壶曲面图形包含几种基本图素。

2）分析水壶曲面图形绘制涉及哪几种曲面命令。

2. 工作任务

1）绘制水壶线框草图。

2）使用【举升】命令绘制壶口曲面。

3）使用【旋转】命令绘制壶身曲面。

4）使用【扫描】命令绘制壶柄。

5）使用【修剪到曲面】命令修剪曲面。

3. 绘图方案

绘制水壶曲面模型的方案如图 8-14 所示，先绘制线框模型，再绘制举升曲面、旋转曲

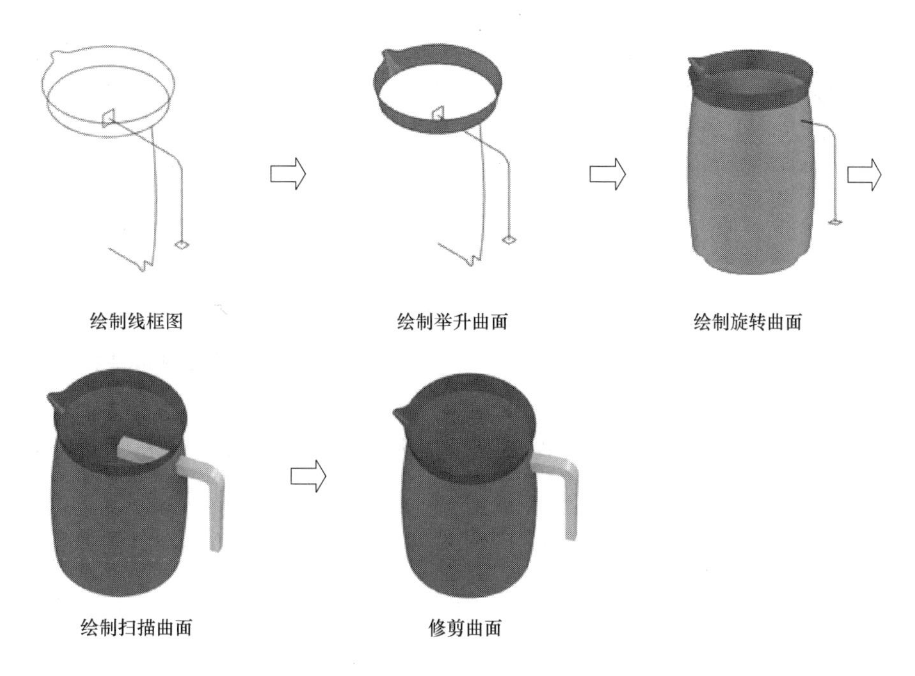

图 8-14　水壶曲面模型绘图方案

面、扫描曲面，最后修剪曲面。

二、实施任务

1. 绘制壶顶线框二维图

1）设置构图平面为俯视图，将当前图层设为 1，命名为“线框图”，其余设置为默认值，按<F9>键显示坐标轴。

2）单击【草图】→【圆弧】→【已知点画圆】命令按钮。

系统提示“请输入圆心点”，输入圆中心位置坐标为（0，0，175）。在【已知点画圆】对话框中输入圆直径为“120”。单击【确定】按钮✔，绘图区显示已绘制的第一个圆。

3）单击【草图】→【圆弧】→【已知点画圆】命令按钮。系统提示“请输入圆心点”，输入圆中心位置坐标为（0，0，195）。在【已知点画圆】对话框中输入圆直径为“130”。单击【确定】按钮✔，绘图区显示已绘制的一个圆，结果如图 8-15 所示。

4）单击【草图】→【圆弧】→【已知点画圆】命令按钮。系统提示“请输入圆心点”，输入圆中心位置坐标为（-71，0，195）。在圆对话框中输入圆半径为“6”。单击【确定】按钮✔，绘图区显示已绘制的第二个圆，结果如图 8-16 所示。

5）单击【草图】→【修剪】→【倒圆角】命令按钮。系统提示“选择图形”，单击 ϕ6mm 圆。系统提示“选择另一个图形”，单击 ϕ130mm 圆。在【倒圆角】对话框中输入圆角半径为“15”，不勾【选修剪图形】。单击【确定】按钮✔，绘图区显示已绘制的一个倒圆角。用同样方法绘制另一个 R15mm 圆角，绘制结果如图 8-17 所示。

6）执行菜单栏【草图】→【修剪】→【修剪打断延伸】命令按钮。在【修剪打断延伸】

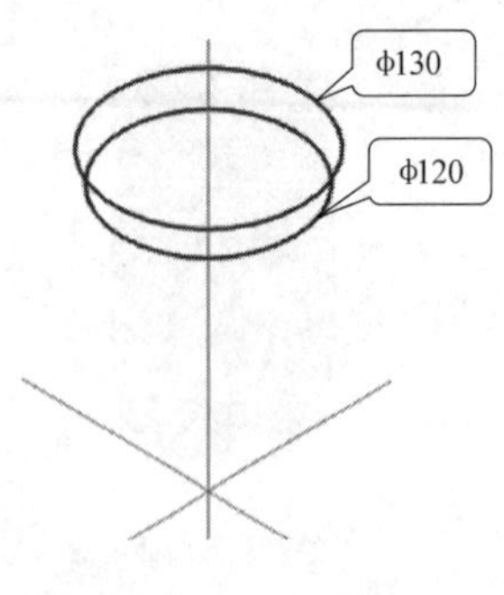

图 8-15　绘制圆

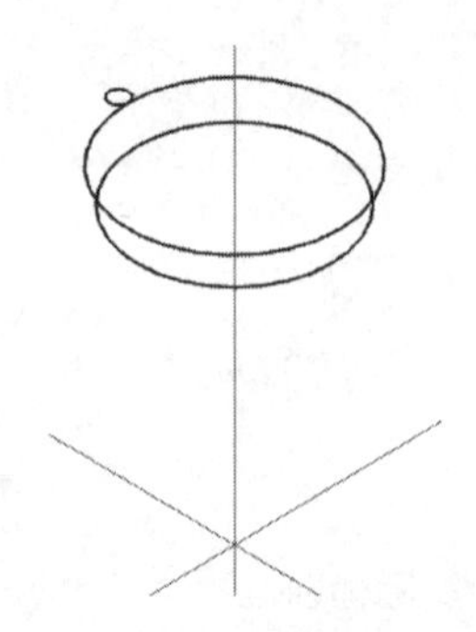

图 8-16　绘制第二个圆

对话框中单击 分割/删除(D)，选择曲线或圆弧，删除多余的圆弧。单击【确定】按钮，绘制结果如图 8-18 所示。

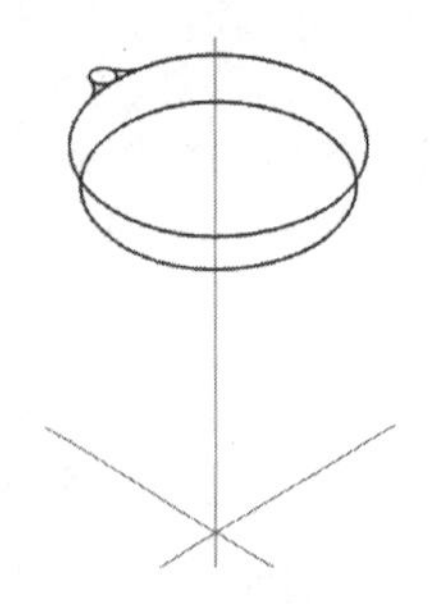

图 8-17　绘制倒圆角

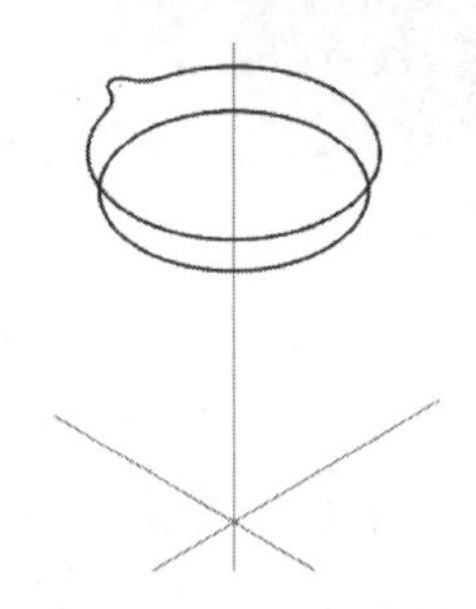

图 8-18　修剪多余圆弧

2. 绘制壶身线框二维图

1）设置构图平面为前视图。

2）单击【草图】→【绘线】→【连续线】命令按钮。

指定第一个端点，单击 ϕ120mm 圆圆心。

指定第二个端点，单击原点。

单击按钮，重复执行【连续线】命令。

指定第一个端点，单击原点。

指定第二个端点，在【连续线】对话框输入长度“42”，光标指向 Y 轴正方向，单击鼠标左键确定。

单击【确定】按钮，绘图区显示已绘制的两条直线。

3）单击【草图】→【圆弧】→【已知点画圆】命令按钮。系统提示“请输入圆心点”，输入圆中心位置坐标为（46，0，0）。在【已知点画圆】对话框中输入圆直径为“8”。单击【确定】按钮，绘图区显示已绘制的一个圆，用【修剪打断延伸】命令去除多余圆弧，结果如图 8-19 所示。

4）单击【草图】→【绘线】→【连续线】命令按钮。

指定第一个端点，单击 ϕ8mm 圆右象限点。

指定第二个端点，在【连续线】对话框输入长度“10”，光标指向 Y 轴正方向，单击鼠

标左键确定。

重复执行【连续线】命令。

指定第一个端点：单击上一条直线端点。

指定第二个端点：在【连续线】对话框输入长度“11”，光标指向 X 轴正方向，单击鼠标左键确定。单击【确定】按钮，绘图区显示已绘制的两条直线。

单击【草图】→【圆弧】→【两点画弧】命令按钮。

请输入第一点，单击图 8-20 中的 A 点。

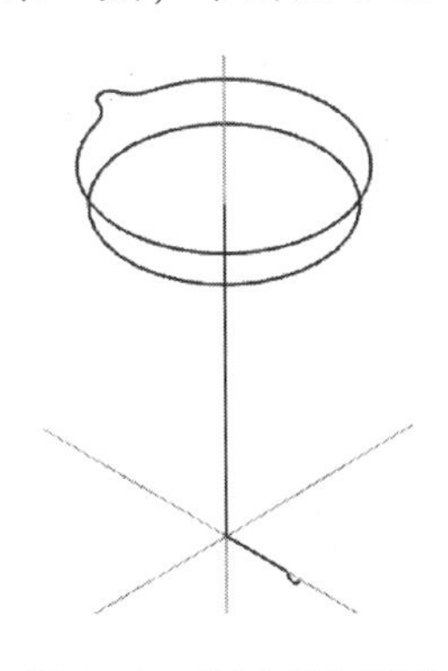

图 8-19　修剪多余圆弧

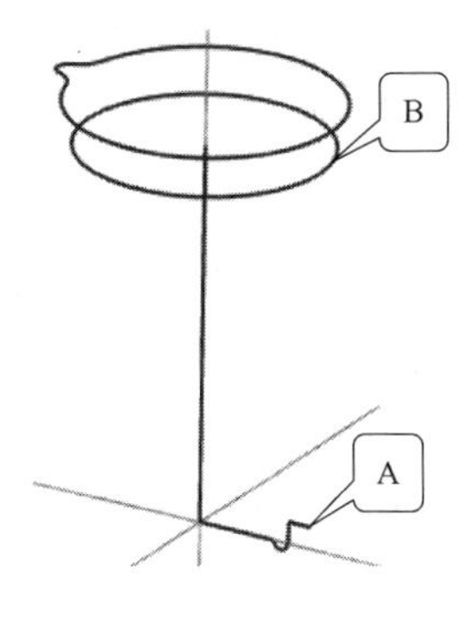

图 8-20　两点画弧选取点

请输入第二点，单击图 8-20 中的 B 点（ϕ120mm 圆右象限点）。在【两点画弧】对话框中输入半径为“571”。选择圆弧，单击选择要保留的圆弧，如图 8-21 所示。单击【确定】按钮，结果如图 8-22 所示。

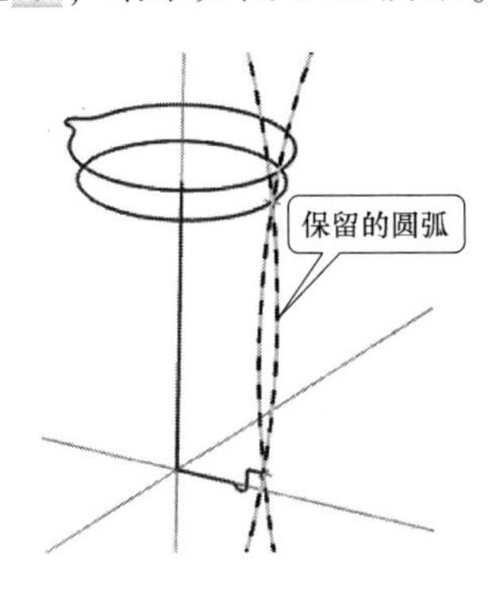

图 8-21　选取保留的圆弧

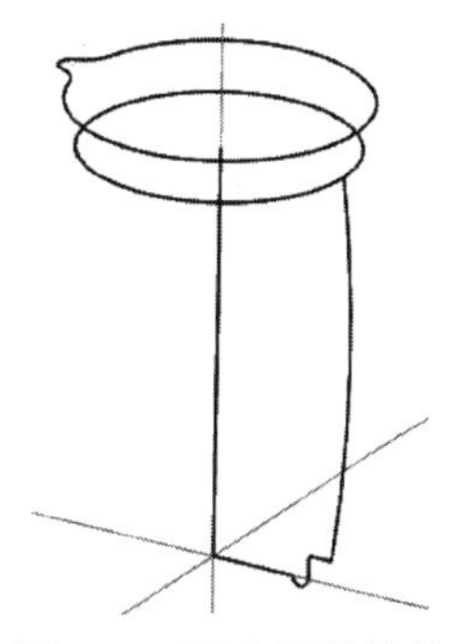

图 8-22　两点画弧结果

3. 绘制手柄线框二维图

1）设置构图平面为右视图。单击【草图】→【形状】→【矩形】命令按钮。在【矩形】对话框中勾选 矩形中心点(A)。选择第一个角位置，捕捉点坐标（0，0，155）。输入宽度和高度（或选择对角位置），在【矩形】对话框输入【宽度】为“15”，【高度】为“15”。单击【确定】按钮，绘图区显示已绘制的一个矩形。

2）设置构图平面为前视图。单击【草图】→【绘线】→【连续线】命令按钮。

指定第一个端点，单击矩形中心点坐标（0，0，155）。

指定第二个端点，在【连续线】对话框输入长度“102”，光标指向X轴正方向，单击鼠标左键确定。

指定第一个端点，单击上一条直线端点。

指定第二个端点，在【连续线】对话框输入长度为“100”，光标指向Y轴负方向，单击鼠标左键确定。

单击【确定】按钮✔，绘图区显示已绘制的两条直线。

3）设置构图平面为俯视图。单击【草图】→【形状】→【矩形】命令按钮。在【矩形】对话框中勾选 ☑ 矩形中心点(A)。选择第一个角位置，捕捉点坐标（102，0，55）。输入宽度和高度（或选择对角位置），在【矩形】对话框中输入【宽度】为“15”，【高度】为“15”。单击【确定】按钮✔，绘图区显示已绘制的一个矩形。

4）单击【草图】→【修剪】→【倒圆角】命令按钮。

系统提示“选择图形”，单击图8-23a中选中的图线①。

系统提示“选择另一个图形”，单击图8-23a中选中的图线②。

在【倒圆角】对话框中输入圆角半径“15”，不勾选“修剪图形”。单击【确定】按钮✔，结果如图8-23b所示。

4．绘制壶顶曲面

壶顶的曲面是个举升曲面。

1）设置构图平面为俯视图，将当前图层设为2，命名为“曲面”，其余设置为默认值。

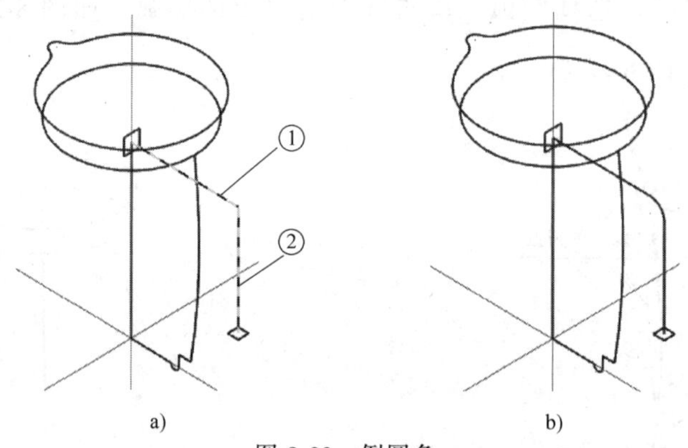

图8-23　倒圆角

2）单击【曲面】→【创建】→【举升】命令按钮。系统弹出【选择方式】对话框，单击【串连】按钮。系统提示“举升曲面：定义外形1”，在绘图区选中ϕ120mm圆右象限点位置，如图8-24所示。系统提示“举升曲面：定义外形2”，在绘图区选中第二个圆右象限点位置，如图8-25所示。

> **注意：**
> 每条串连的箭头的起点与方向要对应。

单击【确定】按钮✔，系统弹出【直纹/举升曲面】对话框：单击 ◉ 举升(L)。单击【确定】按钮✔，完成举升曲面的创建，结果如图8-26所示。

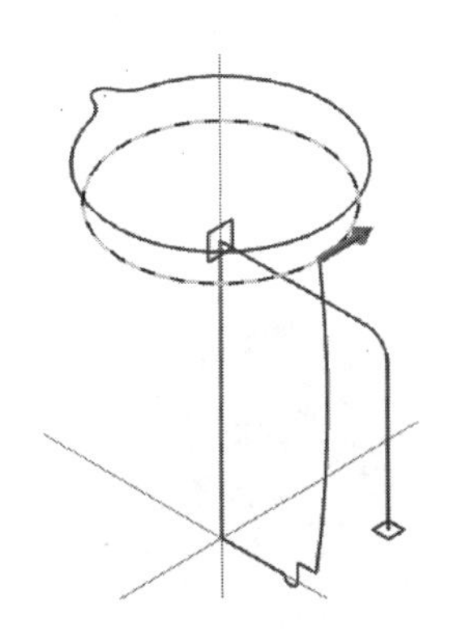

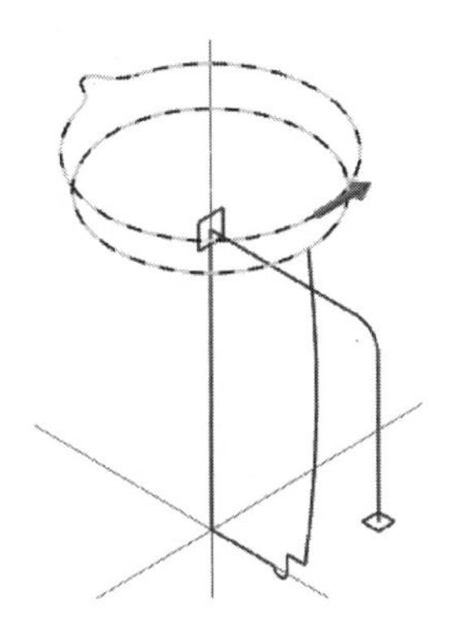

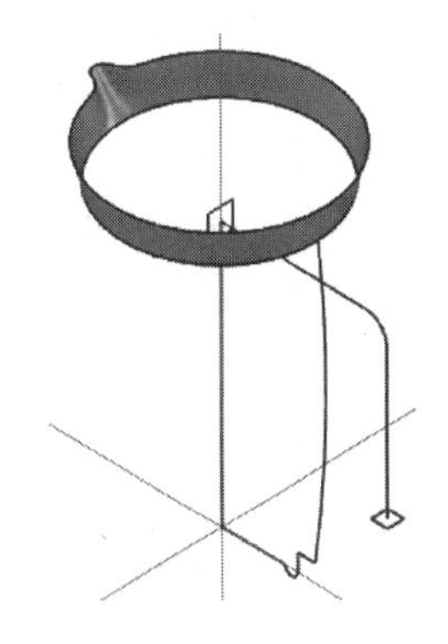

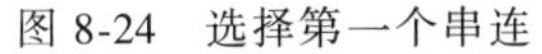

图 8-24　选择第一个串连　　图 8-25　选择第二个串连　　图 8-26　壶顶曲面

5. 绘制壶身曲面

壶身的曲面是个旋转曲面。

单击【曲面】→【创建】→【旋转】命令按钮。系统弹出【选择方式】对话框：单击【部分串连】按钮。系统提示“选择第一个图形”，选择旋转截面为串连，如图 8-27 所示，单击【确定】按钮。系统提示“选择旋转轴”，在绘图区选择 Y 轴的一根直线，如图 8-28 所示。单击【确定】按钮，完成旋转曲面的创建，结果如图 8-29 所示。

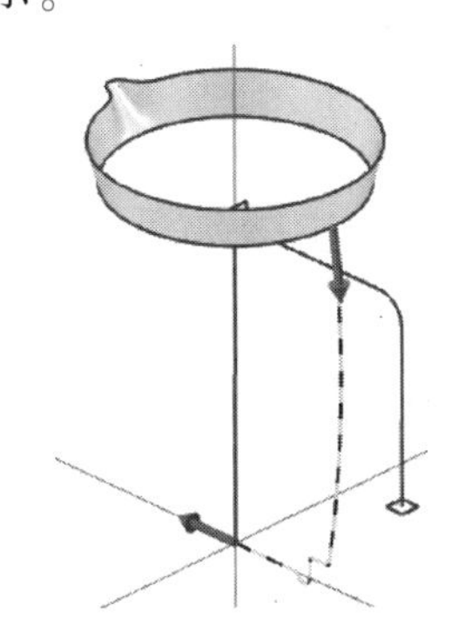

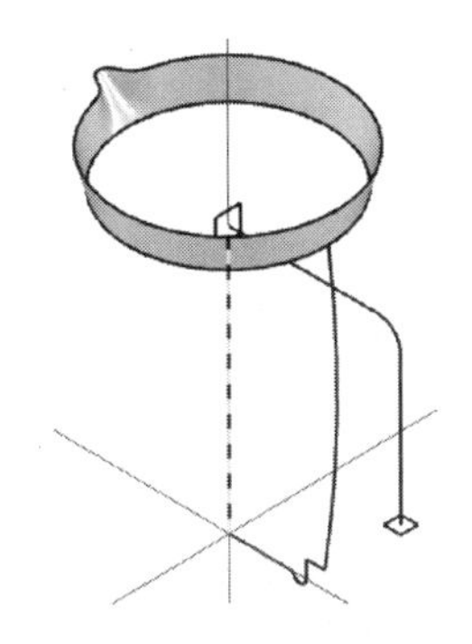

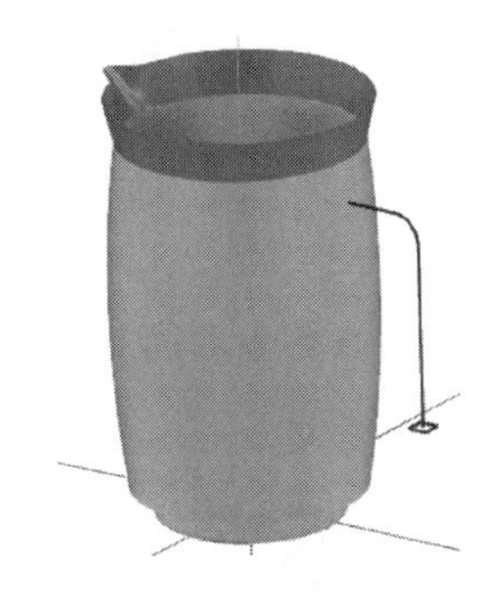

图 8-27　串连旋转截面　　图 8-28　选择旋转轴　　图 8-29　旋转曲面的创建

6. 绘制手柄曲面

手柄的曲面是个扫描曲面。

1）单击【曲面】→【创建】→【扫描】命令按钮。系统弹出【选择方式】对话框：单击【串连】按钮。系统提示“定义截断方向外形”，分别选中图 8-30 中的两个矩形，注意串连起点方向要一致，单击【确定】按钮。系统提示“定义引导方向外形”，选中图 8-31 中的两直线和圆角。单击【确定】按钮，结果如图 8-32 所示。

2）单击【曲面】→【修剪】→【修剪到曲面】命令按钮。系统提示“选择第一个曲面或按<Esc>键退出”，选择图 8-33 中的第一个曲面，单击结束选择。系统提示“选择第二个曲面或按<Esc>键退出”，选择图 8-34 中手柄的四个面为第二个曲面，单击结束选择。系统提示“选择曲面去修剪-指出保留区域”，单击第一个曲面。系统提示“将箭头移动至曲面修剪后保留的位置”，移动绿色箭头至需要保留的区域，如图 8-35 所示，单击确认。系统提示“选择曲面去修剪-指出保留区域”，单击第二个曲面。移动绿色箭头至需要保留的区域，如图 8-36 所示，单击确认。

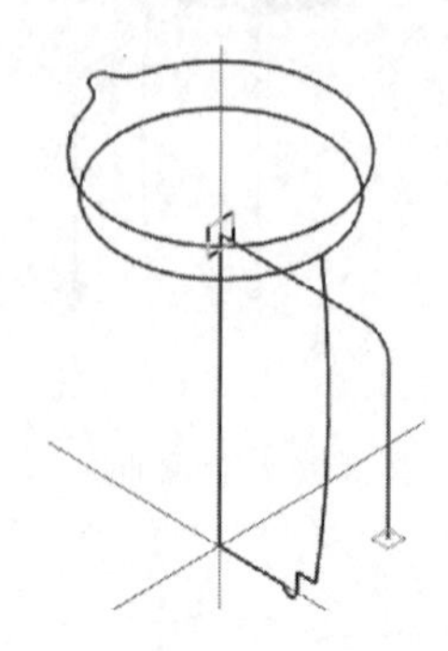

图 8-30　截断方向外形选取

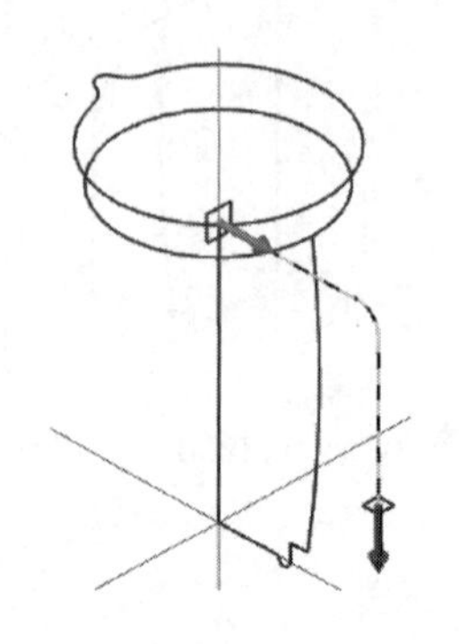

图 8-31　引导方向外形选取

图 8-32　手柄曲面的绘制

图 8-33　选择第一个曲面

图 8-34　选择第二个曲面

在【修剪到曲面】对话框中单击“两者修剪”按钮。单击【确定】按钮，结果如图 8-37 所示。

图 8-35　选择第一个曲面保留区域

图 8-36　选择第二个曲面保留区域

图 8-37　修剪到曲面

【知识拓展】

曲面延伸是指将选取的曲面沿着指定的方向延伸指定的长度或延伸到指定的平面。

创建曲面延伸的操作步骤如下：

1）单击【曲面】→【修剪】→【延伸】命令按钮。

2）系统提示“选择要延伸的曲面”，选择图 8-38 所示的曲面作为延伸曲面，在选取的延伸曲面上将显示一个红色的移动箭头。

3）系统提示“移动箭头至要延伸的边界”，移动箭头至端面并单击鼠标左键，在【曲面延伸】对话框中输入延伸距离为“10”，单击 ◉ 线性(L)，结果如图 8-39 所示；单击 ◉ 到非线(N)，结果如图 8-40 所示。

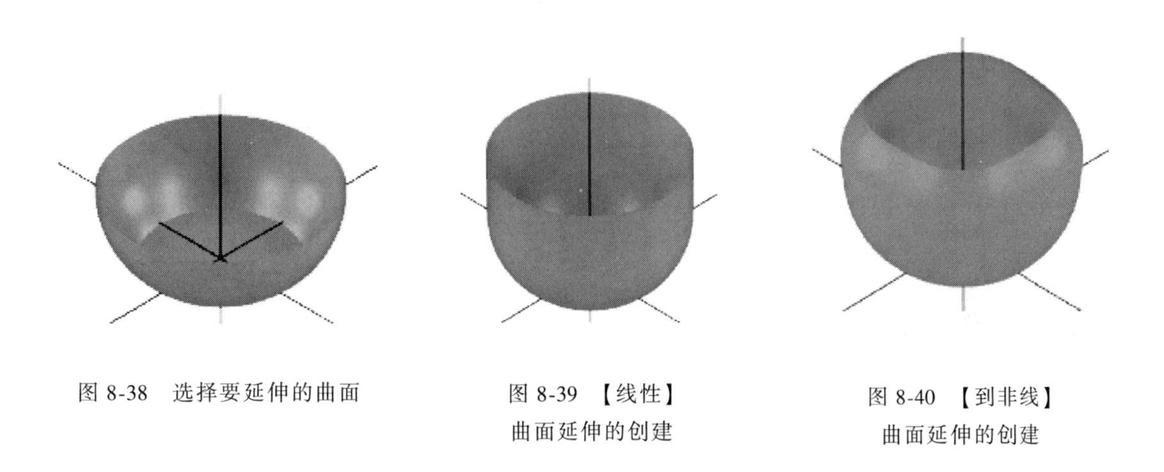

图 8-38　选择要延伸的曲面

图 8-39　【线性】曲面延伸的创建

图 8-40　【到非线】曲面延伸的创建

4）单击【确定】按钮 ✔，完成曲面延伸的创建。

【强化练习】

根据图 8-41 所示草图绘制曲面模型。

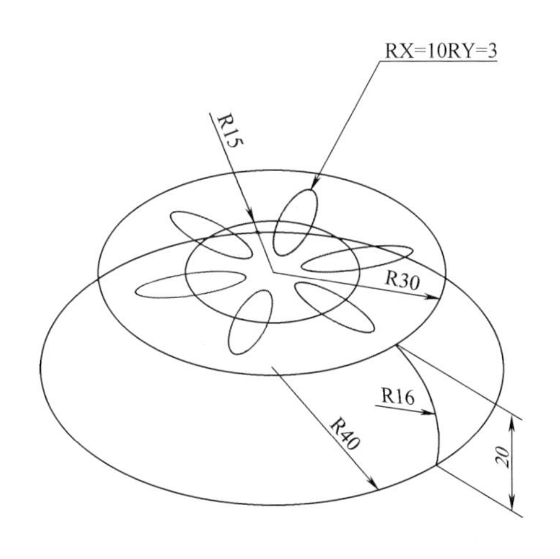

图 8-41　练习

【检查与评价】

水壶曲面模型的绘制学生学习情况评价表

评价项目		具体评价内容	配分	自评	互评	教师评
项目完成的质量		项目按时保质完成,图线绘制正确	10			
知识与技能	【旋转】曲面命令应用	正确使用【旋转】曲面命令,数据准确	20			
	【扫描】命令应用	正确使用【扫描】命令,数据准确	20			
	【修剪到曲面】命令应用	正确使用【修剪到曲面】命令,数据准确	20			
	课后练习完成情况	熟练、正确完成课后练习	15			
学习过程	信息技能	通过系统的帮助功能及试操作,解决问题引导及知识拓展所提问题	5			
	创新	提出可行绘图实施方案,意识创新	5			
	合作	小组互动性好,主动提问并正确解决	5			
评语(优缺点与建议):			合计			
			总评价(等级)			

注：评价等级与分数的关系是 85≤优≤100，70≤良≤84，55≤中≤69，40≤差≤54。

项目九

创建雨伞曲面模型

【学习任务】

某企业需要生产图 9-1 所示雨伞，需要向社会做宣传，现需要同学将图形绘制出来，以便制作宣传图片。请同学们使用创建曲面的命令，根据草图尺寸绘制成曲面图形，并按教师指定的路径，建立一个以自己学号为名称的文件夹，并将画好的图形以“学号+项目九”为文件名，保存在该文件夹内。

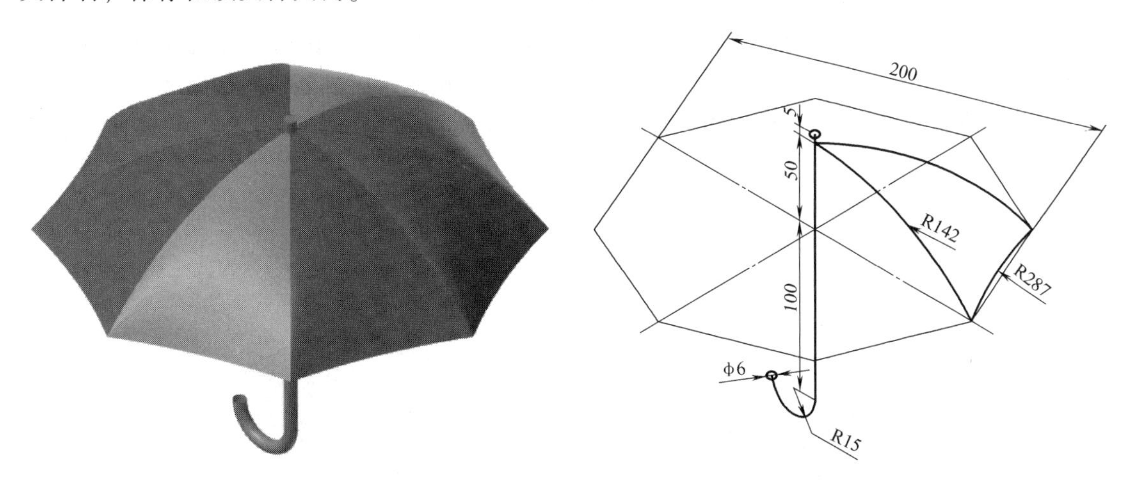

图 9-1　雨伞曲面模型及线框架尺寸

【学习目标】

1）掌握网格曲面、扫描曲面命令的使用方法。
2）培养学生的创造力，综合运用学过的指令进行设计。

【知识基础】

绘制网格曲面

网格曲面又称为昆氏曲面，是通过选取封闭的边界曲线，以指定的熔接方式创建的曲面。相交的网格范围内可以绘制出网格面，开放的边界不能形成面。

创建网格曲面的操作步骤如下：

1）单击【曲面】→【创建】→【网格】命令按钮，根据系统弹出的【选择方式】对话框，设置相应的串连方式，选取引导串连1、2，选取完毕后，接着选取横向串连1、2，如图9-2所示，并单击【选择方式】对话框中的【确定】按钮✓。

2）单击【网格曲面】对话框中的【确定】按钮✓，即可完成网格曲面的创建操作，结果如图9-3所示。

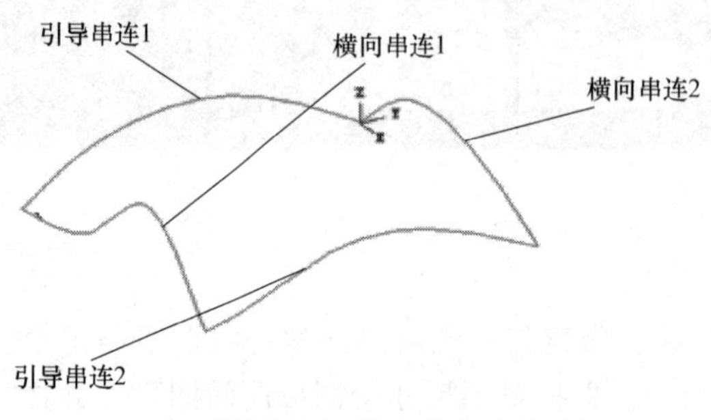

图9-2　引导方向和横向线串连的选择

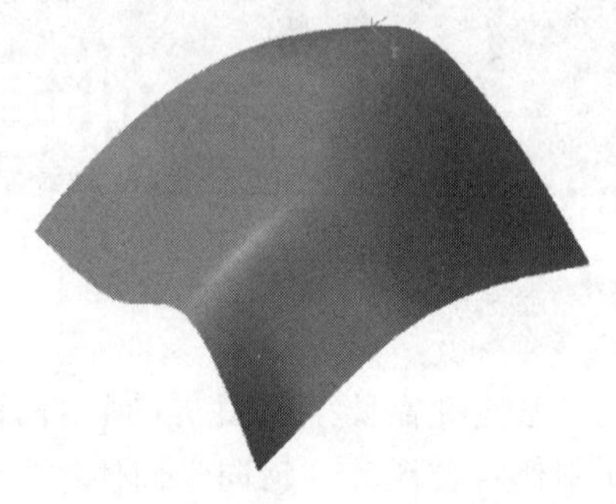

图9-3　网格曲面的绘制

网格曲面相对于原昆氏曲面有下列特点：

1）引导方向和横向是相对的，可以互换，也可先定义横向。在选取各边界曲线时，要注意各边界曲线的起点和方向保持一致，否则就会产生扭曲曲面或创建曲面失败。

2）一个方向串连相交于一点，顶部形成了一个封闭三角形，可以产生网格曲面，如图9-4所示。

3）图9-5所示的网格曲面，由三条首尾相交的曲线加一条横向相交的曲线构成，可以绘制出网格面。

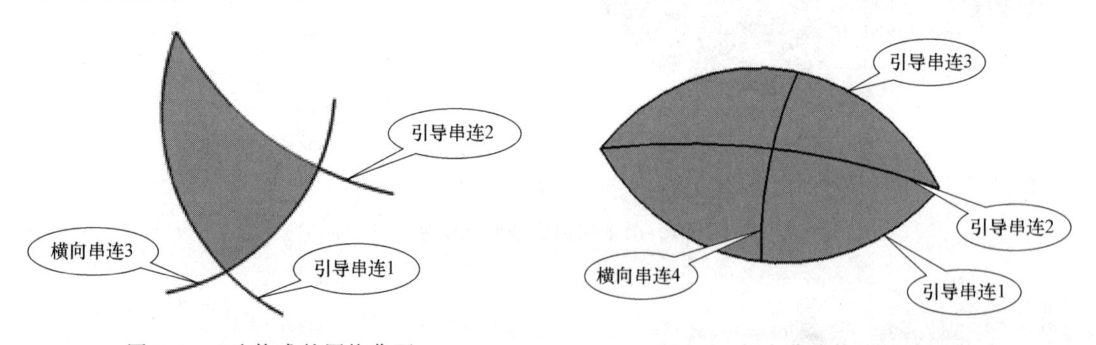

图9-4　三边构成的网格曲面

图9-5　相交曲线构成的网格曲面

4）形成网格的串连，只要在图形视角下相交，不一定有实际的交点就可以绘制网格面。如果未相交，但其延伸线与另一个方向的串连边界相交也可以绘制网格面。

【计划与实施】

一、确定绘图方案

1. 问题引导

1）分析雨伞曲面模型草图包含几种基本图素。

2）分析雨伞曲面模型绘制涉及哪几种曲面命令。

2. 工作任务

1）绘制雨伞曲面模型的线框草图。

2）使用扫描命令绘制伞柄曲面。

3）使用网格命令绘制伞面。

3. 绘图方案

绘制雨伞曲面模型的方案如图 9-6 所示，先绘制线框模型，再绘制扫描曲面、网格曲面，最后旋转网格曲面。

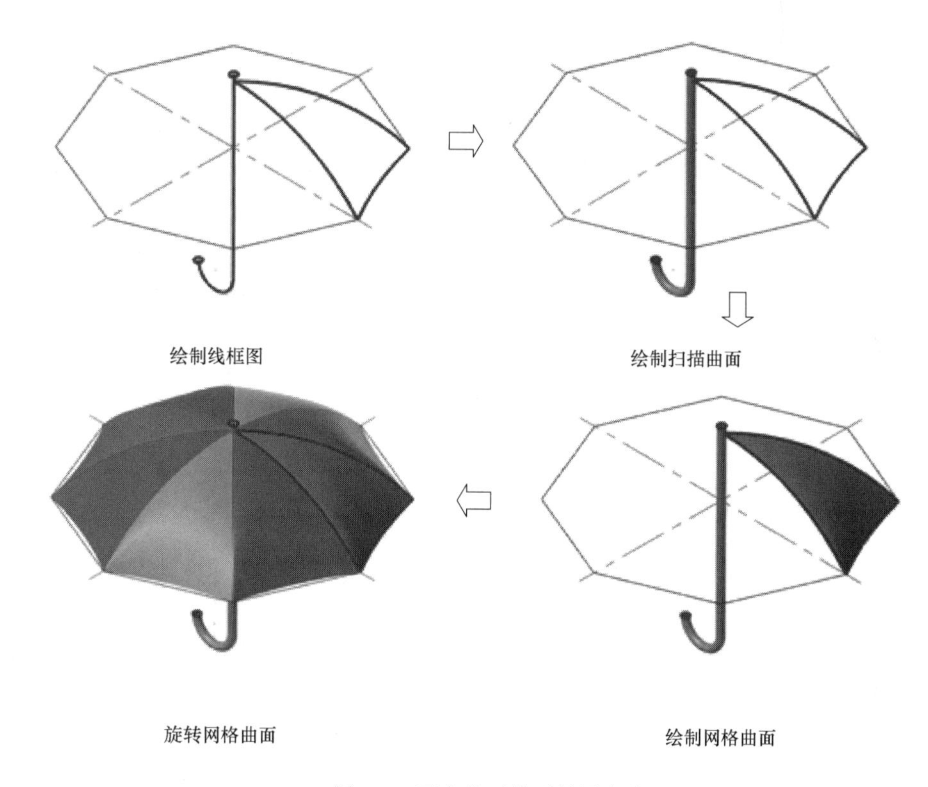

图 9-6　雨伞曲面模型绘图方案

二、任务实施

1. 绘制雨伞线框二维图

1）绘制中心线。设置构图平面为俯视图，单击【层别】按钮，将当前图层设为 1，命名为“线框图”。单击【属性】按钮，将线型改为中心线，颜色设为 12（红色），其余设置为默认值。按 <F9>键显示坐标轴。绘制与 X、Y 轴重合的两条中心线，如图 9-7 所示。

2）绘制圆。单击【属性】按钮，将线型改为实线，颜色设为蓝色，其余设置为默认值。单击【草图】→【圆弧】→【已知点画圆】命令按钮。系统提示“请输入圆心点”，输入圆中心位置坐标为（0，0，55）。在【已知点画圆】对话框中输入圆半径为“3”。

单击【确定】按钮✔，绘图区显示已绘制的一个圆。

3）绘制点。单击【草图】→【绘点】命令按钮。系统提示“绘制点位置”，输入点位置坐标为（0，0，50），按<Enter>键确认。

单击【确定】按钮，绘图区显示已绘制的一个点。

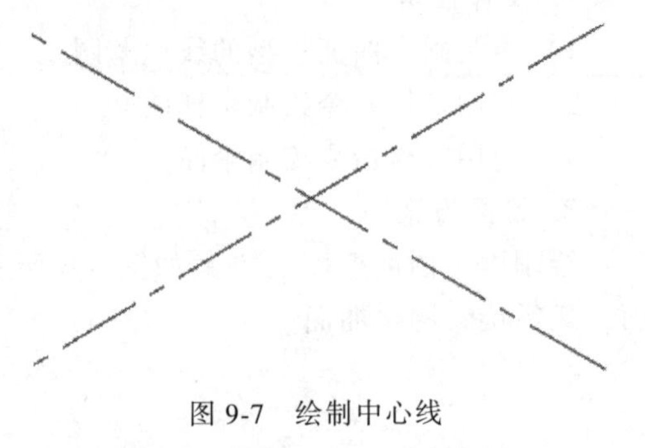

图 9-7　绘制中心线

4）设置构图平面为前视图。单击【草图】→【绘线】→【连续线】命令按钮。指定第一个端点，单击 ϕ3mm 圆圆心。指定第二个端点，在【连续线】对话框中输入长度为“95”，光标指向 Z 轴负方向，单击鼠标左键确定。

单击【确定】按钮，绘图区显示已绘制的一条直线。

5）绘制圆弧。单击【草图】→【圆弧】→【切弧】命令按钮。系统提示“选择一个圆弧将要与其相切的图形”，选取上一步中绘制的直线。指定相切点位置，指定直线端点。选择圆弧，单击左侧圆弧，如图 9-8 所示。

单击【确定】按钮，绘图区显示已绘制的一个圆弧，结果如图 9-9 所示。

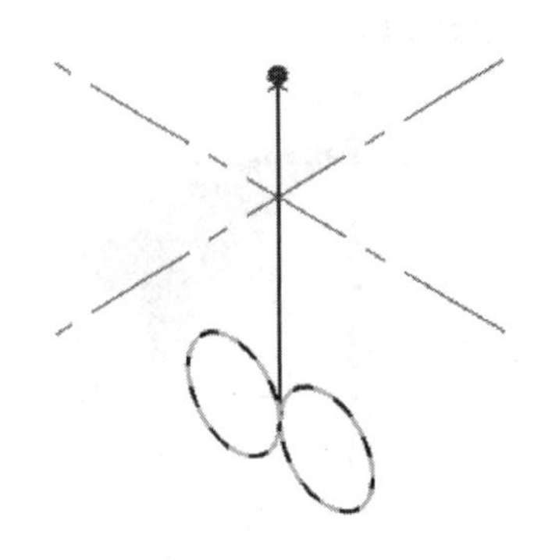

图 9-8　选择圆弧

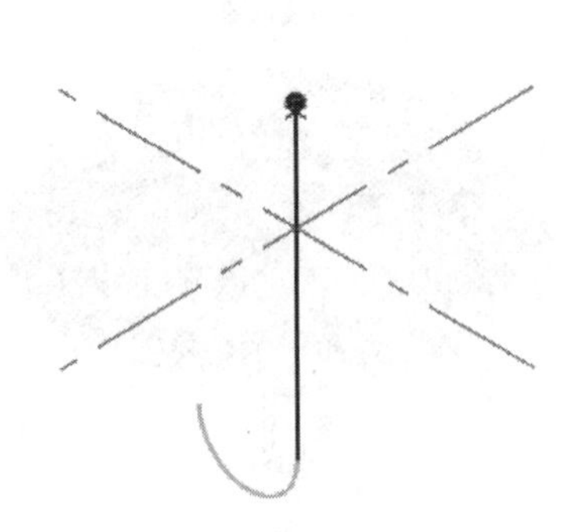

图 9-9　圆弧的绘制

6）设置构图平面为俯视图。单击【草图】→【圆弧】→【已知点画圆】命令按钮。系统提示“请输入圆心点”，捕捉切弧左端点。在【已知点画圆】对话框中输入圆半径为“3”。

单击【确定】按钮，绘图区显示已绘制的一个圆，如图 9-10 所示。

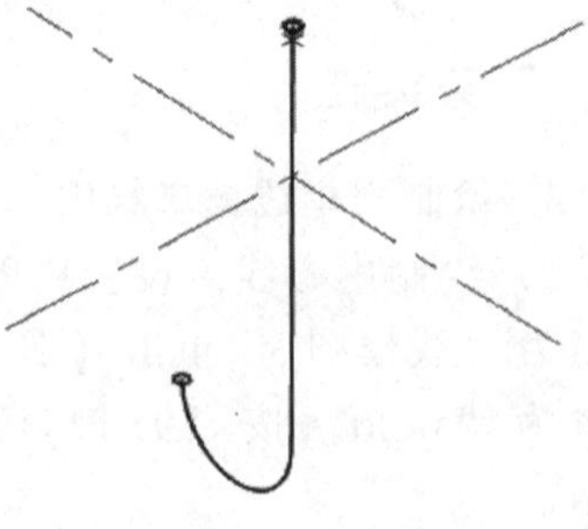

图 9-10　圆的绘制

7）绘制多边形。单击【草图】→【形状】→【多边形】命令按钮。系统提示“选择基准点位置”，单击圆心。在【多边形】对话框中设置多边形边数为“8”，多边形半径为“100”；单击【内接圆】。

单击【确定】按钮，绘图区显示已绘制的一个正八边形。

8）旋转正八边形。单击【转换】→【旋转】命令按钮。系统提示“选择要旋转的图形”，选择正八边形，单击结束选择。在【旋转】对话框中定义中心点旋转，单击圆心；

输入旋转角度 为“22.5”。

单击【确定】按钮，绘图区显示已绘制的一个正八边形，结果如图 9-11 所示。

9）绘制圆弧。单击【草图】→【圆弧】→【两点画弧】命令按钮。系统提示“请输入第一点”，单击图 9-11 中的 A 点。系统提示“请输入第二点”，单击图 9-11 中的 B 点。在【两点画弧】对话框中输入半径为“287”，按<Enter>键。选择圆弧，单击绘图区中所需要的圆弧。

单击【确定】按钮，绘图区显示已绘制的一个圆弧，如图 9-12 所示。

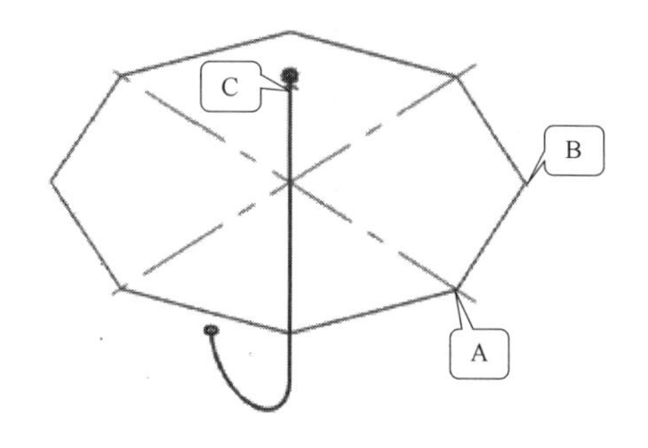

图 9-11 旋转正八边形

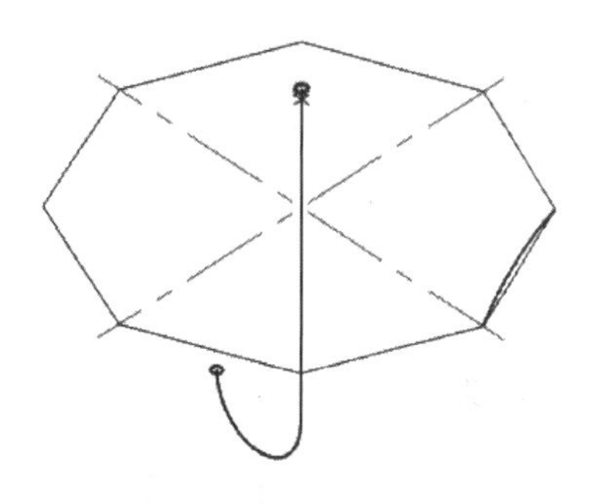

图 9-12 圆弧的绘制

10）设置构图平面为前视图。

① 单击【草图】→【圆弧】→【两点画弧】命令按钮。

系统提示“请输入第一点”，单击图 9-11 中的 A 点。系统提示“请输入第二点”，单击图 9-11 中的 C 点。在【两点画弧】对话框中输入半径为“142”，按<Enter>键。选择圆弧，单击绘图区中所需要的圆弧。

单击【确定】按钮，绘图区显示已绘制的一个圆弧，结果如图 9-13 所示。

② 将此圆弧逆时针旋转 22.5°，结果如图 9-14 所示。

图 9-13 圆弧的绘制

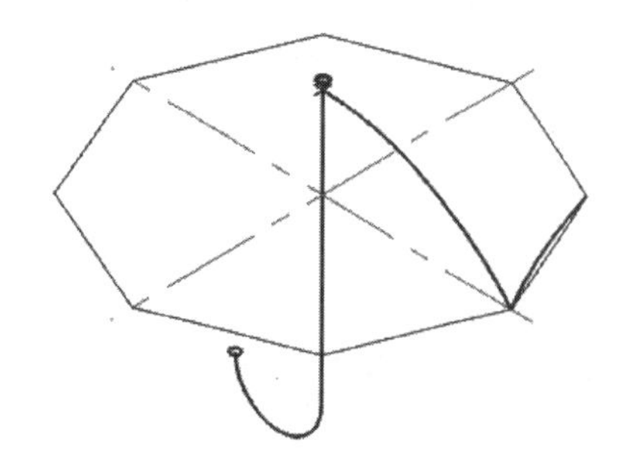

图 9-14 旋转圆弧

2. 绘制伞柄曲面

伞柄的曲面是个扫描曲面。单击【层别】按钮，将当前图层设为 2，命名为“曲面图”。

1）执行菜单栏【曲面】→【创建】→【扫描】命令按钮。系统弹出【选择方式】对话框，单击【串连】按钮。系统提示“定义截断方向外形”，选中图 9-15 所示的 ϕ3mm 圆，单击【确定】按钮。系统提示“定义引导方向外形”，选中图 9-15 中的直线和 R9mm 圆弧。

单击【确定】按钮，结果如图 9-16 所示。

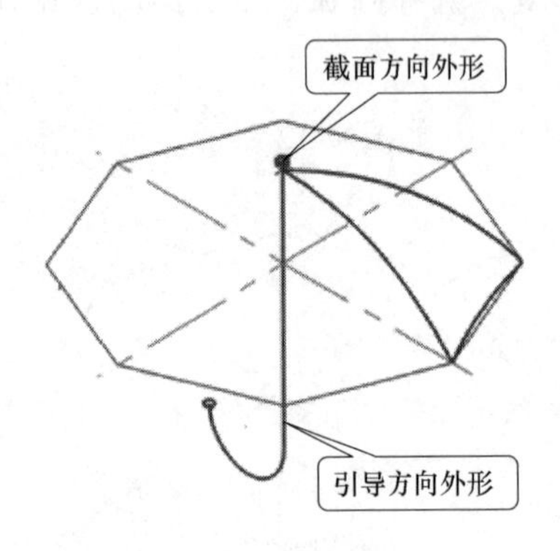

图 9-15　选取扫描截断方向和引导方向外形

图 9-16　创建扫描曲面

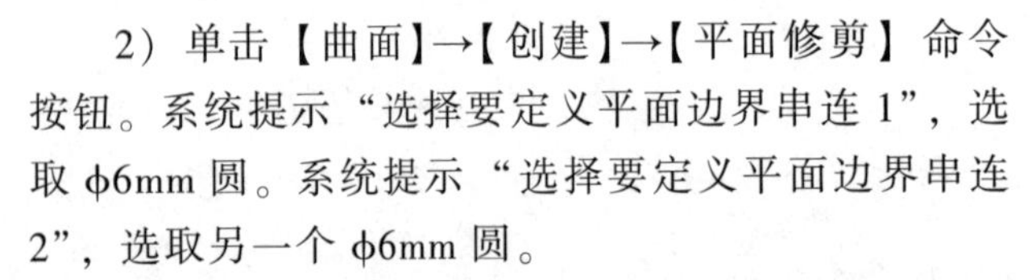

2）单击【曲面】→【创建】→【平面修剪】命令按钮。系统提示“选择要定义平面边界串连 1”，选取 ϕ6mm 圆。系统提示“选择要定义平面边界串连 2”，选取另一个 ϕ6mm 圆。

单击【确定】按钮，结果如图 9-17 所示。

图 9-17　平面修剪的创建

3. 绘制伞曲面

伞的曲面是个网格曲面。

1）单击【曲面】→【创建】→【网格】命令按钮。系统弹出【选择方式】对话框，单击【串连】按钮。系统提示“选择串连 1”，选取图 9-18 所示的圆弧为串连 1。系统提示“选择串连 2”，选取图 9-18 所示的圆弧为串连 2。系统提示“选择串连 3”，选取图 9-18 所示的圆弧为串连 3。

单击【确定】按钮，结果如图 9-19 所示。

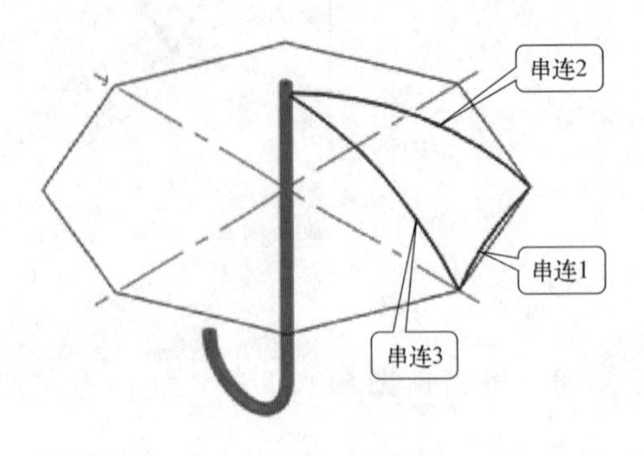

图 9-18　选取串连

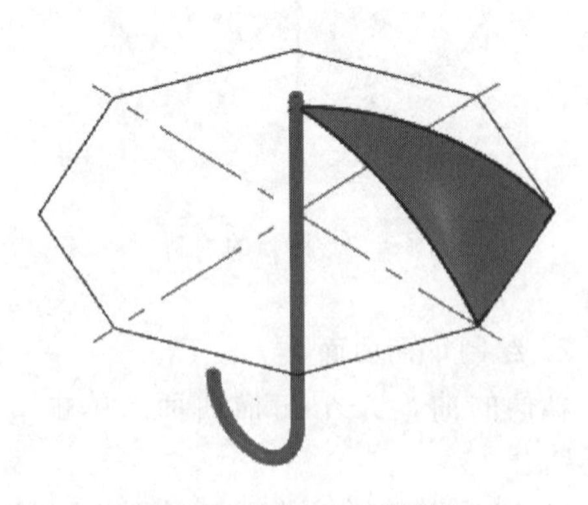

图 9-19　网格曲面的创建

2）旋转网格曲面。单击【转换】→【旋转】命令按钮。系统提示“选择要旋转的图形”，选择网格曲面，单击结束选择。在【旋转】对话框中定义中心点旋转，单击圆心；输入旋转角度为“45”，【次】为“7”，如图 9-20 所示。

图 9-20　【旋转】对话框

单击【确定】按钮，绘图区显示八个网格曲面，结果如图 9-21 所示。

3）单击【层别】按钮，将图层 1 隐藏。

4）选中曲面，单击【曲面颜色】按钮，可更改曲面的颜色，结果如图 9-22 所示。

图 9-21　旋转网格曲面

图 9-22　更改网格曲面颜色

【知识拓展】

分割曲面是指将原始曲面在指定的位置割开，将曲面一分为二。

创建分割曲面的操作步骤如下：

1）单击【曲面】→【修剪】→【分割曲面】命令按钮。

2）系统提示“选择曲面”，选取图 9-23 所示的曲面，单击结束选择。

3）系统提示“请将箭头移至要分割的位置”，移动箭头至孔分割处，单击鼠标左键。

4）系统提示“选择 U 或 V 去更改分割方向，或选择另一个分割曲面”，在对话框中选择 U 或 V。

单击【确定】按钮，完成曲面分割，结果如图 9-24 所示。

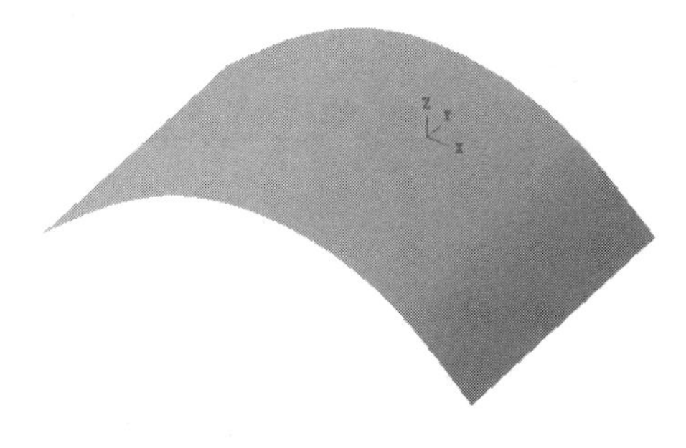

图 9-23　选取要分割的曲面

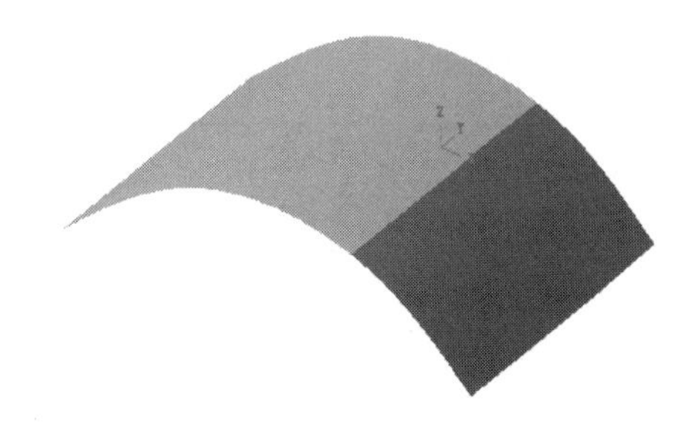

图 9-24　曲面分割的结果

【强化练习】

1. 请将图 9-25 绘制成曲面图形。
2. 使用网格曲面命令将图 9-26 绘制成曲面图形。

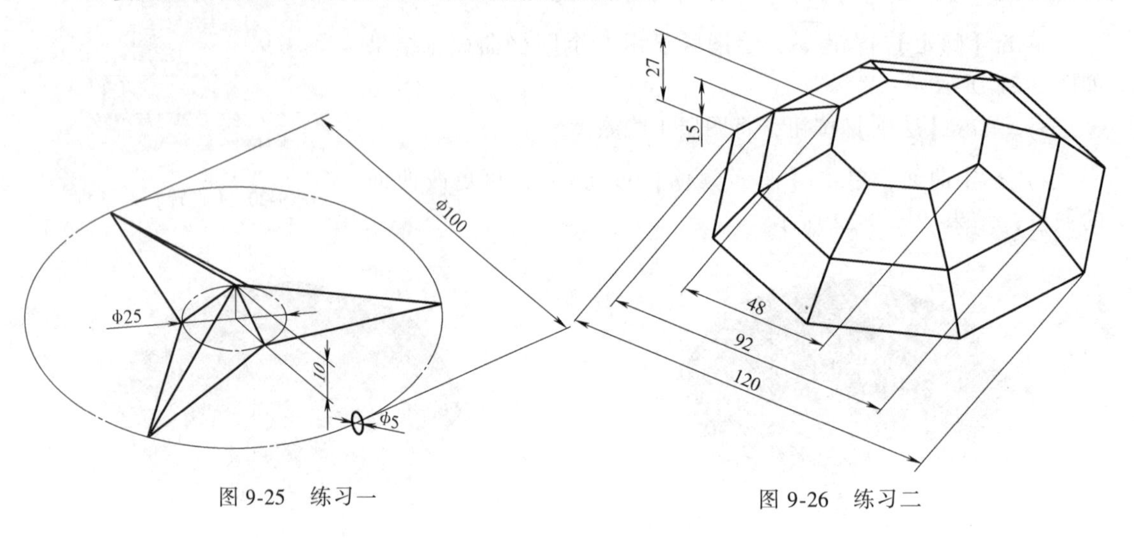

图 9-25　练习一　　　图 9-26　练习二

【检查与评价】

雨伞曲面模型的绘制学生学习情况评价表

评价项目		具体评价内容	配分	自评	互评	教师评
项目完成的质量		项目按时保质完成，图线绘制正确	10			
知识与技能	【网格】命令应用	正确使用【网格】命令，数据准确	20			
	【扫描】命令应用	正确使用【扫描】命令，数据准确	20			
	更改颜色命令应用	正确使用更改颜色命令，数据准确	20			
	课后练习完成情况	熟练、正确完成课后练习	15			
学习过程	信息技能	通过系统的帮助功能及试操作，解决问题引导及知识拓展所提问题	5			
	创新	提出可行绘图实施方案，意识创新	5			
	合作	小组互动性好，主动提问并正确解决	5			
评语（优缺点与建议）：			合计			
			总评价（等级）			

注：评价等级与分数的关系是 85≤优≤100，70≤良≤84，55≤中≤69，40≤差≤54。

项目十

创建鼠标曲面模型

【学习任务】

某校企合作公司要绘制一款鼠标模型（图 10-1），现将工作任务委托学校。请同学们使用创建曲面的命令，根据草图尺寸绘制成曲面图形，并按教师指定的路径，建立一个以自己学号为名称的文件夹，并将画好的图形以“学号+项目十”为文件名，保存在该文件夹内。

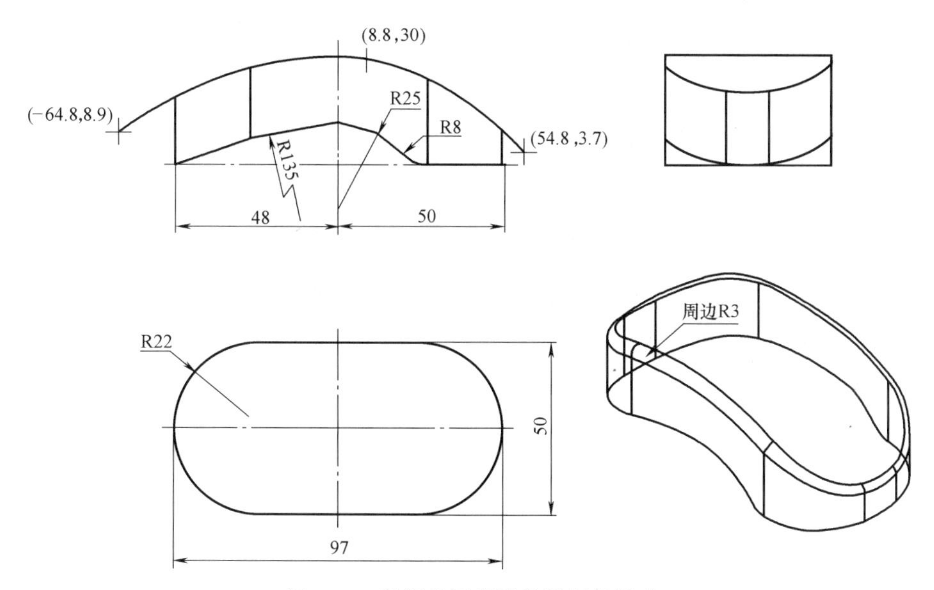

图 10-1　鼠标曲面模型及线框架尺寸

【学习目标】

1）掌握拔模曲面、拉伸曲面命令的使用方法。
2）掌握修剪到曲面、曲面与曲面倒圆角命令的使用方法。
3）培养学生的创造力，综合运用学过的指令进行设计。

【知识基础】

一、绘制牵引曲面

牵引曲面是指将一串连的图素沿着指定的方向、长度和角度拉伸所创建的曲面。受牵引方向、牵引长度和牵引角度的影响，牵引曲面的牵引方向是由构图面来决定的，所以在创建牵引曲面前，应先设置好相应的构图面。通过单击【曲面】→【创建】→【拔模】命令按钮来创建牵引曲面。图 10-2 所示为【牵引曲面】对话框，各选项含义说明如下：

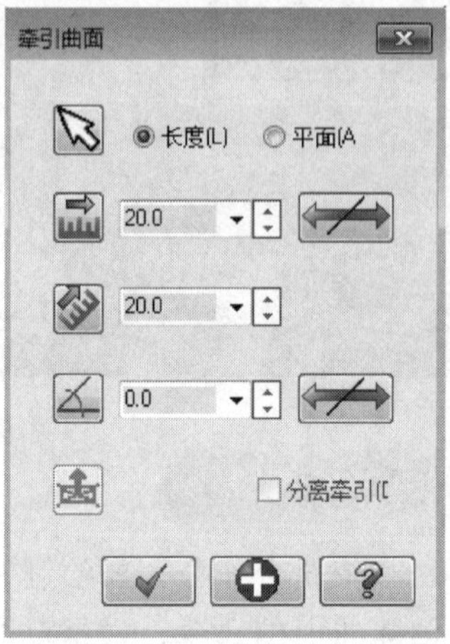

1）长度(L)，选中此选项，表示牵引曲面的距离是由牵引长度来给定的。

2）平面(A，选中此选项，表示牵引曲面延伸到指定的平面上。

3），用来设置牵引曲面的长度和延伸方向，延伸方向包括了正向、反向和双向。

4），用于设置牵引的斜角，也叫拔模斜角。

5），用于选取牵引曲面延伸到指定的平面，它只有在选中【平面】选项时才会被激活。

图 10-2 【牵引曲面】对话框

创建牵引曲面的操作步骤如下：

1）单击【曲面】→【创建】→【拔模】命令按钮，根据系统弹出的【选择方式】对话框设置相应的串连方式，并在绘图区域内选择 10-3 所示的曲线作为牵引截面，然后单击【选择方式】对话框中的【确定】按钮。

2）系统弹出【牵引曲面】对话框，在对话框中选中【长度】选项，输入牵引曲面的拉伸长度为“8”，牵引角度为“30”，并单击对话框中的【确定】按钮，即可完成牵引曲面的创建操作，结果如图 10-4 所示。

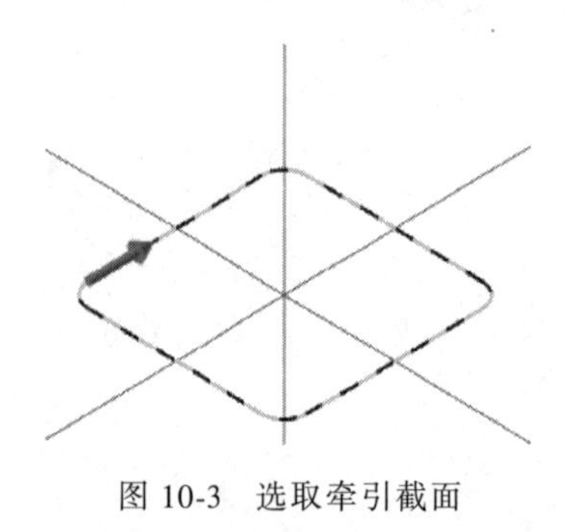

图 10-3 选取牵引截面

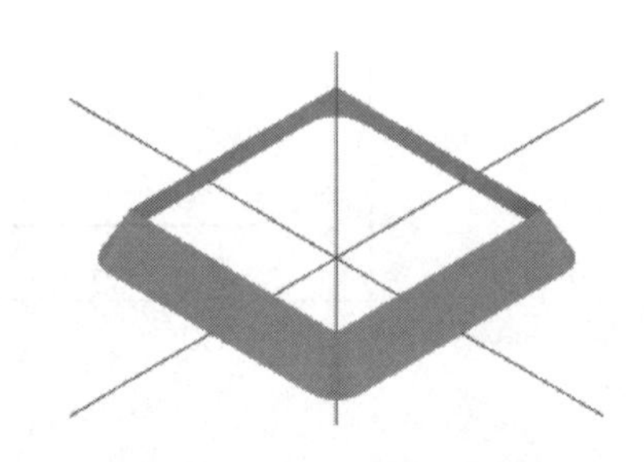

图 10-4 牵引曲面的绘制

二、绘制拉伸曲面

拉伸曲面是指将以封闭的外形线沿一定的方向拉伸出一个封闭的曲面。拉伸曲面与牵引曲面的绘制相类似，但有着不同之处，拉伸曲面上下增加了两个封闭的曲面。

单击【曲面】→【创建】→【拉伸】命令按钮来创建拉伸曲面。图 10-5 所示为【拉伸曲面】对话框，其中各选项含义说明如下：

1）为拉伸基点选取按钮，单击其右侧的按钮，就可以选取绘图面内的一点作为拉伸的基点。

2）为拉伸比例文本框，用于设置拉伸截面的整体缩放倍数。

3）用于设置拉伸截面绕基点旋转的角度。

4）为截面的补正，用于设置拉伸外形封闭线扩大或缩小的长度。

5）为拔模斜度，可改变拔模斜度的大小。

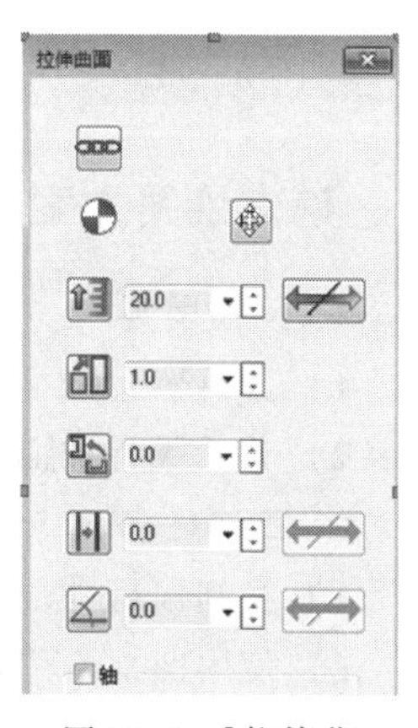

图 10-5　【拉伸曲面】对话框

创建拉伸曲面的操作步骤如下：

1）单击【曲面】→【创建】→【拉伸】命令按钮，根据系统弹出的【选择方式】对话框设置相应的串连方式，并在绘图区域内选择图 10-6 所示的曲线作为拉伸截面，单击【选择方式】选项对话框中的【确定】按钮。

2）系统弹出【拉伸曲面】对话框，在对话框中输入拉伸高度为“10”，拉伸曲面的比例为“1”，并单击对话框中的【确定】按钮，即可完成拉伸曲面的创建，结果如图 10-7 所示。

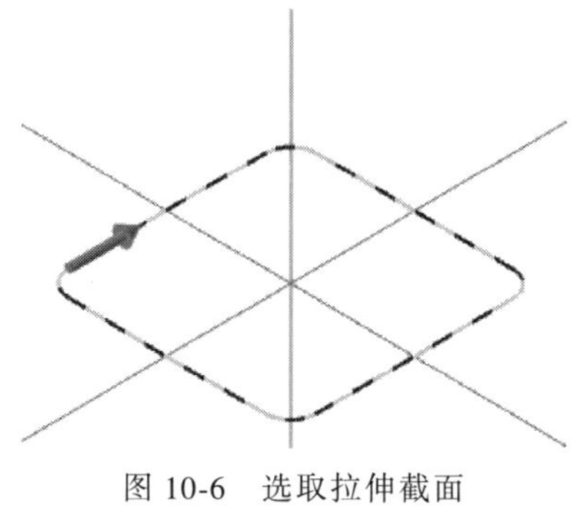

图 10-6　选取拉伸截面

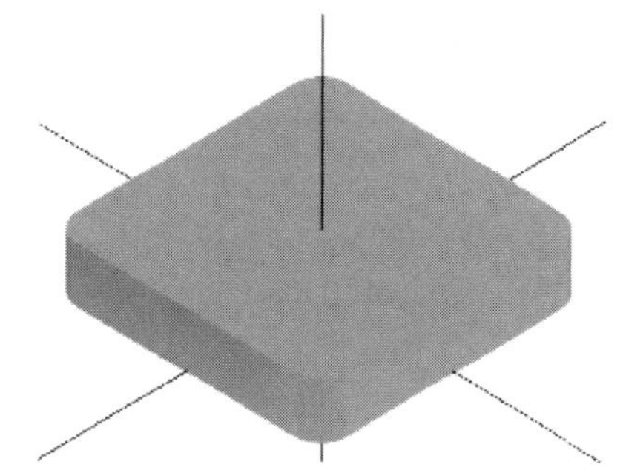

图 10-7　拉伸曲面的绘制

注意：

如果选择的图素是开放式的，系统就会弹出一个图 10-8 所示的弹窗，单击对话框中的 是(Y) 按钮，则系统会自动封闭该外形线并创建出拉伸曲面；单击对话框内的 否(N) 按钮，则创建拉伸曲面失败。

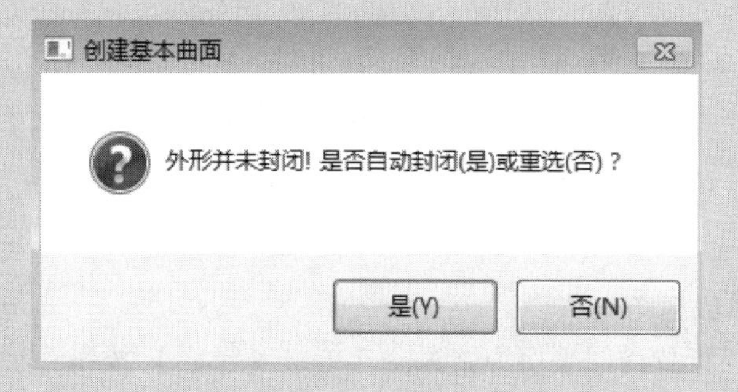

图 10-8　【创建基本曲面】弹窗

【计划与实施】

一、确定绘图方案

1. 问题引导

1）分析鼠标曲面图形包含几种基本图素。

2）分析鼠标曲面图形绘制涉及到哪几种曲面命令。

2. 工作任务

1）绘制鼠标曲面线框草图。

2）使用曲面牵引命令绘制曲面。

3）使用曲面裁剪命令裁剪曲面。

4）使用镜像命令镜像曲面。

3. 绘图方案

绘制鼠标曲面模型的方案如图 10-9 所示，先绘制线框模型，再绘制牵引曲面，然后进行修剪和镜像曲面，最后给曲面倒圆角。

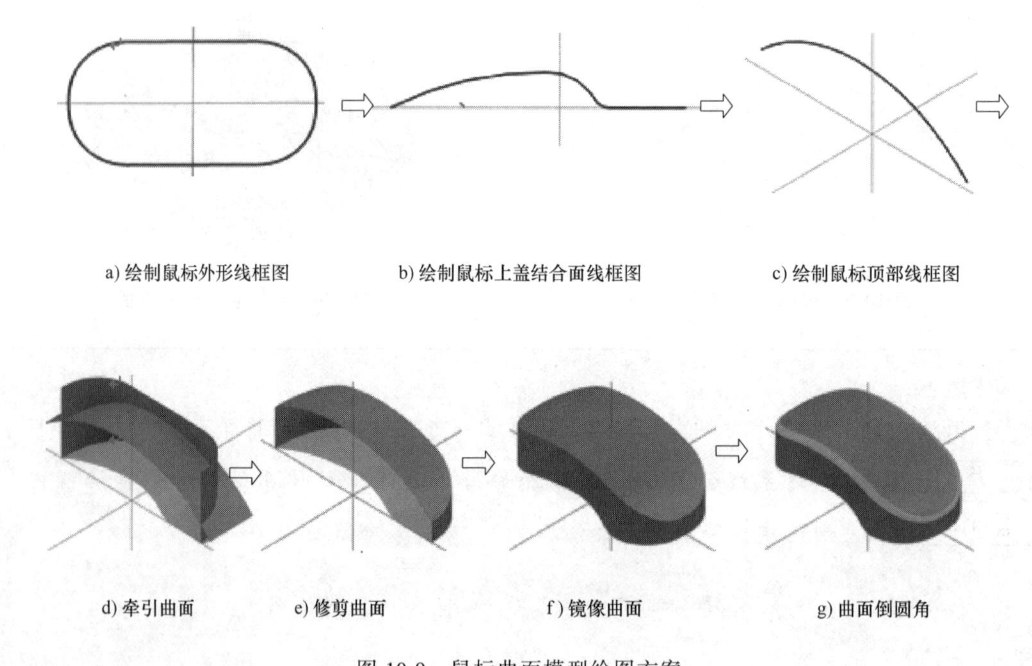

a) 绘制鼠标外形线框图　b) 绘制鼠标上盖结合面线框图　c) 绘制鼠标顶部线框图

d) 牵引曲面　e) 修剪曲面　f) 镜像曲面　g) 曲面倒圆角

图 10-9　鼠标曲面模型绘图方案

二、实施任务

1. 绘制鼠标外形线框图

1）绘制中心线。设置构图平面为俯视图，单击【层别】按钮，将当前图层设为 1，命名称“线框图”。

单击【属性】按钮，将线型改为中心线，颜色设为“12”（红色），其余设置为默认

值。按<F9>键显示坐标轴。

绘制与 X、Y 轴重合的两条中心线，如图 10-10 所示。

2）绘制矩形。单击【属性】按钮，将线型改为实线，线宽改为粗实线，颜色设为 10 号绿色，其余设置为默认值。单击【草图】→【形状】→【矩形】命令按钮。系统提示“选择第一个角位置”，单击圆心输入宽度和高度（或选择对角位置），在【矩形】对话框中输入宽度为“80”，高度为“50”；单击 ☑ 矩形中心点(A)。

单击【确定】按钮，绘图区显示已绘制的一个矩形。

3）绘制圆弧。单击【草图】→【圆弧】→【两点画弧】命令按钮。系统提示“请输入第一点”，单击矩形左上角。系统提示“请输入第二点”，单击矩形左下角。在【两点画弧】对话框中设置半径为“42”。选择圆弧，在绘图区中单击选择所需的圆弧。

单击【确定】按钮，绘图区显示已绘制的一个圆弧。

以 Y 轴为对称轴镜像圆弧，把多余的线段删除，倒 R22mm 圆角，结果如图 10-11 所示。

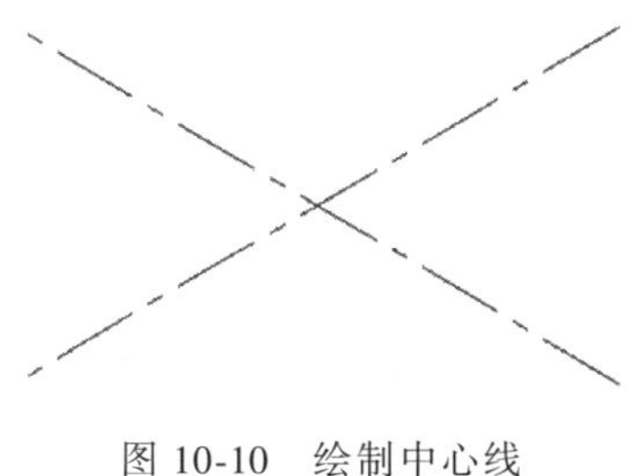

图 10-10　绘制中心线

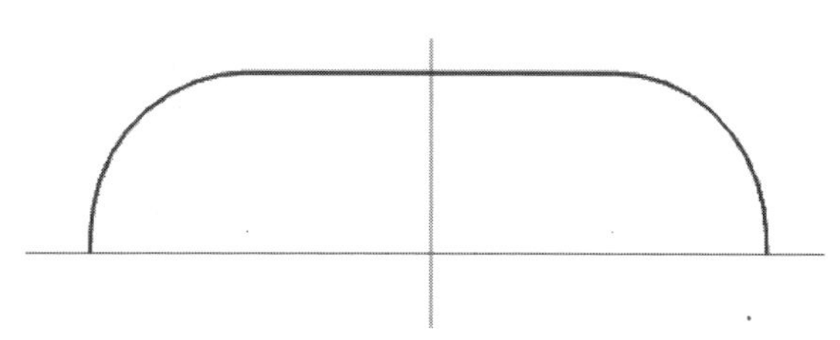

图 10-11　绘制鼠标外形线框图

2. 绘制鼠标上盖结合面线框图

1）绘制圆弧。设置构图平面为前视图。单击【草图】→【圆弧】→【两点画弧】命令按钮。系统提示“请输入第一点”，输入坐标（-48，0）。系统提示“请输入第二点”，输入坐标（0，12）。在【两点画弧】对话框中设置半径为“135”。选择圆弧，在绘图区单击选择所需的圆弧。

单击【确定】按钮，绘图区显示已绘制的一个圆弧。

2）绘制圆弧。单击【草图】→【圆弧】→【切弧】命令按钮。系统提示“选择一个圆弧将要与其相切的图形”，单击 R135mm 圆弧。系统提示“指定相切点位置”，单击（12，0）点。系统提示“选择圆弧”，单击选择所需的圆弧。

在【切弧】对话框中输入半径为“25”。单击【确定】按钮，绘图区显示已绘制的一个圆弧。

3）绘制直线。单击【草图】→【绘线】→【连续线】命令按钮。系统提示“指定第一个端点”，单击原点。系统提示“指定第二个端点”，在【连续线】对话框中输入长度为“50”，光标指向 X 轴正方向，单击鼠标左键确定。

单击【确定】按钮，绘图区显示已绘制的一条直线。

4）倒圆角。单击【草图】→【修剪】→【倒圆角】命令按钮。系统提示“选择图形”，单击 R25mm 圆弧。系统提示“选择另一图形”，单击上一步中所绘直线。在【倒圆角】对话框框中设置半径为“8”；单击【修剪图形】。

单击【确定】按钮，绘图区显示已绘制的一个圆角，如图 10-12 所示。

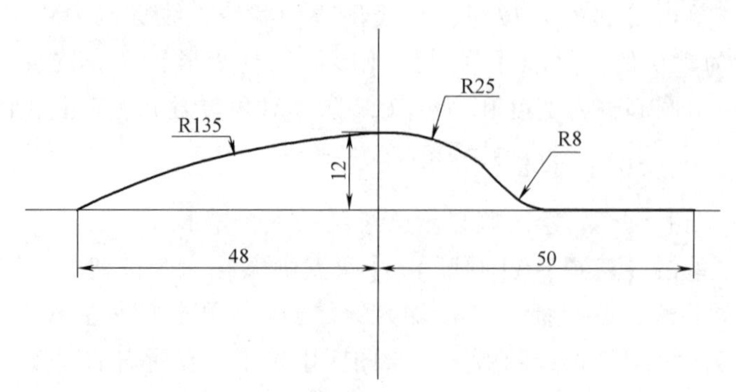

图 10-12　绘制鼠标上盖结合面线框图

5）转成单一曲线。单击【草图】→【曲线】→【转成单一曲线】命令按钮。系统提示“选择串连 1”，单击图 10-13 所示的线段，单击【确定】按钮完成串连选择。在【转成单一曲线】对话框中单击【删除曲线】。

单击【确定】按钮，完成单一曲线的转化。

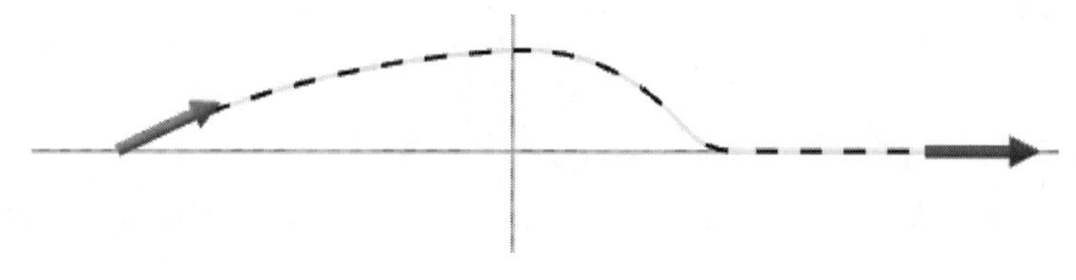

图 10-13　选择串连

3. 绘制鼠标顶部线框图

单击【草图】→【圆弧】→【三点画弧】命令按钮。系统提示“请输入第一点”，输入坐标（-64.8，8.9）。系统提示“请输入第二点”，输入坐标（8.8，30）。系统提示“请输入第三点”，输入坐标（54.8，3.7）。

单击【确定】按钮，绘图区显示已绘制的一个圆弧。鼠标线框图绘制完毕，结果如图 10-14 所示。

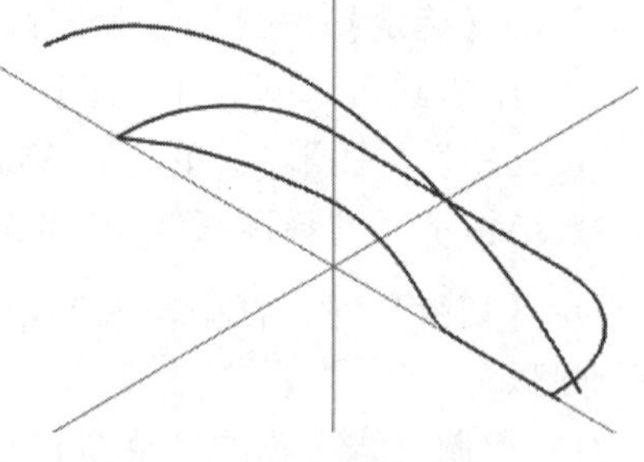

图 10-14　鼠标线框图

4. 绘制各线框图牵引曲面

1）绘制鼠标外形牵引曲面。设置构图平面为俯视图，单击【层别】按钮，将当前图层设为 2，命名为“曲面图”。单击【属性】按钮，将线型改为实线，颜色设为蓝色，其余设置为默认值。

单击【曲面】→【创建】→【拔模】命令按钮。系统弹出【选择方式】对话框，单击【串连】按钮。系统提示“选择直线、圆弧或曲线 1”，选择图 10-15 所示的串连，单击【确定】按钮。

在【牵引曲面】对话框中设置牵引曲面的长度 40.0，设置牵引斜角 0.0。

单击【确定】按钮✓，绘图区显示已绘制的一个牵引曲面，如图 10-16 所示。

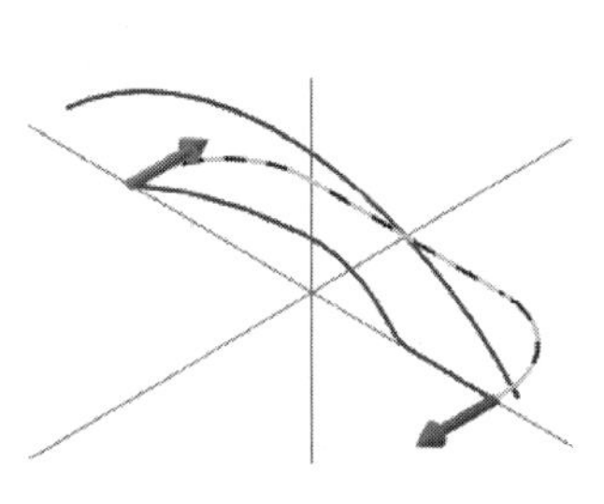

图 10-15　选取牵引曲面串连

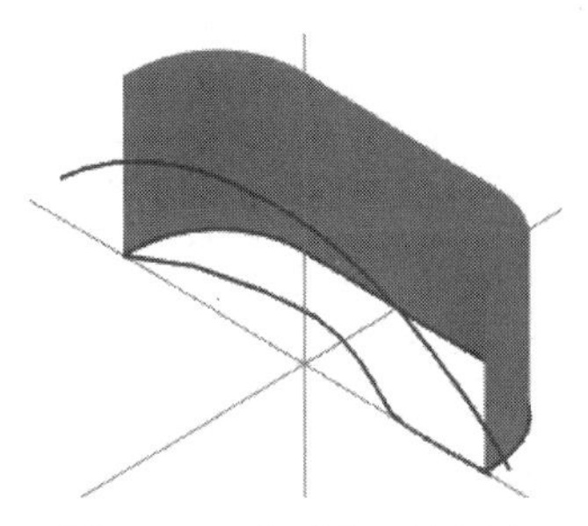

图 10-16　牵引曲面的创建

2）绘制鼠标上盖结合面牵引曲面。单击【曲面】→【创建】→【拔模】命令按钮。系统弹出【选择方式】对话框，单击【串连】按钮。系统提示"选择直线、圆弧或曲线 1"，选择图 10-17 的串连，单击【确定】按钮✓。

在【牵引曲面】对话框中设置牵引曲面长度 30.0，设置牵引斜角 90.0。

单击【确定】按钮✓，绘图区显示已绘制的一个牵引曲面，结果如图 10-18 所示。

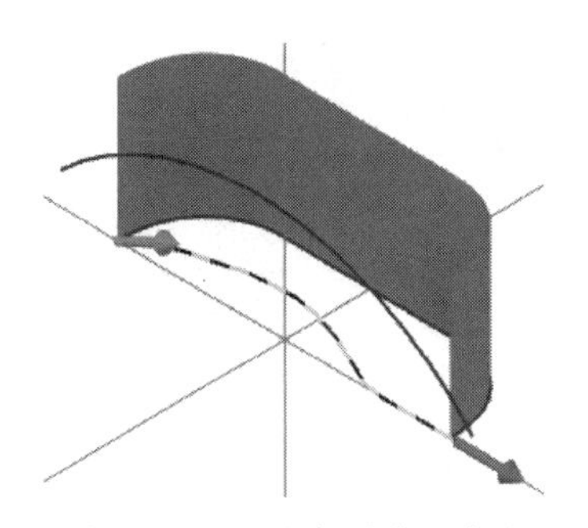

图 10-17　选取牵引曲面串连

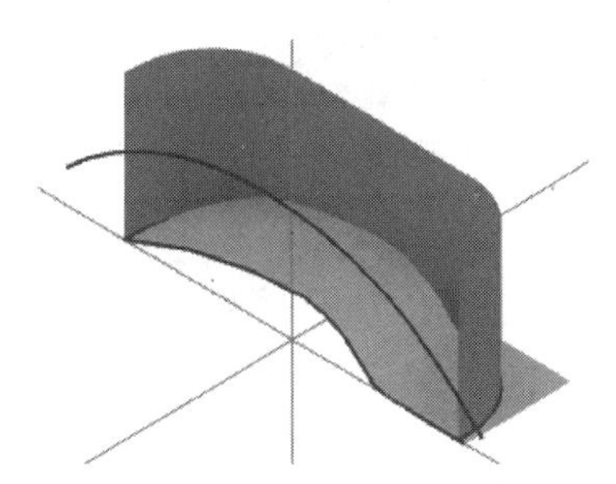

图 10-18　牵引曲面的创建

3）绘制鼠标顶部线框图。单击【曲面】→【创建】→【拔模】命令按钮。系统弹出【选择方式】对话框，单击【串连】按钮。系统提示"选择直线、圆弧或曲线 1"，选择图 10-19 所示的串连，单击【确定】按钮✓。

在【牵引曲面】对话框中设置牵引曲面长度 30.0，设置牵引斜角 90.0。

单击【确定】按钮✓，绘图区显示已绘制的一个牵引曲面，如图 10-20 所示。

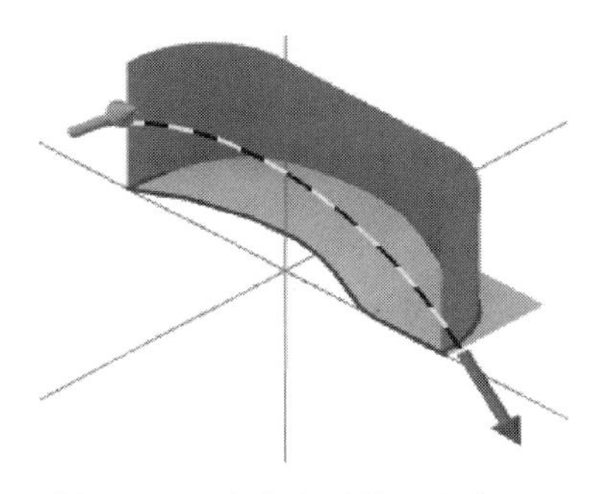

图 10-19　选取牵引曲面串连

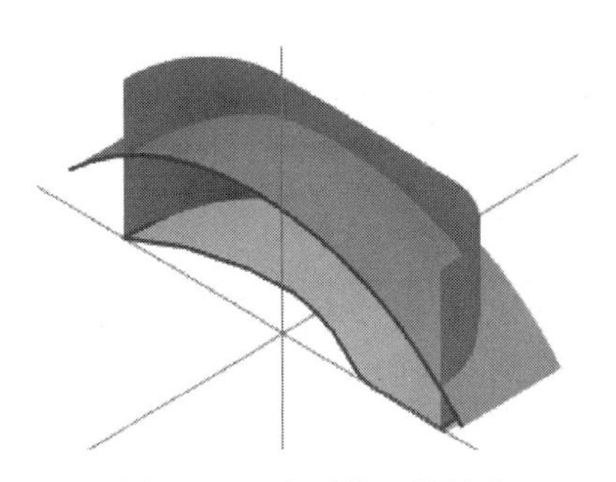

图 10-20　牵引曲面的创建

5. 修剪曲面

1）单击【曲面】→【修剪】→【修剪到曲面】命令按钮。

系统提示“选择第一个曲面或按<Esc>键退出”，选择图 10-21 中的第一个曲面（鼠标顶部曲面），单击【确定】按钮。

系统提示“选择第二个曲面或按<Esc>键退出”，选择图 10-21 中第二个曲面（鼠标外形线框曲面），单击【确定】按钮。

系统提示“选择曲面去修剪-指出保留区域”，单击第一个曲面。

系统提示“将箭头移动至曲面修剪后保留的位置”，移动绿色箭头至需要保留的区域，单击鼠标左键确认。

系统提示“选择曲面去修剪-指出保留区域”，单击第二个曲面。

系统提示“选择曲面去修剪-指出保留区域”，移动绿色箭头至需要保留的区域，单击鼠标左键确认。

在【修剪到曲面】对话框中单击【两者修剪】按钮。单击【确定】按钮，结果如图 10-22 所示。

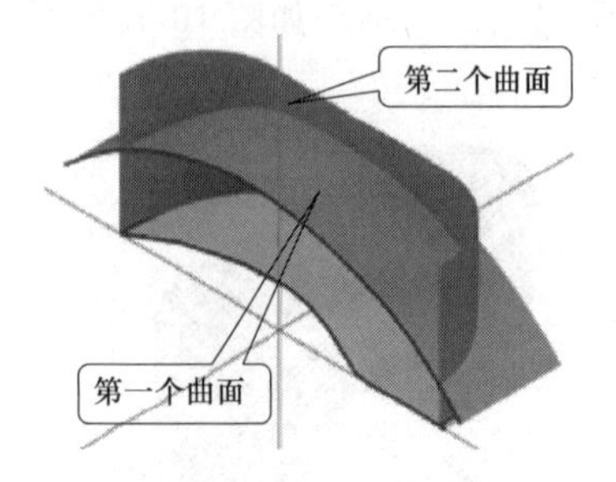

图 10-21　选取修剪曲面

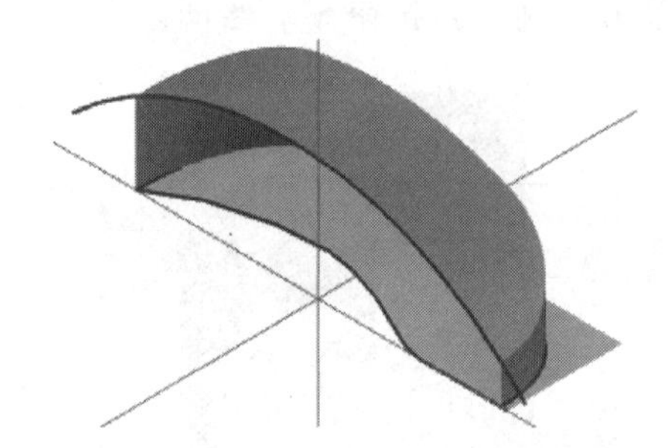
图 10-22　修剪曲面的创建

2）单击【曲面】→【修剪】→【修剪到曲面】命令按钮。

系统提示“选择第一个曲面或按<Esc>键退出”，选择图 10-23 中的第一个曲面（鼠标上盖结合面曲面），单击【确定】按钮。

系统提示“选择第二个曲面或按<Esc>键退出”，选择图 10-23 中的第二个曲面（鼠标外形曲面），单击【确定】按钮。

系统提示“选择曲面去修剪-指出保留区域”，单击第一个曲面。

系统提示“将箭头移动至曲面修剪后保留的位置”，移动绿色箭头至需要保留的区域，单击鼠标左键确认。

系统提示“选择曲面去修剪-指出保留区域”，单击第二个曲面。

系统提示“选择曲面去修剪-指出保留区域”，移动绿色箭头至需要保留的区域，单击鼠标左键确认。

在【修剪到曲面】对话框中单击【两者修剪】按钮。单击【确定】按钮，结果如图 10-24 所示。

6. 镜像曲面

单击【转换】→【镜像】命令按钮。系统提示“选择要镜像的图形”，选择图 10-24 中的

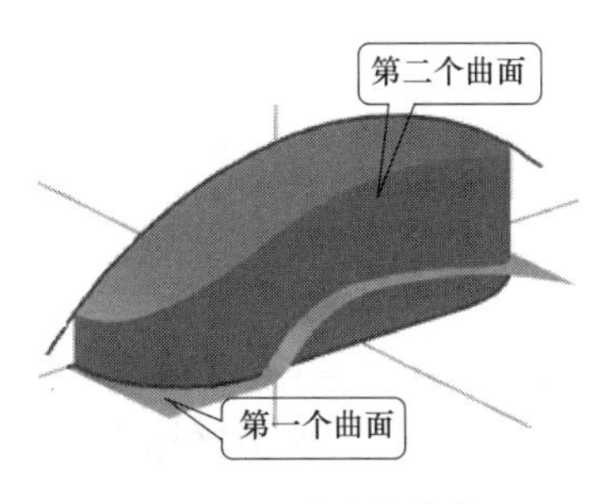

图 10-23　选取修剪曲面

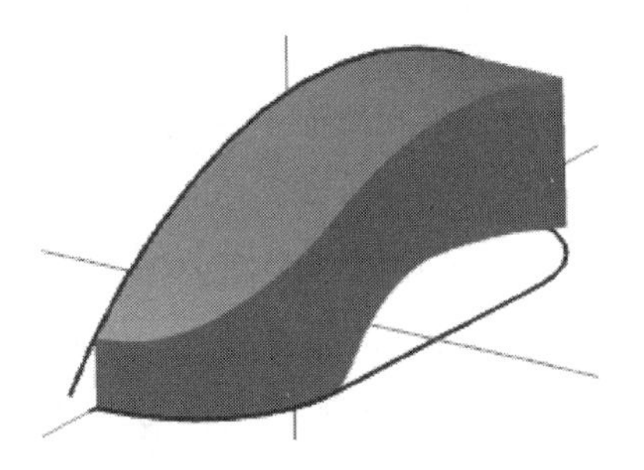

图 10-24　修剪曲面的创建

三个曲面，单击结束选择。

在【镜像曲面】对话框中单击 复制 和 Y 0.0 。

单击【确定】按钮，绘图区显示已绘制的一个镜像曲面，结果如图 10-25 所示。

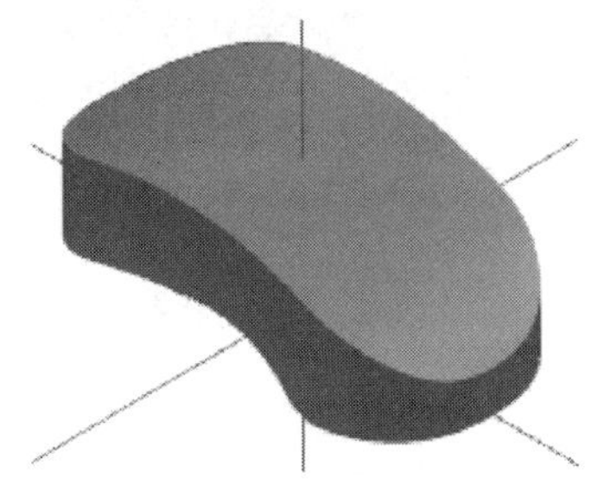

图 10-25　镜像曲面的创建

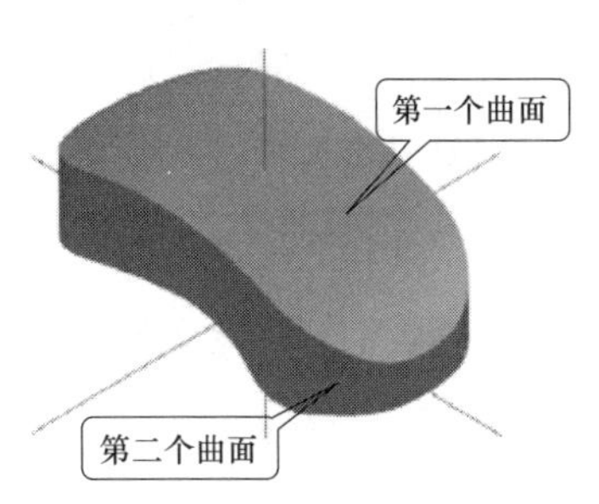

图 10-26　选择倒圆角曲面

7. 曲面倒圆角

单击【曲面】→【修剪】→【曲面与曲面倒圆角】命令按钮。系统提示“选择第一个曲面或按<Esc>键退出”，选择第一个曲面（鼠标顶部曲面），如图 10-26 所示，按<Enter>键。系统提示“选择第二个曲面或按<Esc>键退出”，选择第二个曲面（鼠标外形曲面），如图 10-26 所示，按<Enter>键。系统弹出【曲面与曲面倒圆角】对话框，单击切换法向按钮，将箭头更改为向里，如图 10-27 所示，输入半径 R 为“3”，选择【修剪】和【自动预览】。

单击【确定】按钮，完成曲面倒圆角的创建，结果如图 10-28 所示。

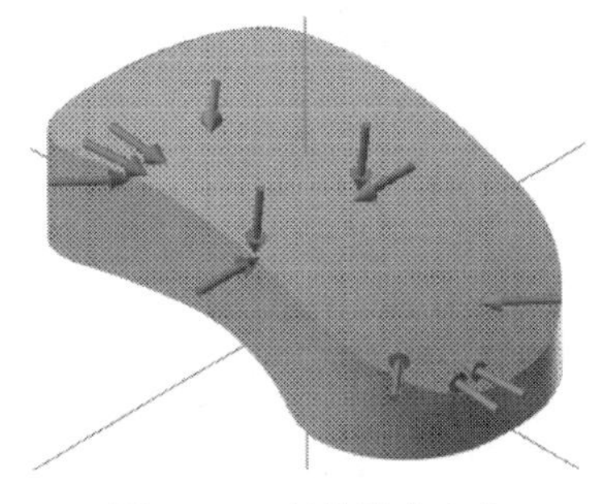

图 10-27　切换法向方向

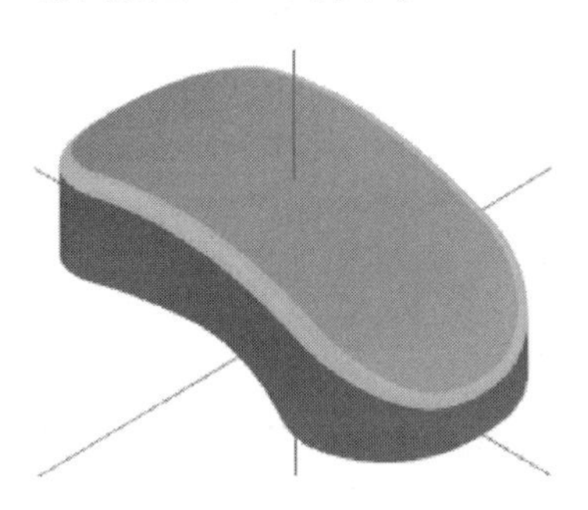

图 10-28　曲面倒圆角的创建

【知识拓展】

填补内孔是指在曲面上的孔洞处进行填补。

填补内孔的操作步骤如下：

1）单击【曲面】→【修剪】→【填补内孔】命令按钮。

2）系统提示“选择曲面或实体面”，选取图10-29所示的曲面，单击【确定】按钮✔。

3）系统提示“选择要填补内孔边界”，移动箭头至孔的边界处，单击鼠标左键。

4）单击【确定】按钮✔，完成填补内孔操作，结果如图10-30所示。

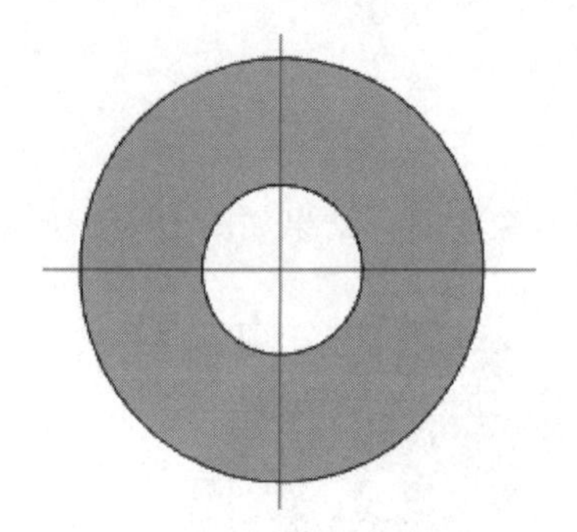

图10-29　选取要内孔填充的曲面

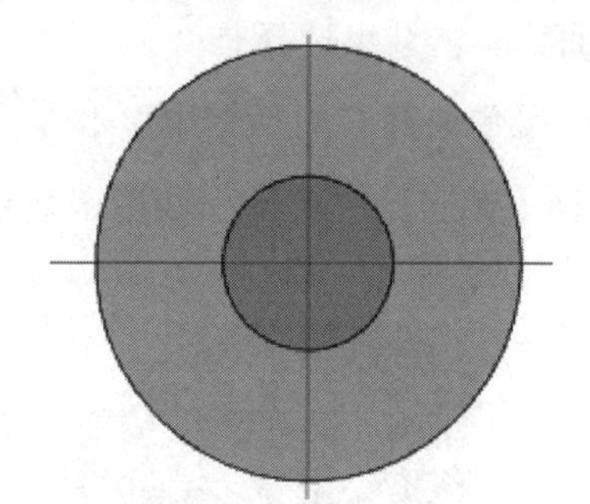

图10-30　填充内孔的结果图

【强化练习】

根据图10-31所示线框架草图，使用曲面命令将其绘制成曲面图形。

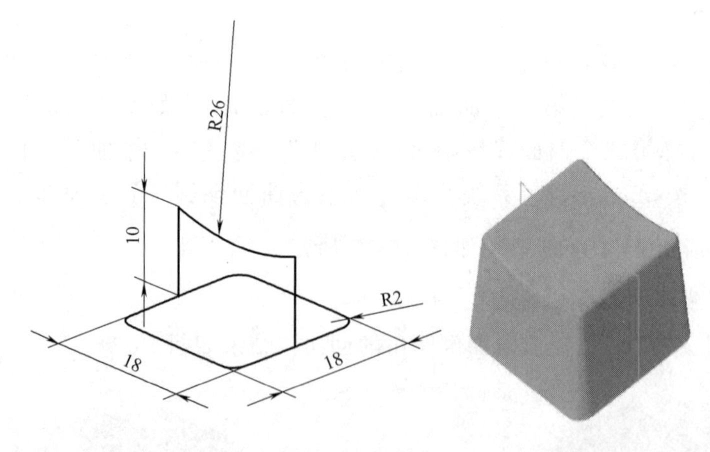

图10-31　练习

【检查与评价】

鼠标曲面模型的绘制学生学习情况评价表

评价项目	具体评价内容	配分	自评	互评	教师评
项目完成的质量	项目按时保质完成，图线绘制正确	10			

（续）

评价项目		具体评价内容	配分	自评	互评	教师评
知识与技能	【牵引曲面】命令应用	正确使用【牵引曲面】命令，数据准确	20			
	【拉伸】命令应用	正确使用【拉伸】命令，数据准确	20			
	【生成单一曲线】命令应用	正确使用【生成单一曲线】命令，数据准确	20			
	课后练习完成情况	熟练、正确完成课后练习	15			
学习过程	信息技能	通过系统的帮助功能及试操作，解决问题引导及知识拓展所提问题	5			
	创新	提出可行绘图实施方案，意识创新	5			
	合作	小组互动性好，主动提问并正确解决	5			
评语（优缺点与建议）：			合计			
			总评价（等级）			

注：评价等级与分数的关系是 85≤优≤100，70≤良≤84，55≤中≤69，40≤差≤54。

项目十一

创建肥皂盒实体模型

【学习任务】

肥皂盒零件图如图 11-1 所示。其表面粗糙度值为 $Ra0.8\mu m$，材料为 ABS。该零件为某一肥皂盒的下座，使用时开口朝上，用来支撑上座并收集肥皂盒上座的漏水。其实体图涉及实体的拉伸、举升、倒圆角、抽壳等命令，请同学们使用相关命令，完成实体图形绘制。按教师指定的路径，建立一个以自己学号为名称的文件夹，并将画好的图形以“学号+项目十一”为文件名，保存在该文件夹内。

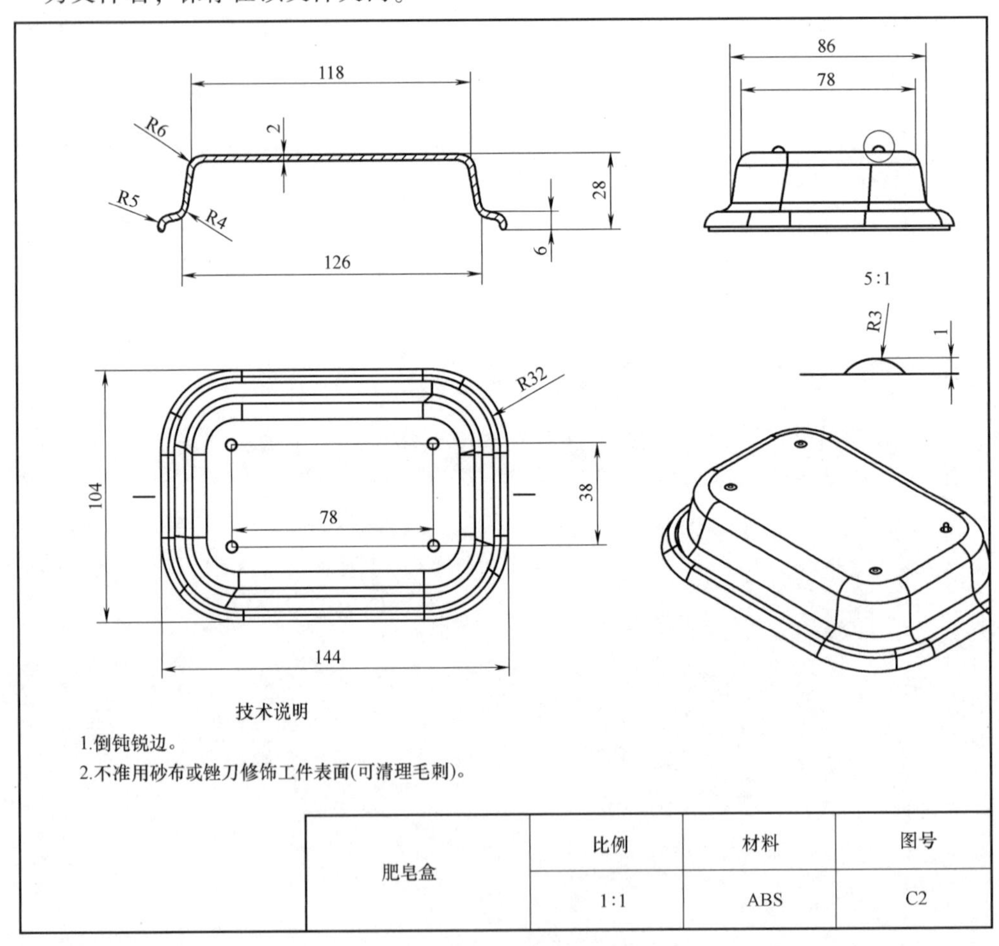

图 11-1 肥皂盒零件图

【学习目标】

1）掌握创建拉伸实体的几种方式。
2）掌握实体举升命令的操作。
3）熟悉倒圆角命令的使用。
4）掌握抽壳命令的运用。

【知识基础】

一、拉伸实体

拉伸实体也称为挤出实体，是将一个或多个共面的外形轮廓串连后按指定方向和距离进行拉伸，创建一个或者多个实体。创建拉伸实体的方式有 3 种，分别是建立实体、切割实体和增加凸缘，其中后面两种方式是在已创建一个实体的前提下才会被激活。

1. 实体拉伸对话框

单击【实体】→【实体拉伸】命令按钮。根据系统弹出的【选择方式】对话框，设置相应的串连方式，并在绘图区域内选择要拉伸实体的图素对象，单击该对话框中的【确定】按钮，系统弹出图 11-2 所示的【实体拉伸】对话框。

图 11-2 【实体拉伸】对话框

2. 对话框中各选项功能说明

名称：输入实体操作的名称。

创建主体：创建一个或更多新实体。

切割主体：在现有的实体中移除一个或多个材料。

增加凸台：在现有的实体中增加材料。

目标：显示实体操作的目标主体名称（如切割、凸台和布尔结合），单击该字段在图形窗口高亮显示主体。

创建单一操作：将【切割主体】和【增加凸台】选项串连组合成单一的实体操作，清除每个选项间的串连关系，成为单一操作。

自动确定操作类型：基于选择的图形自动选择创建【增加凸台】选项或【切割主体】选项。

串连：从实体操作中选择【串连】，单击【串连】列表将会在图形窗口高亮显示。

距离：输入拉伸距离，单击标尺可以进行推拉，或单击【自动抓点】按钮指定拉伸位置。

全部惯通：使切割完全贯通到选择的目标主体。拉伸必须与目标主体相交，【全部惯通】在选用【切割实体】方式时才会被激活。

两端同时延伸：在拉伸曲线的方向和其相反方向进行延伸。

修剪到指定面：在列表选择指定面去修剪、切割或增加凸台。

计算实体面的最小距离：基于选择最远的面，自动计算修剪距离。

拔模：拉伸实体依照定义的拔模角度倾斜壁边，拔模面是沿着拉伸的方向。

角度：设置拔模角度，将结果应用于拔模面。

反向：设置角度为相反方向。

分割：从串连曲线定义的模框平面计算拔模角度，如果取消选择，则沿着拉伸所定义的向量计算拔模角度。

拔模到端点：将定义的拔模角度应用于开放串连曲线的端点和相关联的面。

平面方向（O)：平面定位，根据定义的向量进行倾斜拉伸。例如，如果输入Z轴向量为“5”。则会沿Z轴方向拉伸5mm。

自动预览结果（A)：显示已修改过的实体。

预览（P)：单击该按钮查看已修改的实体。

> **注意：**
>
> 在进行拉伸实体操作时，可以选择多个串连图素，但这些图素必须在同一个平面上，而且是首尾相连的封闭图素，否则无法完成拉伸操作。但薄壁拉伸时，可以是开放式的串连图素。

3. 创建实体拉伸的操作步骤

1）直接单击【实体】→【拉伸实体】命令按钮。根据系统提示，选取拉伸的图素，并单击【选择方式】对话框中的【确定】按钮。系统在选取的图素上面显示一个箭头来确定拉伸的方向，如图11-3所示。

2）系统弹出【实体拉伸】对话框，选中【距离（D)】选项，输入延伸距离为“20”，单击对话框中的【确定】按钮，即可完成拉伸实体的创建操作。结果如图11-4所示。

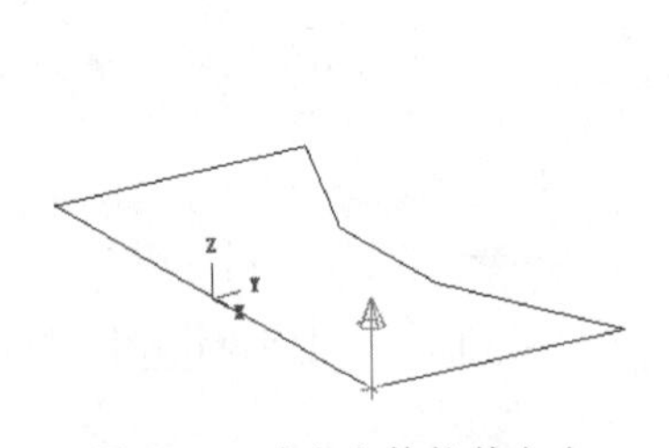

图11-3 确定实体拉伸方向

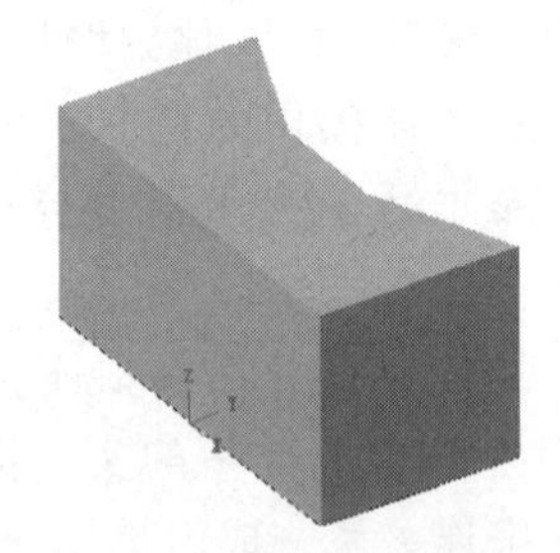

图11-4 实体拉伸的创建结果

二、举升实体

举升实体是通过两个或两个以上的封闭外形来创建一个实体，也可以是对已经存在的实体做切割或是增加凸台操作。

1. 举升实体对话框

单击【实体】→【举升】命令按钮。根据系统弹出的【选择方式】对话框，设置相应

的串连方式，并在绘图区域内按顺序依次选择串连举升实体的图素对象，然后单击该对话框中的【确定】按钮，系统弹出图 11-5 所示的【举升】对话框。

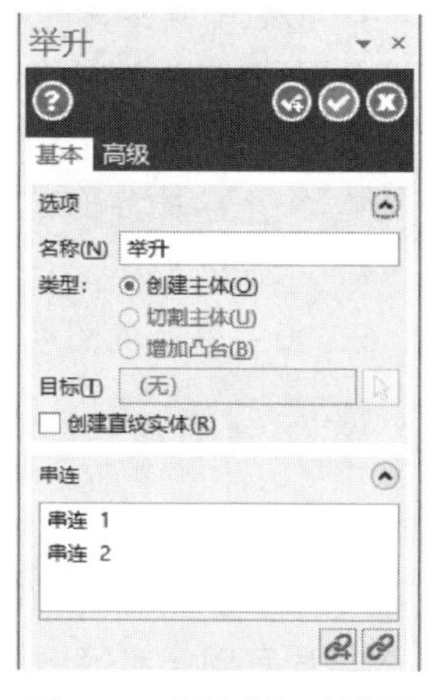

图 11-5 【举升】对话框

2. 【举升】对话框中各选项功能说明

名称（N）：输入实体操作的名称。

类型：选择举升模式。

创建主体（O）：创建一个或多个新实体。

切割主体（U）：在现有的实体中创建一个或多个切割去移除材料，但必须至少有一个可见的实体文件才可以启动此选项。

增加凸台（B）：在现有的实体中增加材料，但必须至少有一个可见的实体文件才可以启动此选项。

目标（T）：显示实体操作的目标主体名称（如切割、凸台或布尔结合），单击该字段在图形窗口高亮显示主体。

创建直纹实体（R）：选择使用直纹方式来创建举升实体、切割实体或增加凸台。在直纹熔接中，Mastercam 会从一条串连曲线过渡到另一条串连曲线，这样会产生线性截面，使其完全平滑熔接。在平滑熔接中 Mastercam 会在串连曲线之间过渡时认为所有曲线串连，这样才会产生平滑截面。

串连：在实体操作中单击【串连】列表将会在图形窗口高亮显示选择的串连。

自动预览结果（A）：显示已修改过的实体。

3. 创建举升实体的操作步骤

1）单击【实体】→【举升】命令按钮。根据系统弹出的串连对话框，设置相应的串连方式，并在绘图区域内依次选择封闭图素 1、2、3 作为创建举升截面，如图 11-6 所示，单击【串连】对话框中【确定】按钮，结束举升实体截面的选取操作。

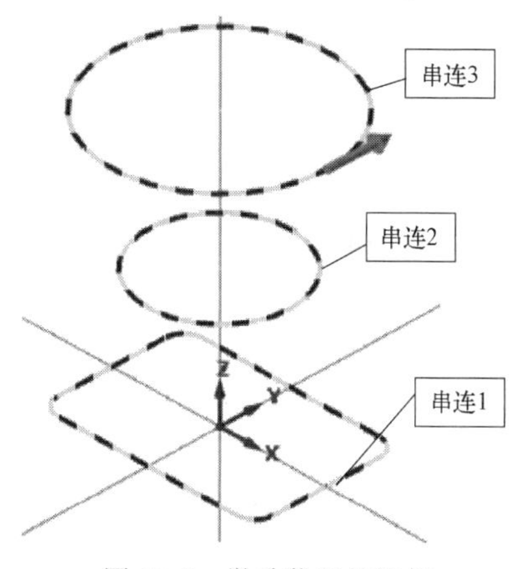

图 11-6 举升截面的选择

2）系统弹出【举升】对话框，如图 11-7 所示，单击【确定】按钮，即可完成举升实体的创建操作。

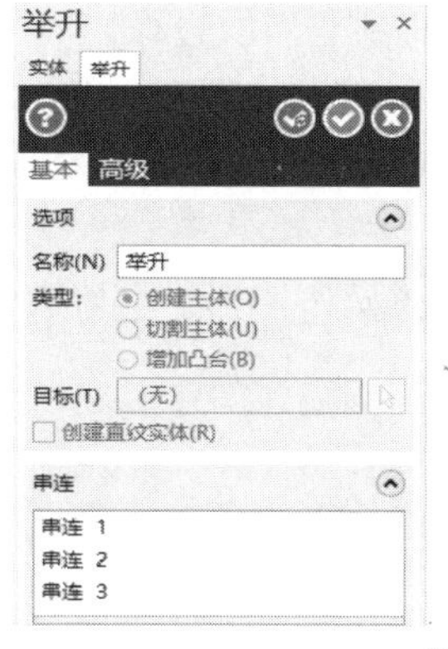

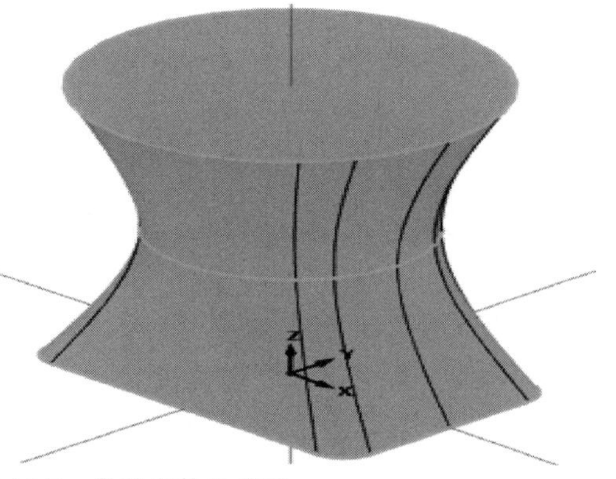

图 11-7 举升实体的创建

4. 创建举升实体时需注意事项

1）每一个串连外形必须是一个封闭的线框。

2）所有串连外形的串连方向、起点要一致。

3）一个串连外形不能被选择二次或二次以上。

4）串连外形不能自交，串连外形如有转角，每一个串连外形的转角需对应。

5）每一串连的图素需是同一平面，串连外形间可以不必共平面。

三、实体倒圆角

实体倒圆角是指在实体的边缘处倒出圆角，以使实体平滑过渡，它包含固定圆角半径、面与面倒圆角和变化半径圆角三种倒圆角方式。

1. 固定圆角半径倒圆角

固定圆角半径倒圆角是在指定的边界位置创建相同半径的倒圆角特征。

单击【实体】→【修剪】→【固定圆角半径】命令按钮，根据需要选择倒圆角对象的方式，选取对象。弹出【固定圆角半径】对话框，根据需要设置参数，结果如图 11-8 所示。

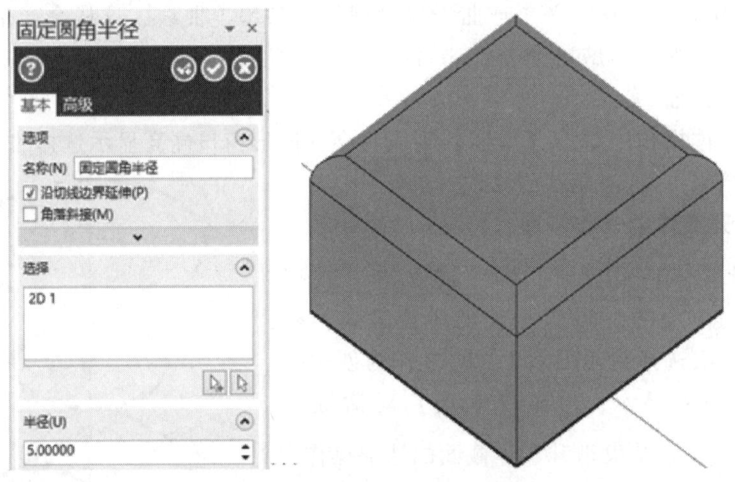

图 11-8　固定圆角半径倒圆角

【固定圆角半径】对话框中各选项功能说明如下：

名称（N）：输入实体操作的名称。

沿切线边界延伸（P）：沿所有切线边缘延伸圆角，直到非切线边缘。

角落斜接（M）：在三个或更多圆角边缘相接的顶点位置，使圆角斜接。系统会将每个圆角延伸到边缘，完全在圆角相接顶点的位置创建平滑圆角。第一图像未斜接，第二个图像已斜接。

选择：列出当前定义的实体操作图形，单击列表中的操作图形，会在图形窗口中高亮显示。

半径（U）：设置倒圆角的半径。

自动预览结果（A）：显示已修改过的实体。

2. 面与面倒圆角

面与面倒圆角就是选取两个相邻的实体面进行倒圆角操作，此倒圆角类型仅适用于利用

两相邻实体面之间的轮廓边创建倒圆角特征。

单击【实体】→【修剪】→【面与面倒圆角】命令按钮，弹出倒圆角对象选择方式，选取对象。弹出【面与面倒圆角】对话框，根据需要设置参数，如图 11-9 所示。完成倒圆角操作，结果如图 11-10 所示。

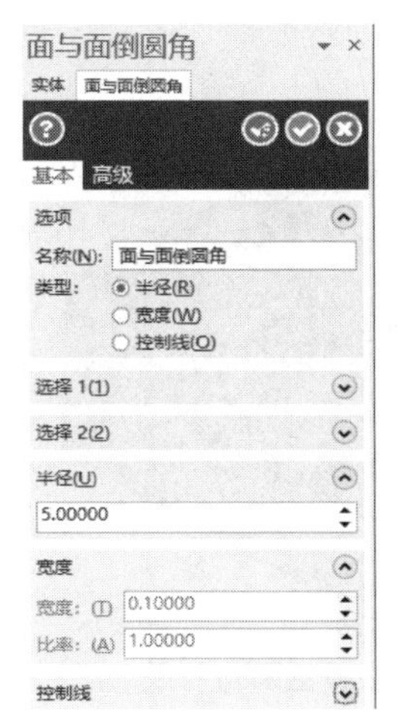

图 11-9 【面与面倒圆角】对话框

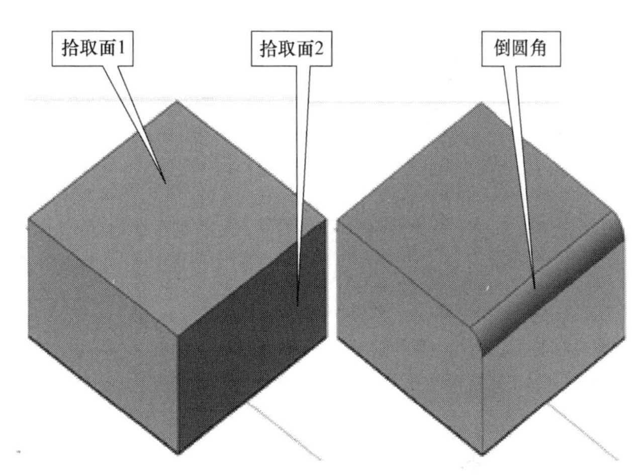

图 11-10　面与面倒圆角结果

对话框中各选项功能说明如下：

名称（N）：输入实体操作的名称。

类型：倒圆角模式。

半径（R）：选择该选项时，系统启动【半径（U）】文本框（在文本框中输入半径值）。当选择该选项时，则半径在整圆角中保持不变，而宽度可能会改变。

宽度（W）：选择该选项时，系统启动【宽度】文本框（在文本框中输入半径值）。如果选择该选项，则半径在整圆角中可能会变，而宽度不变。

半径（U）：如果选择【半径（R）】，则可以在该文本框中输入面与面倒圆角的固定半径值。

宽度（T）：如果选择【宽度（W）】，则可以在该文本框中输入面与面倒圆角的固定宽度值。

比率（A）：如果选择【宽度（W）】，则系统会确定如何在第一个面和第二个面或者第一组面积第二组面之间分配面与面间圆角的弦度。如果比率设为 1.0（默认值），系统会进行对称创建，即固定圆角宽度，其弦宽与两个面或两组面成等比。更改此值，系统会创建非对称的圆角。

沿切线边界延伸（P）：沿所有切线边界倒圆角，直到非切线边界。

曲线连续（C）：创建圆角，此圆角在每一个面接触点的位置具有相同的曲线，圆角会固定曲线比率，从一个面上接触的曲线，更改为二个面上接触的曲线，而且通常形成参数式曲线，而不是圆弧。

自动预览结果（A）：显示已修改过建立的实体。

3. 变化半径倒圆角

变半径倒圆角是在指定的边界位置创建不同半径的倒圆角特征，并根据需要设置各半径过渡方式为线性过渡或光滑过渡。

单击【实体】→【修剪】→【变化半径倒角】命令按钮，弹出倒圆角对象选择方式，选取对象。弹出【变化圆角半径】对话框，根据需要设置参数，如图 11-11 所示。完成倒圆角操作，结果如图 11-12 所示。

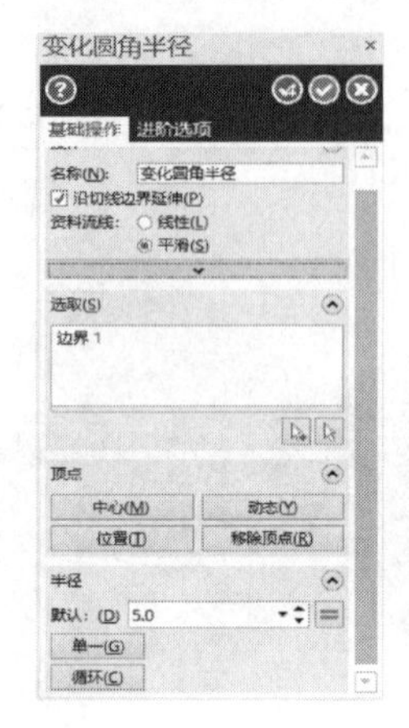

图 11-11 【变化圆角半径】对话框

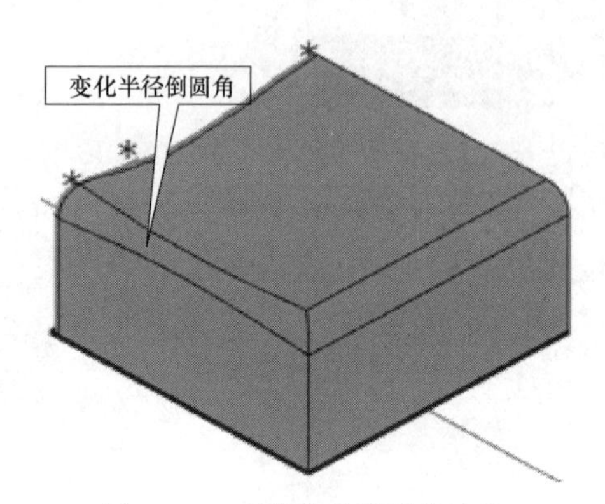

图 11-12 变化半径倒圆角结果

对话框中各选项功能说明如下：

名称（N）：输入实体操作的名称。

沿切线边界延伸（P）：沿所有切线边界延伸圆角，直到非切线边界为止。注意：对于变化半径圆角，无法使用此选项来自动选择边线上的变化半径，必须按<Shift>键来选择边线。

线性（L）：在非切线边界产生线性结束条件。

平滑（S）：在非切线边界端产生平滑结果，此选项使强制结束端与原始边缘平行。

中心：在图形窗口中的实体边界上的两个现有半径之间插入中点。沿边界上两个现有半径之间选择一个位置，然后在输入半径对话框中输入半径值并按<Enter>键。

动态：在实体边界的任何设置插入半径，选择边界并将光标移动至期望的位置，然后在输入半径对话框中输入半径值并按<Enter>键。

位置：更改实体边界上用户创建的半径顶点位置，在图形窗口中选择现在的半径顶点，然后沿边界将光标移到新位置。

移除顶点：从实体边界上移除用户创建的半径点，在图形窗口中选择要移除的半径顶点。

默认（D）：将尚未设置顶点的半径设置为默认半径。

自动预览结果（A）：显示已修改过的实体。

四、实体抽壳

实体抽壳是指将挖除实体内部的材料后，按指定厚度在实体表面增加材料，生成新的空心壳体。如果选择实体上的一个或多个面则将选择的面作为实体造型的开口，而没有被选择为开口的其他面则以按指定值产生厚度；如果选择整个实体，而不是选择某个实体面，系统则会将实体内部挖空，不会产生开口。

单击【实体】→【修剪】→【抽壳】命令按钮，选择抽壳开口面，弹出【抽壳】对话框，如图 11-13 所示。单击【确认】完成抽壳操作，结果如图 11-14 所示。

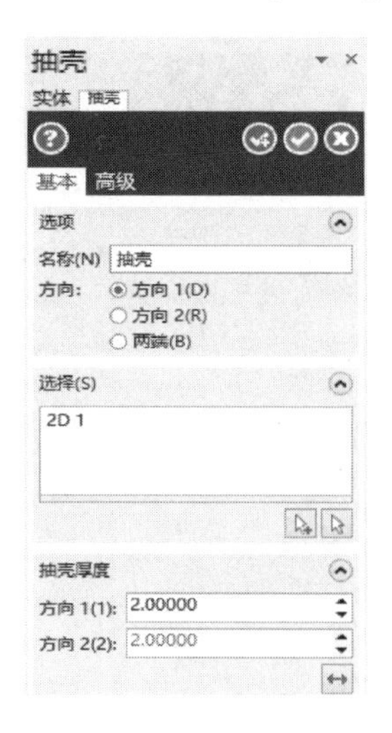

图 11-13 【抽壳】对话框

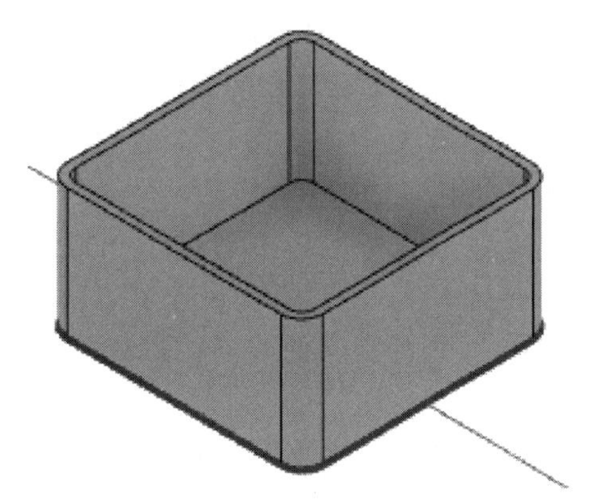
图 11-14　实体抽壳

对话框中各选项功能说明如下：

名称（N）：输入实体操作的名称。

方向 1（D）：依照指定厚度在当前实体面位置加厚。保持实体及边界原来的大小，因此实体面材料被增加实体面内部。在【方向 1】文本框中设置厚度。

方向 2（R）：在当前实体面位置加厚并指定壳的厚度。此实体会扩大，材料被增加到实体面外部。在【方向 2】文本框中设置厚度。

两端（B）：依照实体面在当前位置，往两个方向加厚，到指定厚度值。由于在实体面外部增加了材料，因此外部实体面会被放大。

选择（S）：列出当前定义的实体操作图形，单击列表中的操作图形会在图形窗口高亮显示。

方向 1（1）：如将增加内部实体面的材料数量，必须将【方向】设置为【方向 1（D）】或者【两端（B）】。注意：如果加厚实体面到点或穿过对方时是无效的，抽壳操作将失败。

方向 2（2）：如将增加实体面外部的材料数量，必须将【方向】设置为【方向 2（R）】或【两端（B）】。注意：如果加厚实体面到点或穿过对方时是无效的，抽壳操作则将败。

自动预览结果（A）：显示已修改过的实体。

注意：

实体抽壳可以设置朝内抽壳、朝外抽壳和双向抽壳等三种方式。【抽壳】命令的选取对象可以是面或体，当选取面时，系统将面所在的实体做抽壳处理，并在选取面的地方有开口；当选取体时，系统将实体挖空，且没有开口。选取面进行实体抽壳操作时，可以选取多个开口面，但抽壳的厚度是相同的。

五、实体布尔运算

布尔运算通过结合（求和运算）、切割（求差运算）或交集（求交运算）的方法将多个实体运算为一个实体。此运算方式是实体造型中的一个重要方法，利用它可以构建出复杂而规则的形体。在布尔运算中选择第一个实体为目标主体，而后续选取的实体为工件主体。通过运算生成新的主体。对话框如图 11-15 所示。

图 11-15 【布尔运算】对话框

（1）对话框中各选项功能说明

名称（N）：输入实体操作的名称。

结合（A）：将两个或更多已有的实体增加在一起，创建一个实体。

切割（R）：在目标主体中创建一个实体，移除一个或者多个已有实体。

交集（C）：查找定义的共同区域或重叠的实体，以创建一个实体。

目标（T）：显示实体操作的目标主体名称（比如切割、凸台和布尔结合），单击该命令按钮，在图形窗口高亮显示主体。

工件主体（B）：显示已增加到工件主体的实体，或从目标主体中移除和重叠的实体。单击列表中的工作主体可以在图形窗口中高亮显示该主体。

自动预览结果（A）：显示您修改过的实体。

（2）关联实体布尔求加运算　关联实体布尔求加运算，也叫结合运算，就是将工件主体的材料加入到目标主体中，从而构建一个新的实体。

关联实体布尔求加运算操作步骤如下：

1）在主菜单中单击【实体】→【布尔运算】命令按钮。

2）根据系统提示选择进行布尔运算的目标主体，选择图 11-16 所示的实体作为目标主体；系统会提示选择要布尔运算工件主体，选择圆柱实体作为工件主体。

3）完成工件主体选取后，选择【结合（A）】，按<Enter>键，即可完成对实体的布尔求加运算，结果如图 11-17 所示。

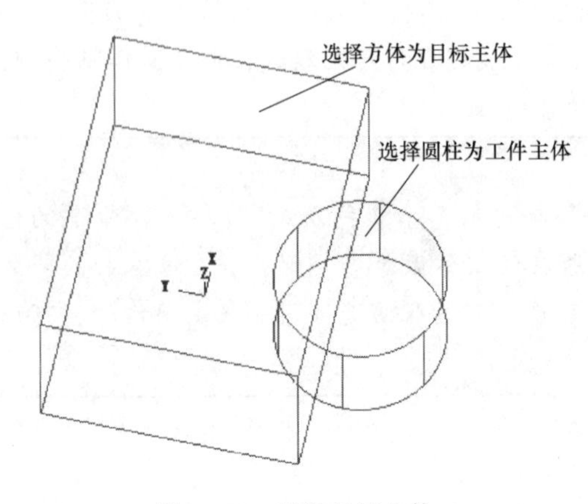

图 11-16　选取目标主体

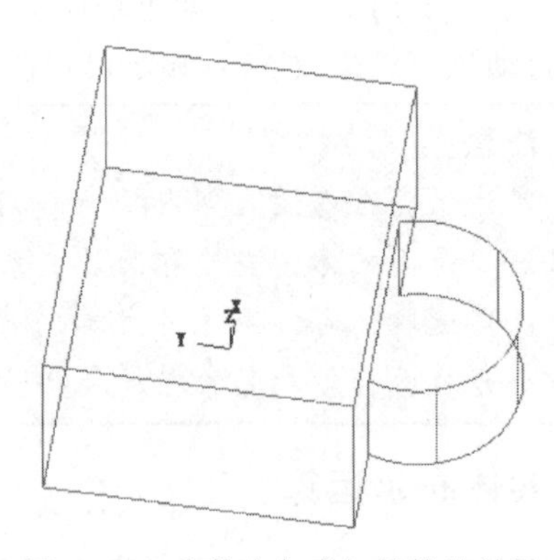

图 11-17　实体布尔求加运算的结果

> **注意：**
> 在执行布尔结合运算时，目标主体只有一个，但工件主体可以有多个，从而实现多个实体之间的布尔操作。在着色模式下，两个实体在进行布尔结合操作之前和之后的效果并没有明显的区别，除非它们用了不同的颜色进行着色。一般情况下，通过线框模式可以查看有无相贯线或相交线，有则为同一实体，没有则为不同实体。

（3）关联实体布尔求差运算　关联实体布尔求差运算，也叫切割运算，是指将目标主体与工件主体公共的材料进行切除，以构建一个新的实体。

关联实体布尔求差运算的操作步骤如下：

1）在主菜单中单击【实体】→【布尔运算】命令按钮。

2）根据系统提示选择进行布尔运算的目标主体，选择图 11-18 所示的实体作为目标主体；系统会提示选择要进行布尔运算的工件主体，选择圆柱实体作为工件主体。

3）完成工件主体选取后，选择【切割（R）】，按<Enter>键，即可完成对实体的布尔求差运算，结果如图 11-19 所示。

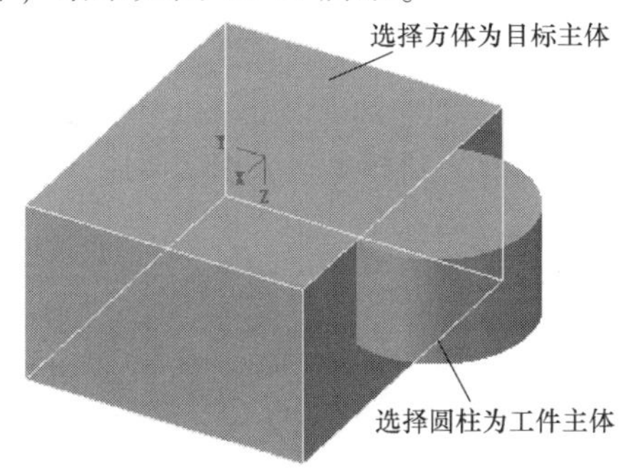

图 11-18　选取目标主体

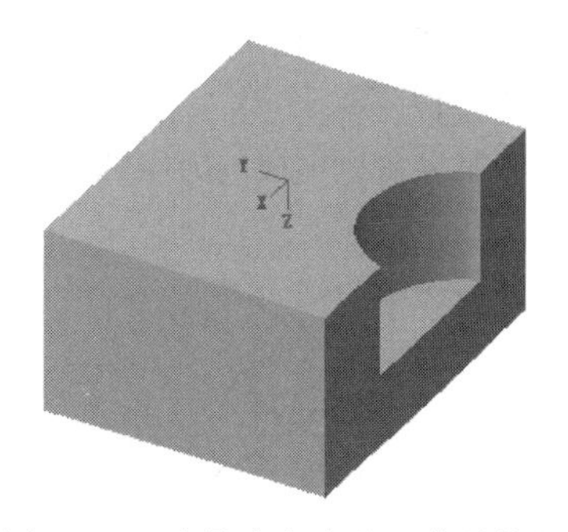

图 11-19　实体布尔求差运算的结果

（4）关联实体布尔求交运算　关联实体布尔求交运算是指将目标主体与各工具主体的公共部分组合成一个新的实体。

关联实体布尔求交运算的操作步骤如下：

1）在主菜单中单击【实体】→【布尔运算】命令按钮。

2）根据系统提示选择进行布尔运算的目标主体，选择图 11-20 所示的实体作为目标主体；系统会提示选择要进行布尔运算的工件主体，选择圆柱实体作为工件主体。

3）完成工件主体选取后，选择【交集（C）】，按<Enter>键，即可完成对实体的布尔求交运算，结果如图 11-21 所示。

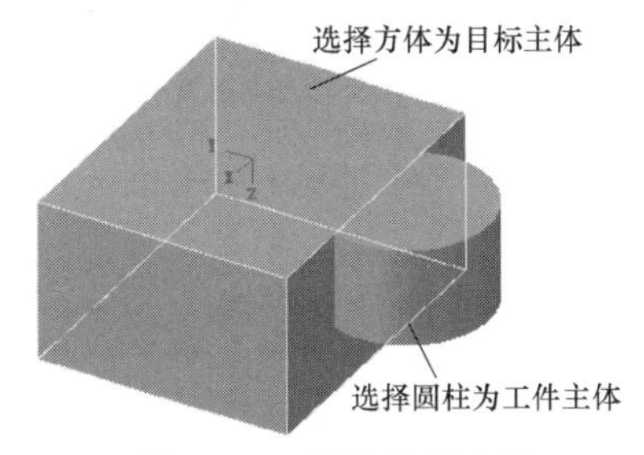

图 11-20　选取目标主体

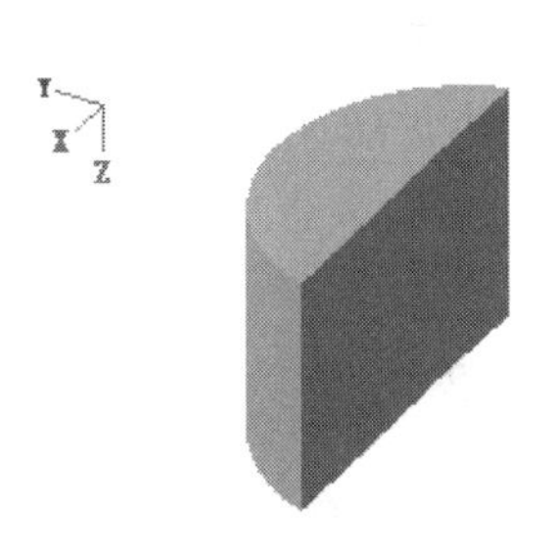

图 11-21　实体布尔求交运算的结果

【计划与实施】

一、确定绘图方案

1. 问题引导

1）分析举升实体和拉伸实体有什么异同。

2）分析举升实体的线框架有什么要求？串连顺序选择有要求吗。

3）分析实体抽壳有什么用途。

4）分析实体抽壳有几种方式。

5）请描述肥皂盒实体模型的绘图思路。

2. 工作任务

1）绘制三维线框架模型。

2）用举升实体、挤出实体、实体倒圆角的方法，绘制出实体的基本外形。

3）用实体薄壳的方法，绘制内腔形状。

4）最后绘制四个小凸台特征。

3. 绘图方案

绘制肥皂盒铜电极的方案如图 11-22 所示。绘制肥皂盒的三维模型可采用实体造型的方法。

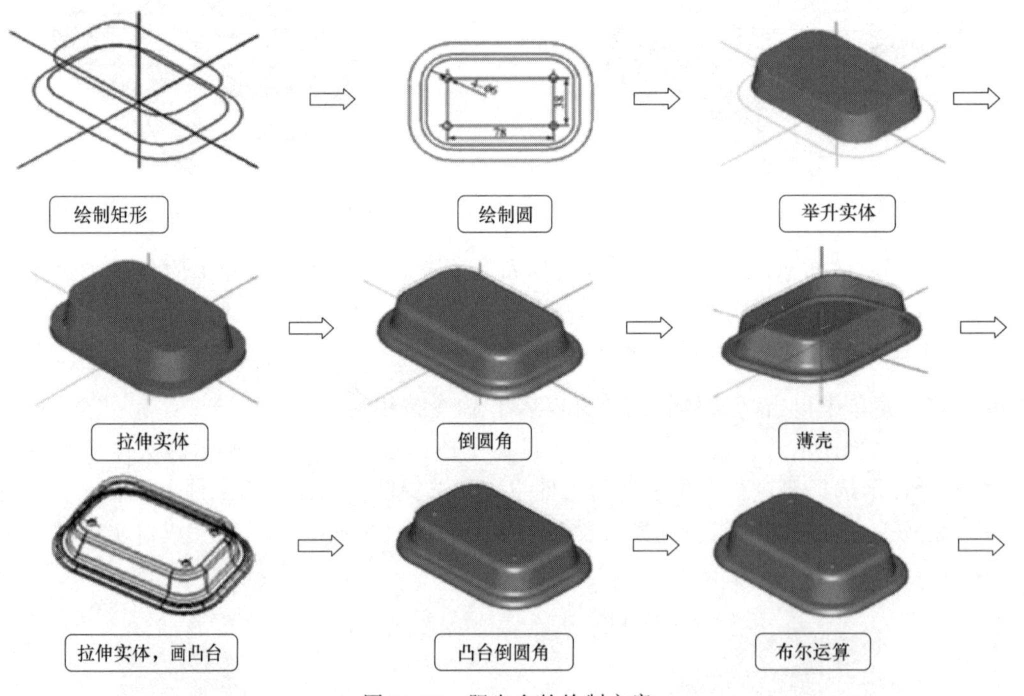

图 11-22　肥皂盒的绘制方案

二、实施任务

1. 四边形外形的绘制

1）绘制一个边长为 144mm×104mm 的四边形，四周顶角的圆角半径为 32mm。

① 按<F9>键，显示坐标轴。设定构图平面为俯视图，构图深度设为“0”，当前图层设为“1”，命名为“线框架”。

② 单击【草图】→【形状】→【矩形】命令按钮，弹出【矩形】对话框，如图 11-23 所示。在【矩形】对话框中将【宽度（W）】设为“144”，【高度（T）】设为“104”。捕捉原点为矩形的基准点，完成 144mm×104mm 矩形的绘制。

③ 单击【草图】→【倒圆角】→【串连倒圆角】命令按钮，系统提示区会提示：“选择串连 1：选择第一个图素”，输入半径“32”。

④ 单击【确定】按钮，结果如图 11-24 所示。

图 11-23　【矩形】对话框

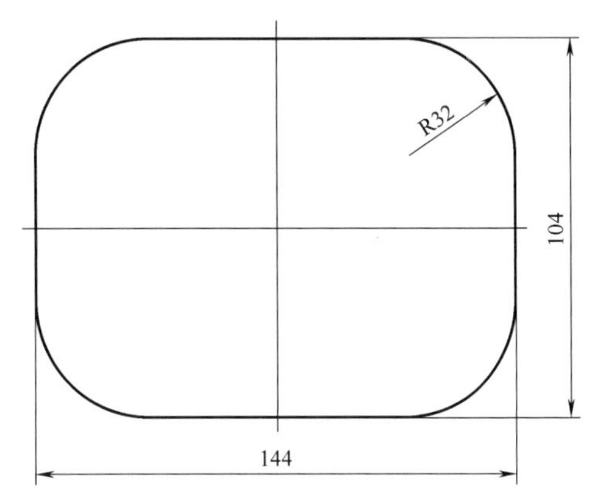

图 11-24　矩形线框

2）采用串连补正的方法绘制其余带圆角的 126mm×86mm 和 118mm×78mm 的四边形。

① 单击【转换】→【补正】→【串连补正】命令按钮，选择补正的线框并单击【确定】按钮。弹出【串连补正选项】对话框，如图 11-25 所示。

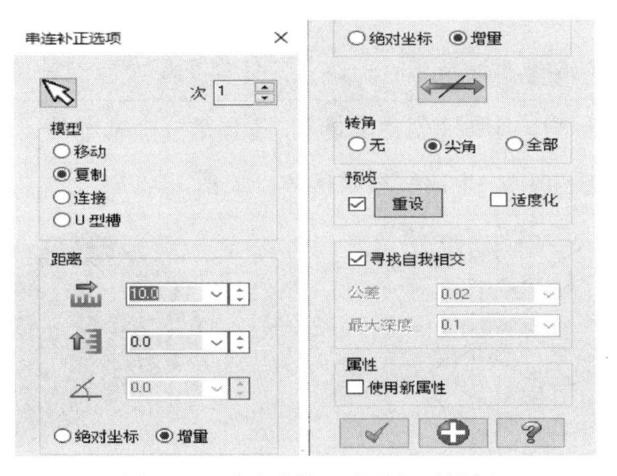

图 11-25　【串连补正选项】对话框

单击 复制 选项。单击补正方向按钮，选择向内补正。输入补正水平距离为“9.0” 9.0。输入深度为“6” 6，表示构图深度比串连 1 的构图深度深 6mm。单击增量选项。

按【确认】按钮，将图形视角设为等角视图（I），出现图 11-26 所示的串联 2。

② 用同样的办法，选择串连 1，输入补正水平距离为“13”，补正深度为“28”，得到图 11-26 所示的串连 3。

2. 四个圆形凸缘线框的绘制

1）设定构图平面为俯视图，构图深度设为“26”，当前图层设为“2”，命名为“凸缘”。

2）绘制 4 个直径为 6mm 的圆，圆心坐标分别为（39，19）、（39，−19）、（−39，−19）、（−39，19），结果如图 11-27 所示。

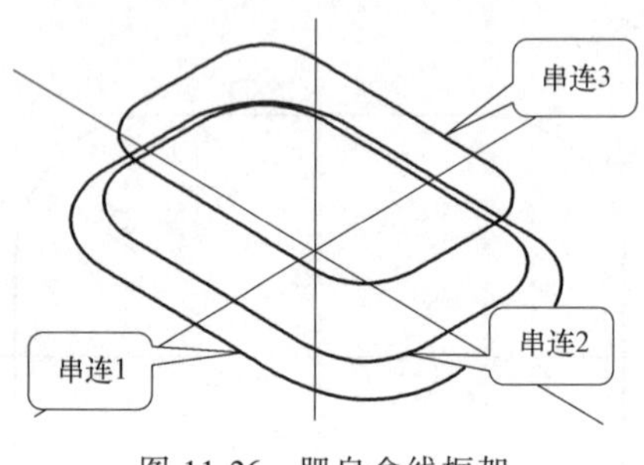

图 11-26　肥皂盒线框架

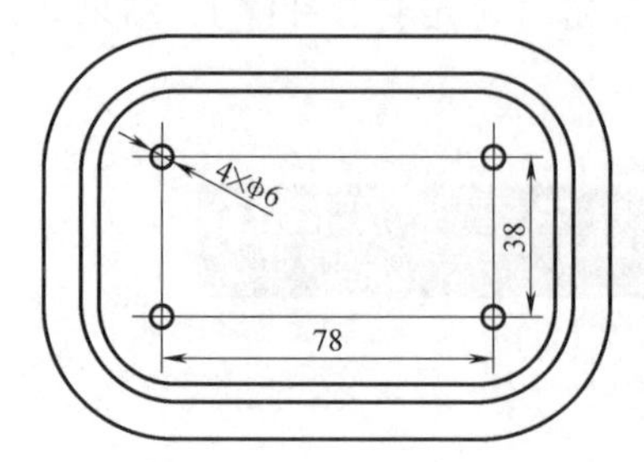

图 11-27　绘制 4 个直径为 6mm 的圆

3. 举升实体

肥皂盒的主体可以通过举升实体的方法产生，举升实体是将两个或多个不同的封闭截面串连，按顺序顺接而成的实体，该实体既可以是独立的，也可以用于切割或增加原有实体。

① 设置绘图颜色为“2”（墨绿色），设置当前图层为“3”，命名为“实体”，关闭图层 2。

② 单击【实体】→【创建】→【举升】命令按钮，分别选择图 11-28 中的串连 2 和串连 3。

> **注意：**
> 在选择串连时，都选择靠近起点的一端，可保证串连的起点对应，方向相同。

③ 在【举升】对话框中选取【创建实体】，建立第一个基本的实体。

④ 单击【确定】按钮，生成一举升实体，如图 11-29 所示。

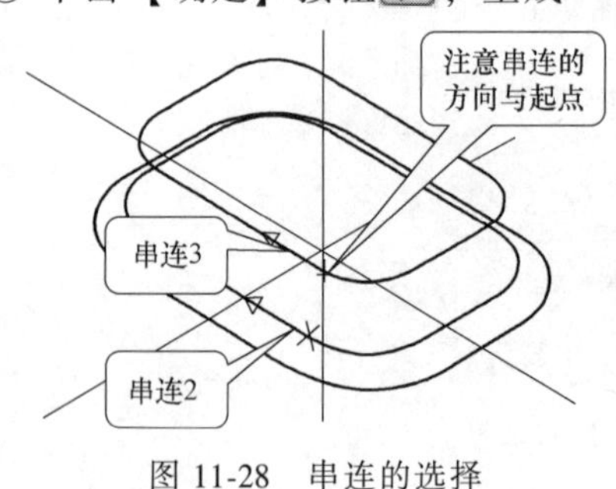

图 11-28　串连的选择

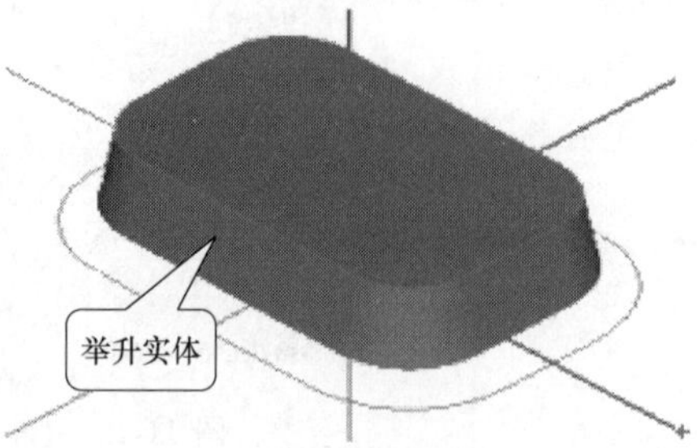

举升实体

图 11-29　举升实体

4. 拉伸实体

肥皂盒的底部台阶可以通过拉伸实体的方法产生。

① 单击【实体】→【创建】→【实体拉伸】命令按钮，参考图 11-2。选中图 11-26 中的串

连 1。单击【确认】按钮✅。弹出【实体拉伸】对话框，设置【类型】为【增加凸台】，设置拉伸方向，输入拉伸距离为“6”，如图 11-30 所示。

② 单击【确认】按钮✅，得到拉伸实体，并与原来的举升实体融为一体，如图 11-31 所示。

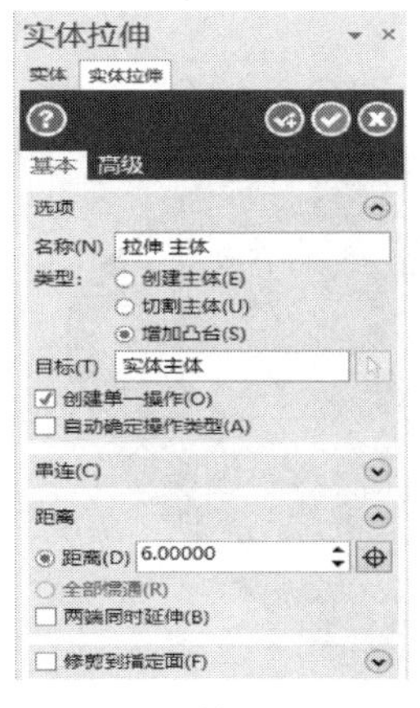

图 11-30　【实体拉伸】对话框

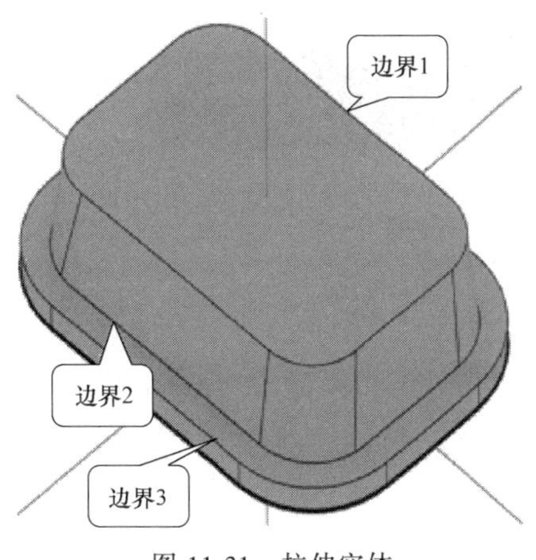

图 11-31　拉伸实体

5. 实体倒圆角

① 单击【实体】→【修剪】→【固定半径倒圆角】命令按钮，选取倒角边界并单击【确认】按钮✅。弹出【固定圆角半径】对话框，如图 11-32 所示。

② 选择边界 1，输入圆角半径为“4”，单击【确认】按钮✅。

③ 选择边界 2，输入圆角半径为“5”，单击【确认】按钮✅。

④ 选择边界 3，输入圆角半径为“6”，单击【确认】按钮✅。

结果如图 11-32 所示。

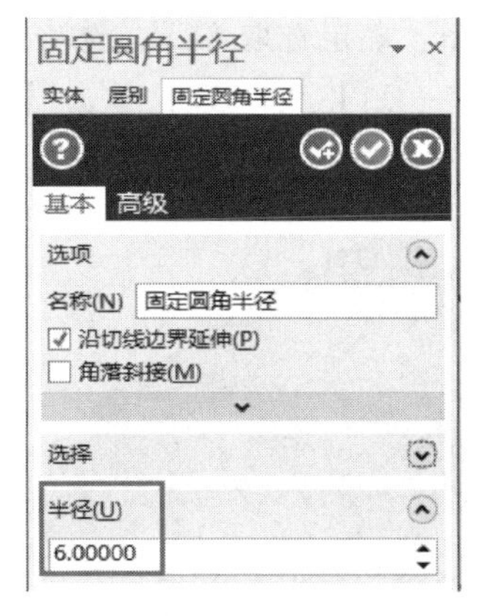

图 11-32　【固定圆角半径】对话框

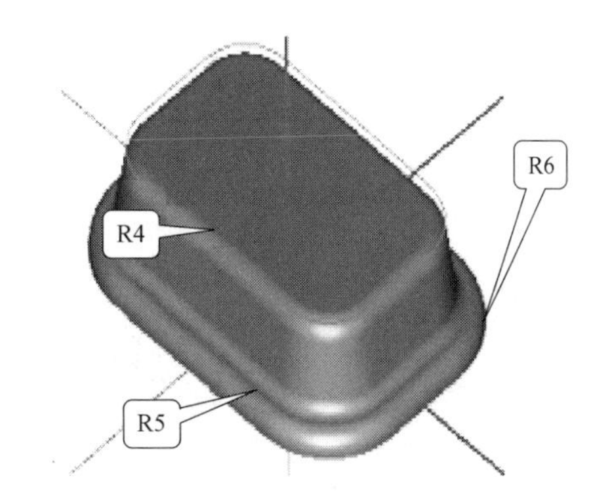

图 11-33　实体倒圆角

6. 实体抽壳

肥皂盒的壁厚为 2mm，可以通过实体抽壳的方法，将实体中间抽空，具体操作如下：

① 单击【实体】→【修剪】→【抽壳】命令按钮。选取开口的实体面，弹出【抽壳】对

话框，如图 11-34 所示。

② 设置抽壳的方向为【方向 1（1）】，抽壳的厚度为 2mm。

③ 单击【确认】按钮，完成抽壳操作，结果如图 11-35 所示。

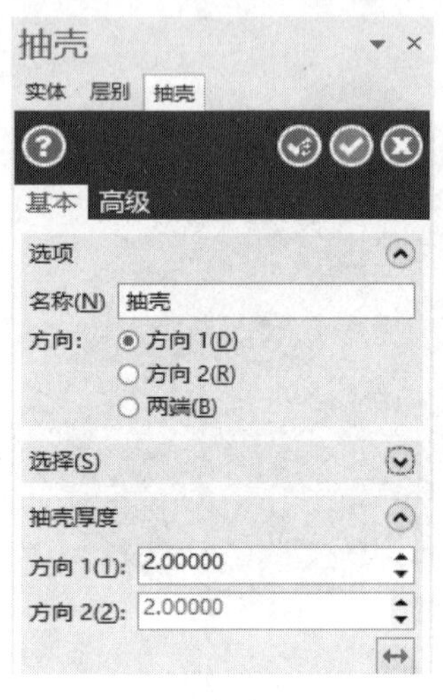

图 11-34 【抽壳】对话框

图 11-35 实体抽壳

7. 四个凸缘实体的绘制

四个支撑凸缘可以通过建立拉伸实体，再倒圆角的方法绘制，具体操作如下：

① 将绘图颜色设为“12”（红色），打开图层 2。

② 单击【实体】→【创建→】→【实体拉伸】命令按钮。分别选中四个圆，串连方向统一为逆时针方向，单击【确认】按钮完成选取。

③ 在【实体拉伸】对话框中选择【创建主体】选项，输入【距离】为“3”，结果如图 11-36 所示。

④ 单击【实体】→【修剪】→【固定半径倒圆角】命令按钮，确定选取方式，选中四个圆柱顶面的边界线。在【固定圆角半径】对话框中输入【半径（U）】为“3”，单击【确认】按钮，结果如图 11-37 所示。

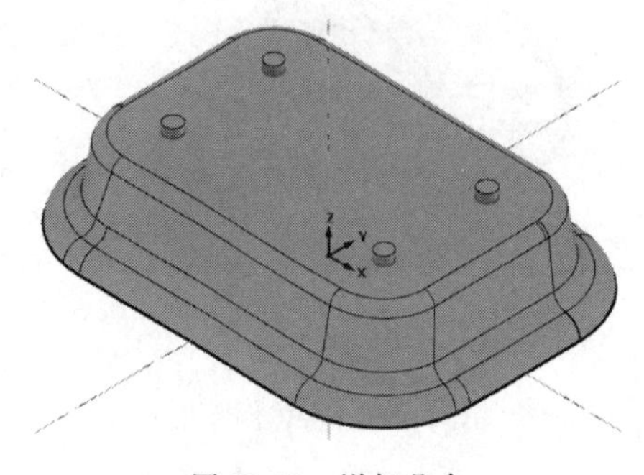

图 11-36 增加凸台

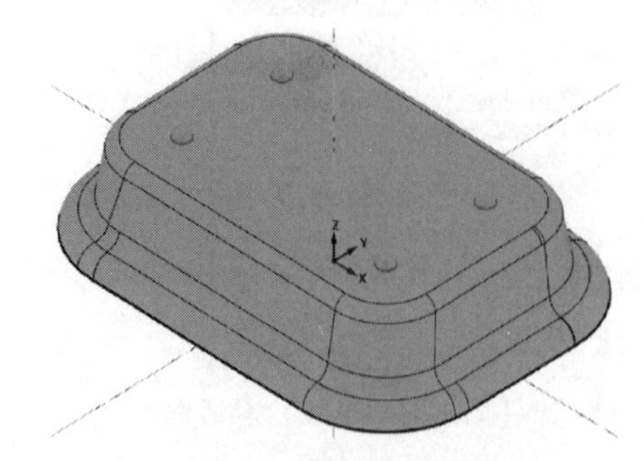

图 11-37 凸台倒圆角

8. 布尔运算

将四个独立的支撑凸缘实体与肥皂盒主体通过布尔运算结合起来，组成一个完整的肥皂

盒，具体操作如下：

单击【实体】→【创建】→【布尔运算】命令按钮，根据提示选择薄壳实体为目标主体，选择四个圆柱为工件主体。按<Enter>键，完成了布尔运算，所有实体转变成一个布尔结合实体，如图 11-38 所示。

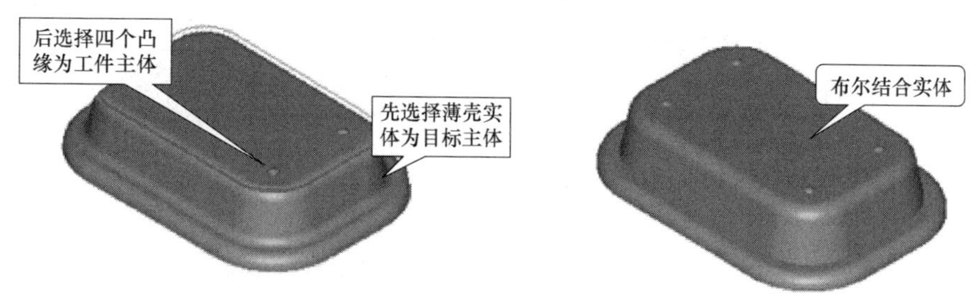

图 11-38　布尔运算

【知识拓展】

一、基本实体的创建

Mastercam 2019 为了简化绘图步骤，将一些基本形体模块化，只要改变某些参数，就可快速将基本实体构建好，将常用形体（球、圆柱、长方形等）的创建单列出来，方便生成和修改。单击标题栏中的【实体】按钮，系统弹出子菜单，从中选择对应的命令即可调用。

圆柱体：选择一个基准点，向外拖动设置半径，然后向上或向下拖动设置高度来创建圆柱形实体。

立方体：选择一个基准点，向外拖动设置长度和宽度，然后向上或向下拖动设置高度来创建立方体实体。

球体：选择一基准点，向外拖动设置半径来创建一个球形实体。

锥体：选择一基准点，向外拖动设置半径，然后向上或向下拖动设置高度来创建一个锥体实体。

圆环：选择一个基准点，并向外拖动设置圆环半径，然后拖出为圆管半径。

二、实体拔模

实体拔模是指将柱形实体上的侧立面向内或向外翻转一定角度的过程，其实际是获得具有一定锥度的模型。系统提供了四种实体拔模的方法：依照实体面拔模、依照边界拔模、依照拉伸边拔模及依照平面拔模。

1. 依照实体面拔模

1）单击【实体】→【修剪】→【拔模】→【依照实体面拔模】命令按钮。启动拔模功能，弹出【依照实体面拔模】对话框和操作提示。

2）根据提示选择拔模面，单击【确认】按钮完成操作；再选择参考面，弹出【依照实体面拔模】对话框。

3）设置拔模参数，勾选【沿切线边界延伸】选项，设置拔模角度为10°，结果如图11-39所示。

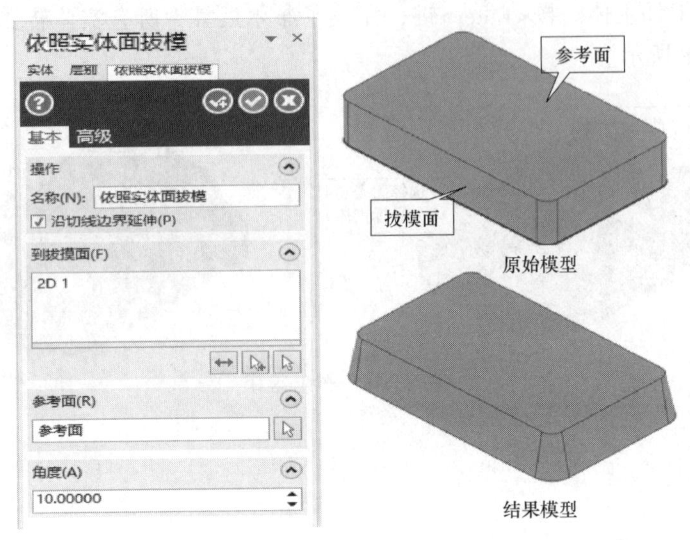

图11-39 【依照实体面拔模】对话框

2. 其他拔模方式

其他拔模方式操作与依照实体面拔模操作类似，根据提示选取拔模面和参考面即可。

三、实体倒角

实体倒角指在实体的边缘处按指定的倒角参数进行倒角，包括常用的单一距离倒角、不同距离倒角和距离与角度倒角三种方式。

实体倒角也是在实体的两个相邻面之间的边界产生过渡，不同的是，倒角过渡形式是直线过渡而不是圆弧过渡。

1）单击【实体】→【修剪】命令按钮，可以选取不同的倒角方式。选取倒角对象并单击【确认】按钮。弹出相应的对话框，如图11-40所示。

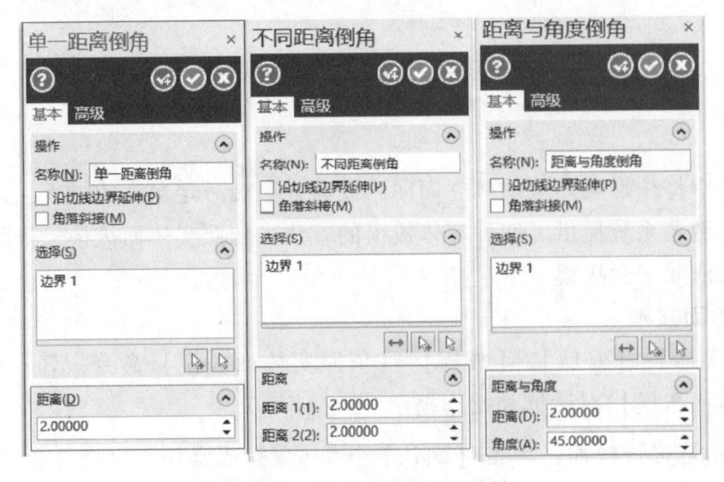

图11-40 倒角参数设置对话框

2）根据图形需要，设置倒角参数，如沿切线边界延伸、角落斜接、边界选择、距离、角度等。图 11-41 所示为三种倒角方式的倒角样式。

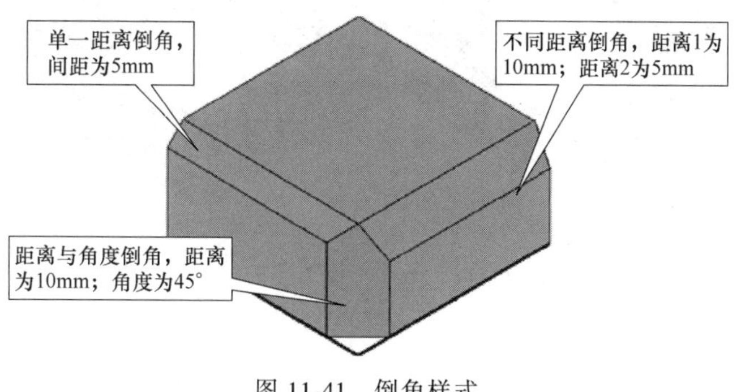

图 11-41　倒角样式

四、由曲面生成实体

由曲面生成实体功能可将开放式或封闭式的曲面模型转换为实体模型。其中，开放式曲面转化的实体称为薄壁实体，虽然其看不到厚度，但却具有实体属性，配合薄片加厚功能可以创建具有壁厚的实体。

1）单击【实体】→【创建】→【由曲面生成实体】命令按钮，选取曲面模型并单击【确认】按钮。弹出【由曲面生成实体】对话框，如图 11-42 所示。设置相关参数，单击【确认】按钮，即完成操作。

2）薄片实体与薄片实体加厚。薄片实体是开放曲面经过【由曲面生成实体】命令生成的一种具有实体属性但无厚度的实体模型。薄片实体加厚是针对薄片实体专设的功能，它可以将薄片实体按一定的方向与厚度加厚为具有一定厚度的实体。步骤如下：

① 单击【实体】→【修剪】→【薄片实体加厚】命令按钮，选择要加厚的模型并确认。弹出【加厚】对话框，如图 11-43 所示。

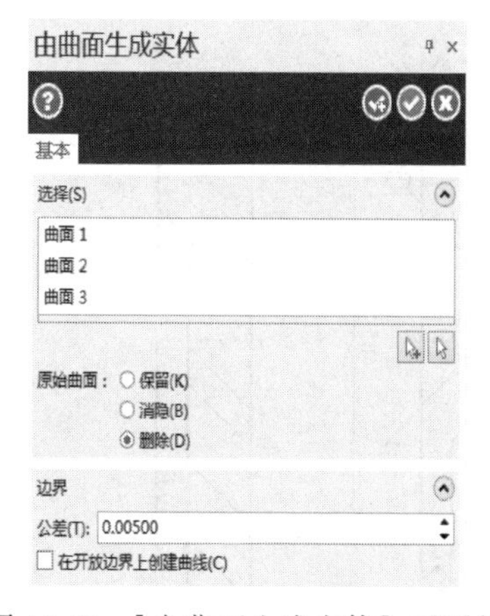

图 11-42　【由曲面生成实体】对话框

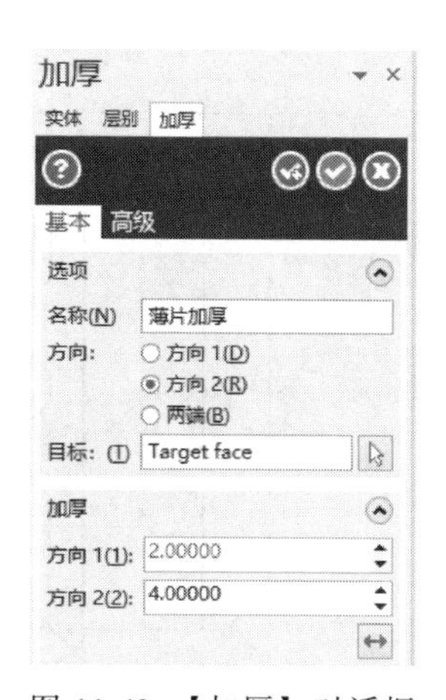

图 11-43　【加厚】对话框

② 在【方向 2】文本框中输入“4”，选择【方向 2（R）】，单击【确认】按钮，完成操作，结果如图 11-44 所示。

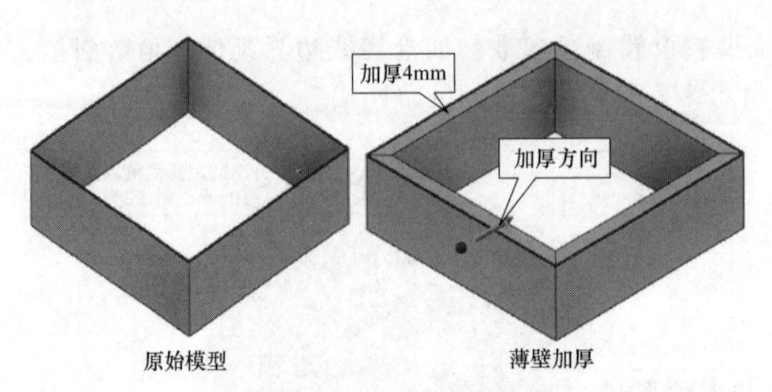

图 11-44　薄片实体加厚的结果

【强化练习】

使用实体命令绘制出图 11-45 和图 11-46 所示的实体模型。

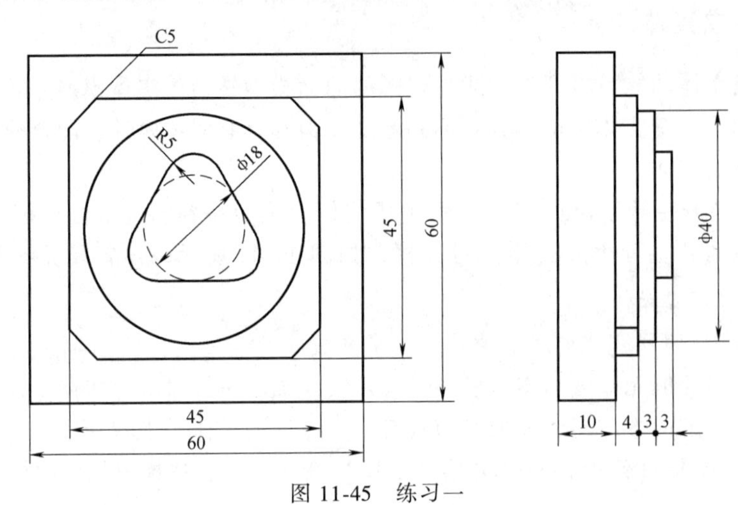

图 11-45　练习一

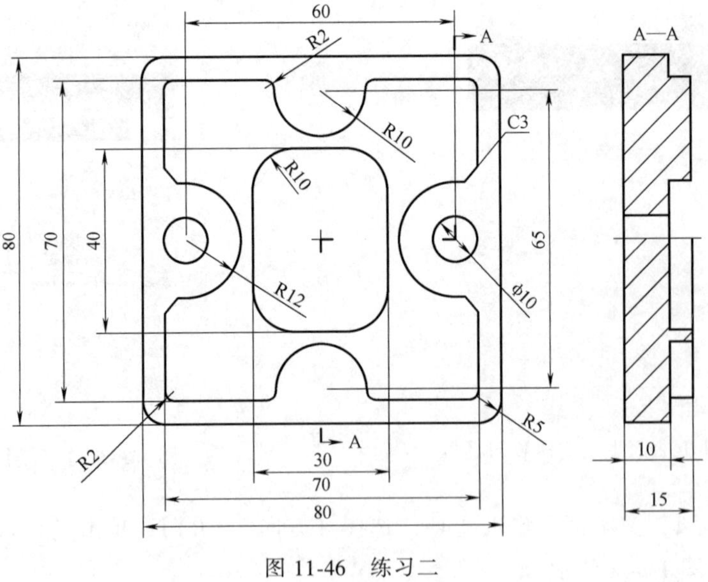

图 11-46　练习二

【检查与评价】

肥皂盒实体模型的绘制学生学习情况评价表

评价项目		具体评价内容	配分	自评	互评	教师评
项目完成的质量		项目按时保质完成，实体绘制正确	20			
知识与技能	举升实体应用	正确使用【举升】命令，确保数据准确	20			
	实体抽空应用	正确使用【抽壳】命令，确保数据准确	25			
	课后练习完成情况	熟练、正确完成课后练习	20			
学习过程	信息技能	通过系统的帮助功能及试操作，解决问题引导及知识拓展所提问题	5			
	创新	提出可行绘图实施方案，意识创新	5			
	合作	小组互动性好，主动提问并正确解决	5			
评语（优缺点与建议）：			合计			
			总评价（等级）			

注：评价等级与分数的关系是 85≤优≤100，70≤良≤84，55≤中≤69，40≤差≤54。

项目十二

创建特殊实体

【学习任务】

底座零件图如图 12-1 所示，请使用实体创建命令和实体修剪命令完成下图实体创建。按教师指定的路径，建立一个以自己学号为名称的文件夹，将画好的图形以“学号+项目十二”为文件名，保存在该文件夹内。

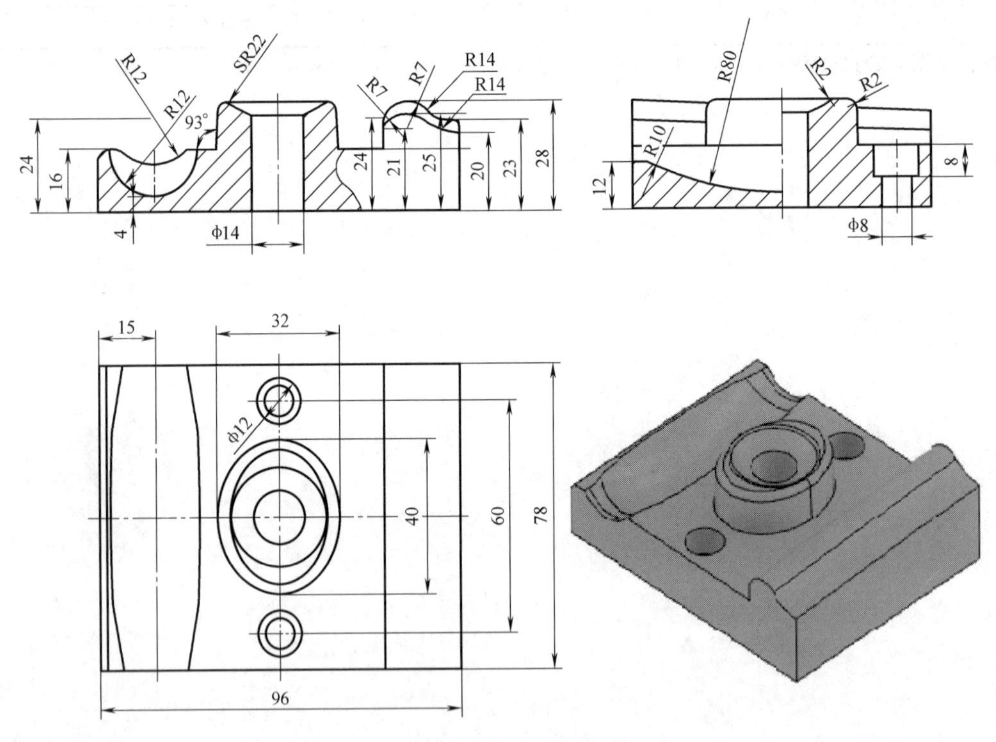

图 12-1　底座二维图

【学习目标】

1）熟练实体拉伸命令的使用。

2）熟练直纹曲面、扫描曲面命令的使用。

3）掌握实体裁剪命令的使用。

4）熟练实体倒角功能的使用。

【知识基础】

一、实体修剪

实体修剪是将指定的实体，按照指定的平面、曲面或薄片实体去剖切，获得所需的半边或分割为两部分实体的过程。实体修剪包括依照平面修剪和修剪到曲面/薄片两种。

1. 依照平面修剪

该功能可将实体按指定的平面进行修剪，指定的平面包含直线构成的平面、图素构成的平面和视图平面。

1）单击【实体】→【修剪】→【依照平面修剪】命令按钮，弹出【依照平面修剪】对话框，选择实体并单击【确认】，如图 12-2 所示。

2）选择是否是分割实体，指定分割平面，单击【确认】按钮完成操作。

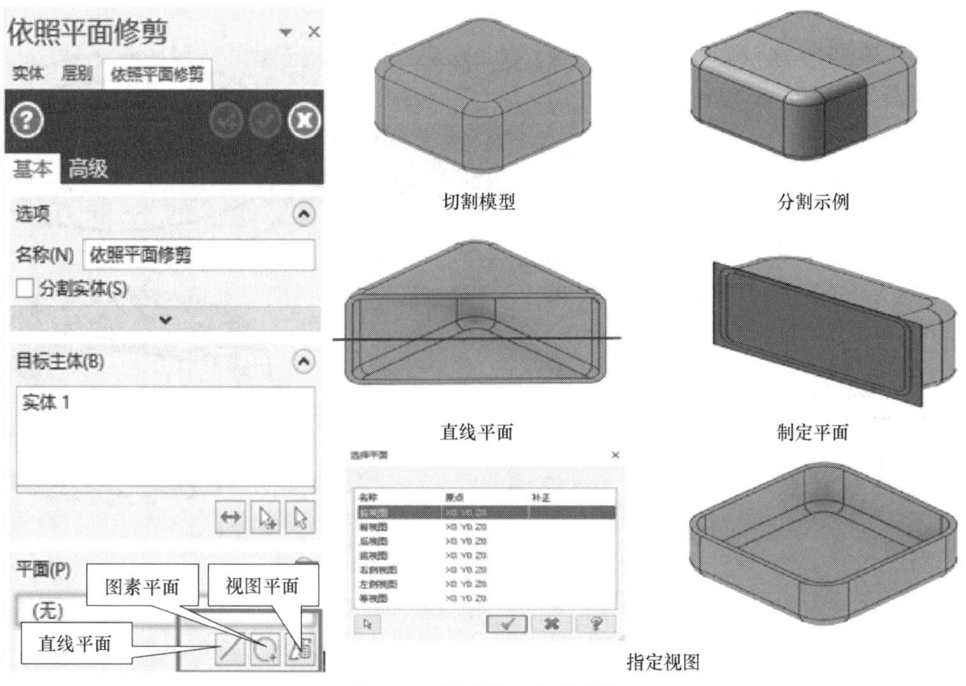

图 12-2　依照平面分割实体

2. 修剪到曲面/薄片

该功能可将实体按指定的曲面或薄片进行修剪。

1）单击【实体】→【修剪】→【修剪到曲面/薄片】命令按钮，弹出【修剪到曲面/薄片】对话框，选择修剪的实体，指定曲面或薄片，单击实体并单击【确认】按钮，如图 12-3 所示。

2）设置相关参数，单击【确认】按钮完成操作。

二、实体扫描

实体扫描是将封闭线框沿着某一路径扫描以创建一个或一个以上实体的过程，也可以是对已经存在的实体做切割或增加实体，其中封闭线框可以不止一个，但这些线框必须在同一

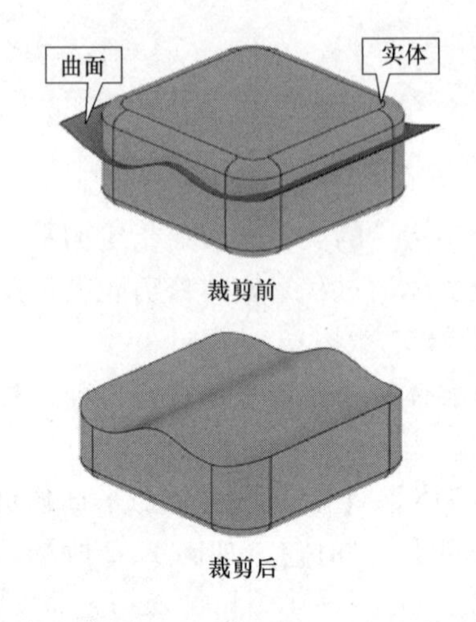

图 12-3 【修剪到曲面/薄片】对话框

个平面内才能同时进行扫描处理，断面和路径之间的角度从头到尾保持一致。

单击【实体】→【创建】→【扫描】命令按钮，选取扫描截面，再选取引导线，弹出【扫描】对话框，根据需要创建主体、切割主体或增加凸台即可，如图 12-4 所示。

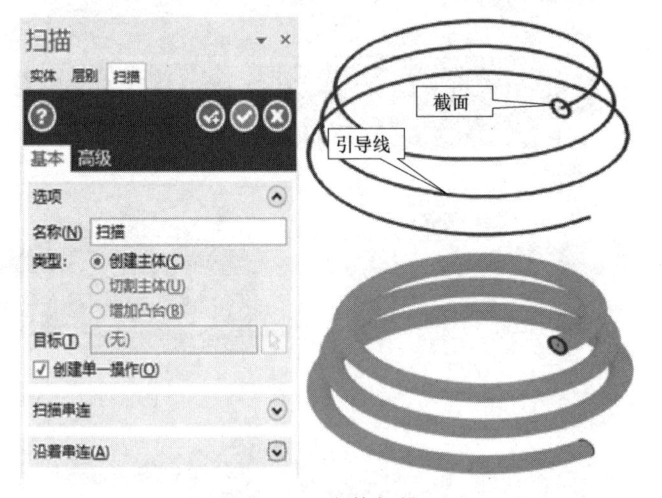

图 12-4 实体扫描

【计划与实施】

一、确定绘图方案

1. 问题引导

1）分析该实体基本图素。

2）分析该实体中心椭圆凸台的创建。

3）分析该实体两端曲面的绘制。

2. 工作任务

1）绘制草图曲线，用实体拉伸命令创建基座。

2）绘制椭圆线框，生成凸台。

3）使用实体扫描功能切出左端曲面特征。

4）使用实体修剪功能切出直纹曲面特征。

5）绘制各小孔。

6）进行实体倒角。

3. 绘图方案

绘图方案如图 12-5 所示。

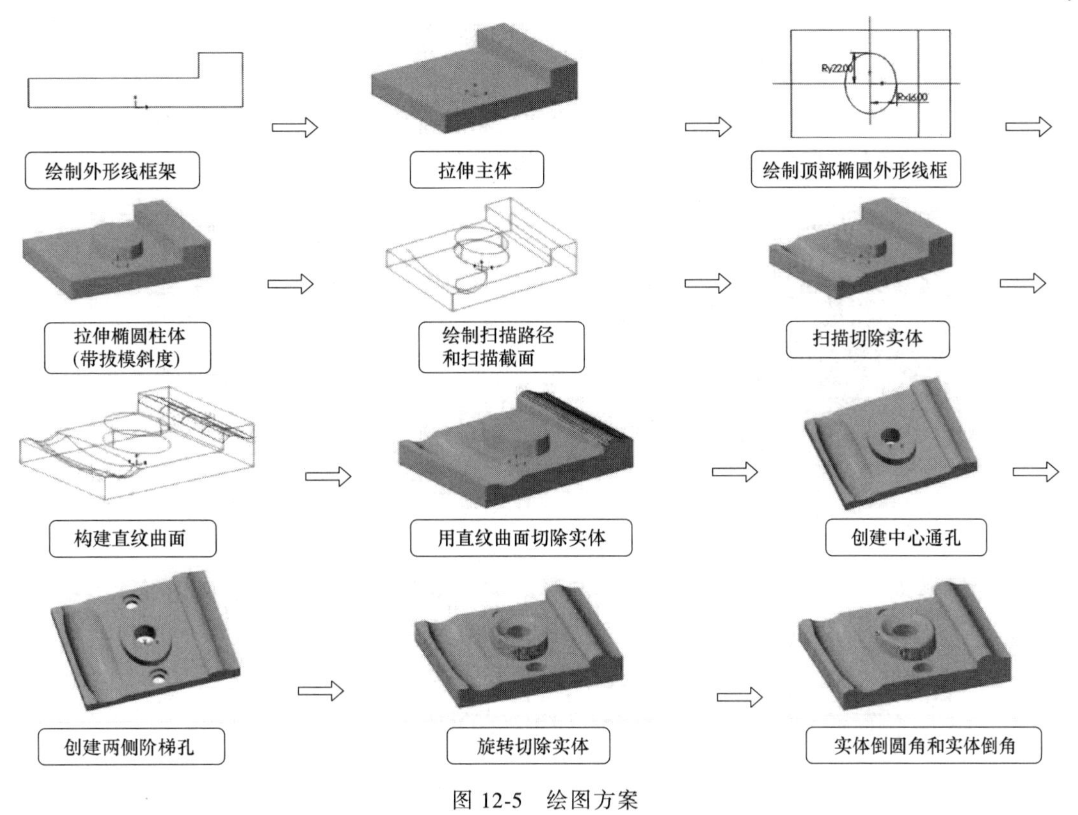

图 12-5　绘图方案

二、任务实施

1. 基座的绘制

1）根据零件图尺寸，使用草图绘制命令，完成基座线框绘制，如图 12-6 所示。

2）拉伸实体，单击【实体】→【创建】→【拉伸】命令按钮，选取基座线框，弹出【实体拉伸】对话框，参数设置如图 12-7 所示。选择【创建主体】，输入拉伸距离为“39”，两

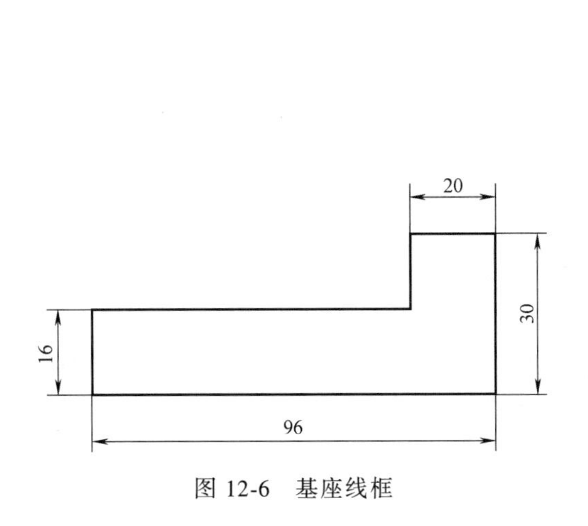

图 12-6　基座线框

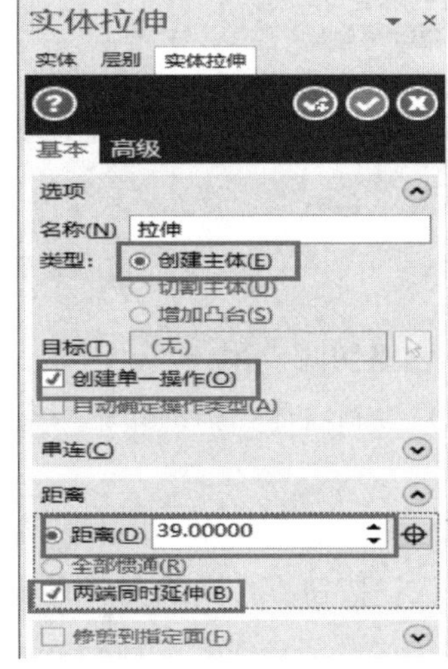

图 12-7　拉伸参数设置

边同时延伸，单击【确认】按钮完成操作，生成的实体如图 12-8 所示。

2. 拉伸顶部椭圆柱体

1）创建椭圆凸台线框草图，在基座上顶面中心绘制椭圆，椭圆长半轴为 20mm，短半轴为 16mm，Z 轴绘图高度设置为 16mm，结果如图 12-9 所示。

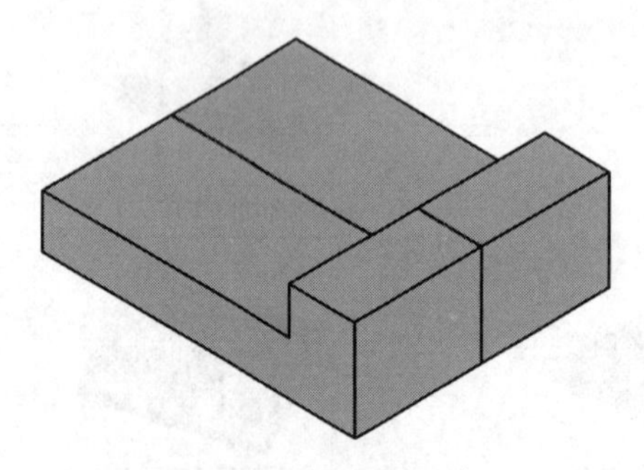

图 12-8　基座拉伸实体

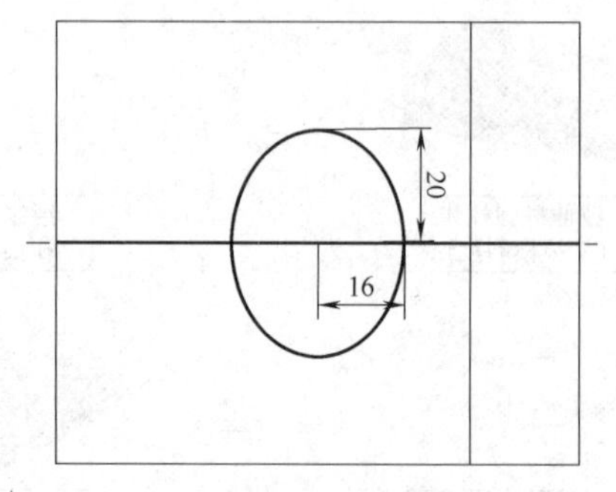

图 12-9　椭圆线框

2）拉伸实体（带拔模斜度）。单击【实体】→【创建】→【拉伸】命令按钮，选取椭圆线框，弹出【实体拉伸】对话框，参数设置如图 12-10 所示。在基本设置页面选择【增加凸台】，输入拉伸距离为“12”，方向向上；在高级设置页面点选【拔模】单选按钮，输入角度“3”，单击【确认】按钮完成操作，如图 12-11 所示。

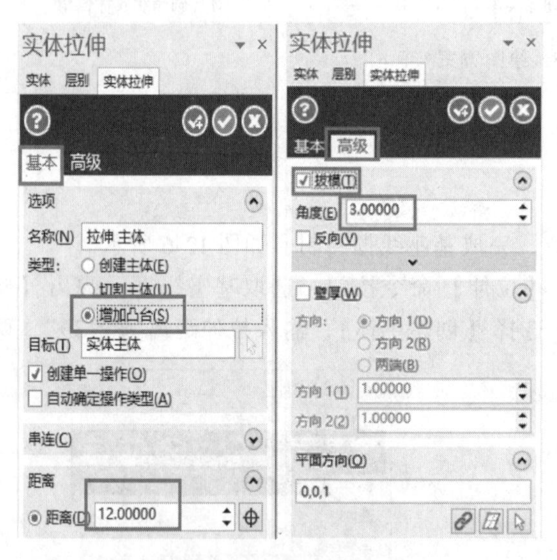

图 12-10　凸台参数设置

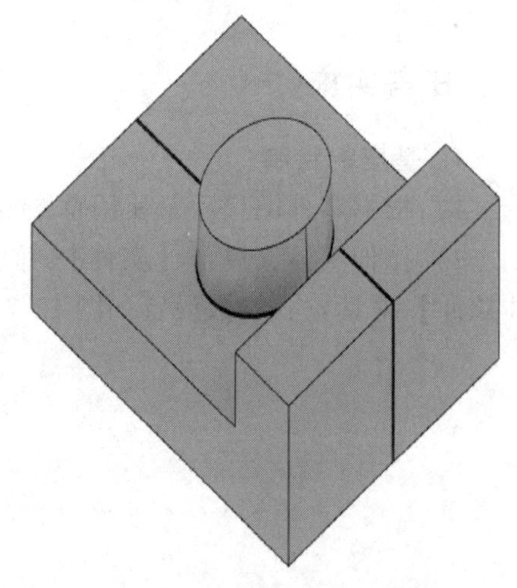

图 12-11　椭圆凸台拉伸

3. 扫描切除实体

（1）绘制实体扫描的路径与截面　使用草图绘制命令，绘制实体扫描路径，如图 12-12 所示。

（2）扫描切除实体　单击【实体】→【创建】→【扫描】命令按钮，选取扫描的截面并单击【确认】按钮，再选取扫描的路径并单击【确认】按钮，弹出【扫描】对话框；选择【切割主体】，参数设置如图 12-13 所示。单击【确认】按钮，切割结果如图 12-14 所示。

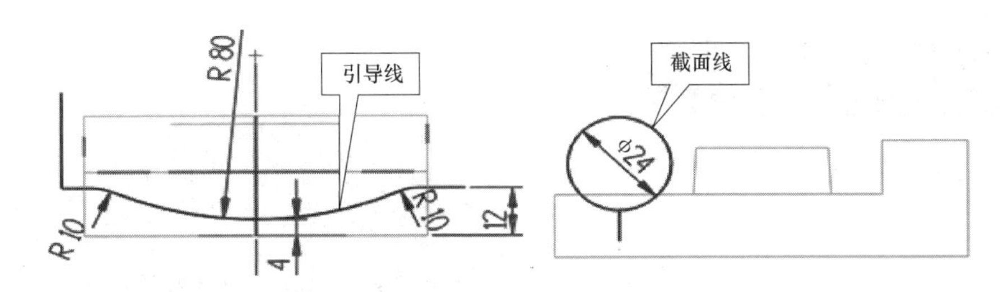

图 12-12　实体扫描的路径和截面

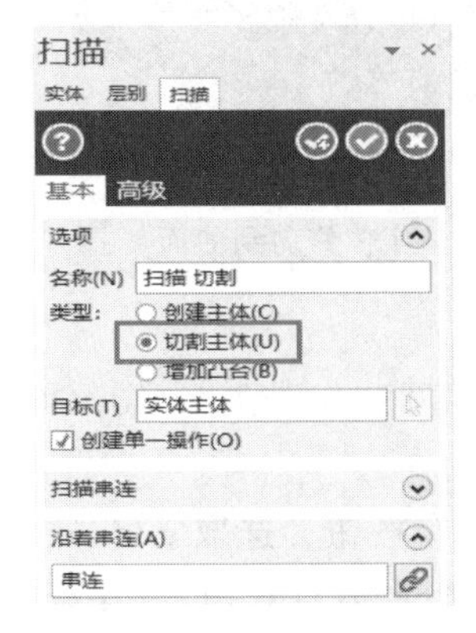

图 12-13　扫描参数设置

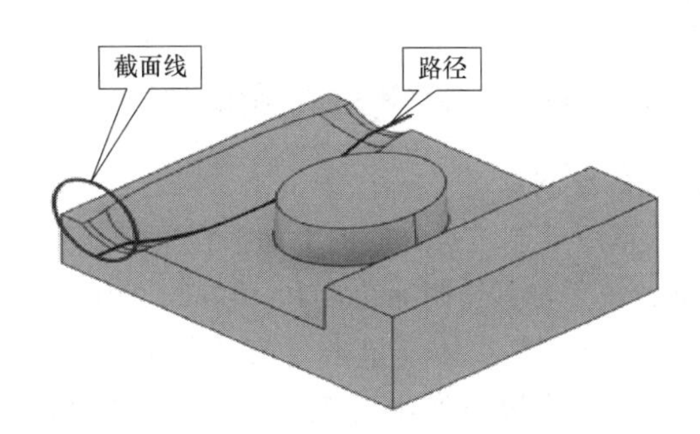

图 12-14　扫描切割实体结果

4. 直纹曲面切除实体

（1）直纹曲面线框的绘制　使用草图绘制命令，绘制出直纹曲面线框，如图 12-15 所示。

（2）直纹曲面的绘制　单击【曲面】→【创建】→【举升/直纹】命令按钮，选取图素，确定方向一致，单击【确认】按钮完成操作，生成的直纹曲面如图 12-16 所示。

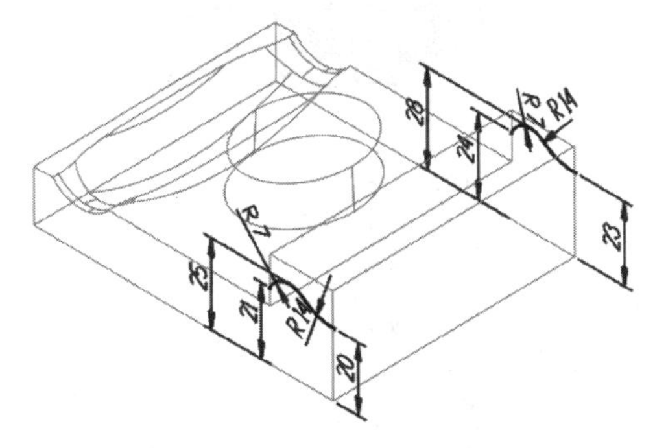

图 12-15　绘制直纹曲面线框

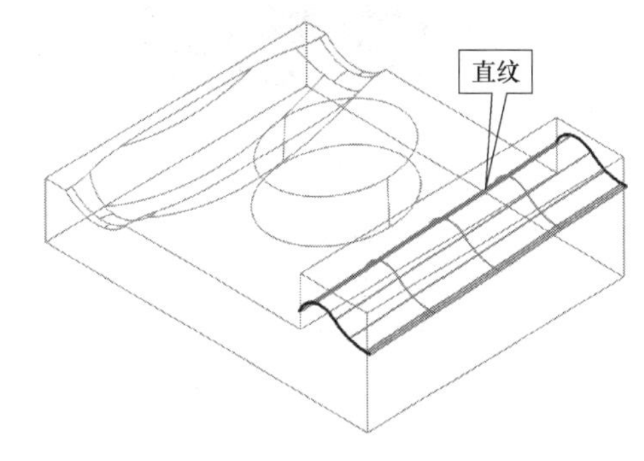

图 12-16　绘制直纹曲面

（3）直纹曲面切除实体　单击【实体】→【修剪】→【修剪到曲面/薄片】命令按钮，弹出【修剪到曲面/薄片】对话框，如图 12-17 所示。选择所要修剪的主体并确认，然后选择修剪到的曲面，单击【确认】选择完成。确定保留方向，其他选项默认，单击【确认】按钮，结果如图 12-18 所示。

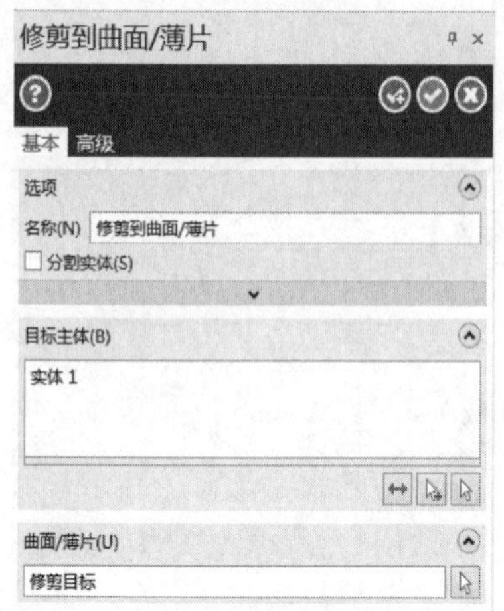

图 12-17 【修剪到曲面/薄片】对话框

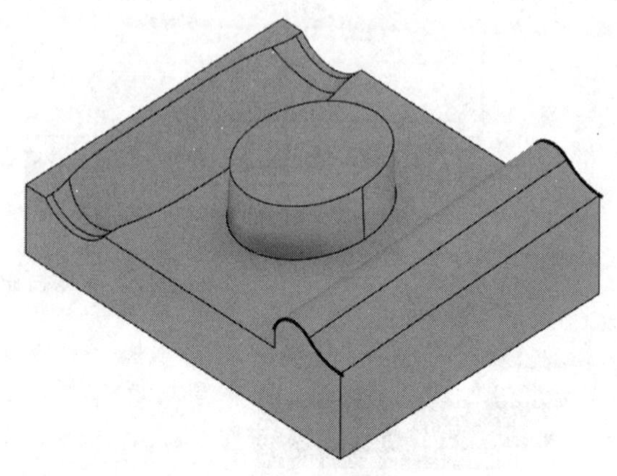

图 12-18 实体修剪到曲面

5. 孔的绘制

（1）草图绘制 选择绘图平面，在坐标原点绘制 ϕ14mm 的圆；分别在点（0，30，12）、（0，-30，12）位置绘制 ϕ8mm 和 ϕ12mm 的圆。

（2）拉伸切割实体 单击【实体】→【创建】→【拉伸】命令按钮，选取 ϕ14mm 的圆并单击【确认】按钮。弹出【实体拉伸】对话框，选择【切割主体（U）】、【全部贯通（R）】、【两端同时延伸（B）】，确认拉伸方向，其他参数默认，如图 12-19 所示。

以同样的操作方法，选取 ϕ8mm 的圆，在【实体拉伸】对话框中选择【切割主体】、【全部贯通】、【两端同时延伸】，确认拉伸方向，其他参数默认，如图 12-19 所示。

以同样的操作方法，选取 ϕ12mm 的圆，在【实体拉伸】对话框中选择【切割主体】，输入【距离（D）】为“8”，确认拉伸方向，其他参数默认，如图 12-20 所示。

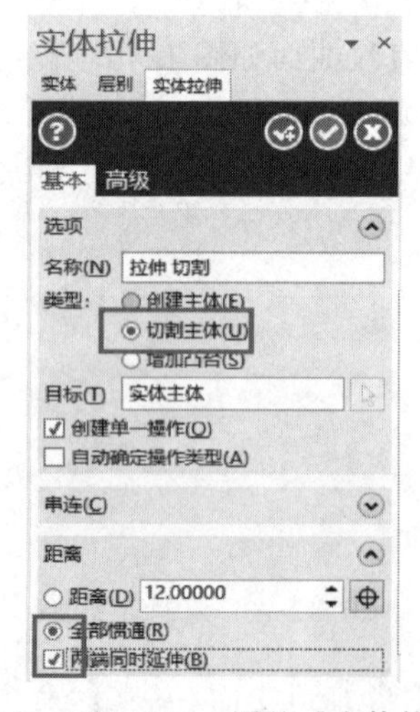

图 12-19 ϕ8mm 和 ϕ14mm 圆的【实体拉伸】对话框

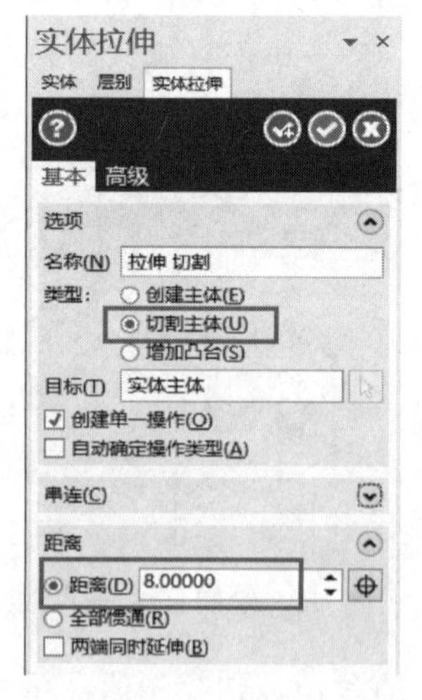

图 12-20 ϕ12mm 圆的【实体拉伸】对话框

6. 旋转实体切除凸台顶面

（1）绘制草图 使用草图绘制命令绘制旋转实体线框草图，如图 12-21 所示。

（2）旋转切割实体 单击【实体】→【创建】→【旋转】命令按钮，选择截面，再定义旋

转轴，单击【确认】完成选择，弹出【旋转实体】对话框，选择【切割主体】，设置起始角度为“0”，结束角度为“360”，其他参数默认，如图 12-22 所示。

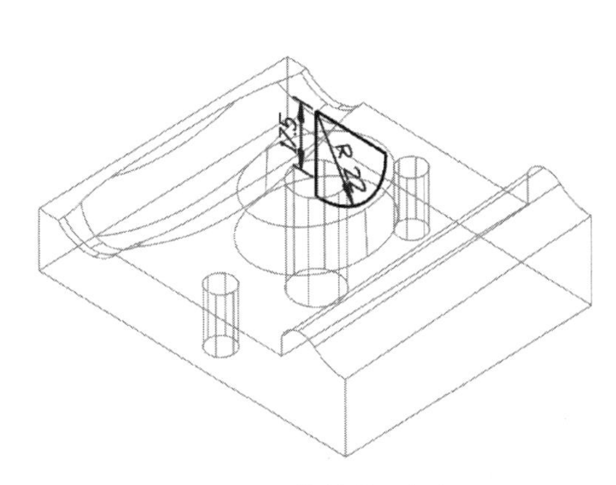

图 12-21　旋转草图框架

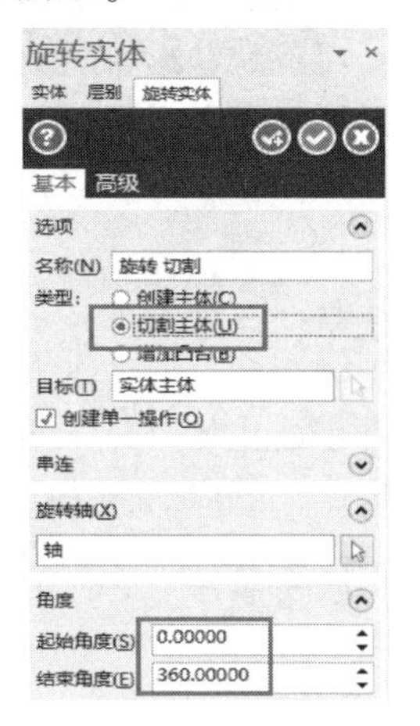

图 12-22　【旋转实体】对话框

单击【确认】按钮，完成切割操作，结果如图 12-23 所示。

7. 实体倒角和倒圆角

1）单击【实体】→【修剪】→【固定半径倒圆角】命令按钮，选取倒圆角对象，设置倒圆角半径为“2”，单击【确认】完成操作。

2）单击【实体】→【修剪】→【单一半径倒角】命令按钮，选取倒角对象，设置倒角距离为“2”，单击【确认】按钮完成操作。

底座实体绘制完成，如图 12-24 所示。

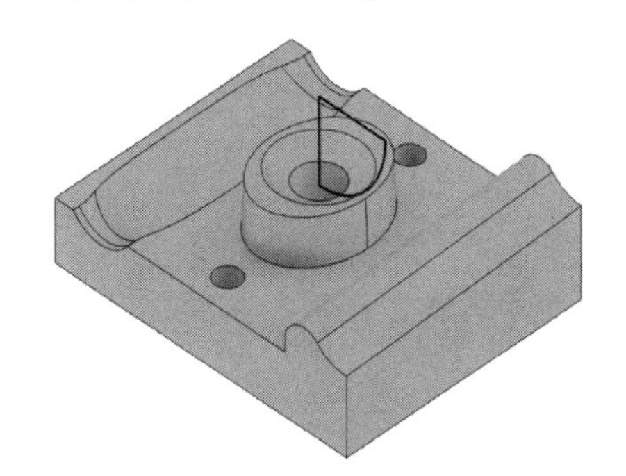

图 12-23　旋转切割实体结果

图 12-24　底座

【知识拓展】

一、修改实体特征

图 12-25 所示为【修改实体特征】对话框。

对话框中的功能说明：

创建主体（B）：用选择的特征创建一个新的独立主体，原始主体保持不变。

移除（R）：在实体特征中删除选择的实例。

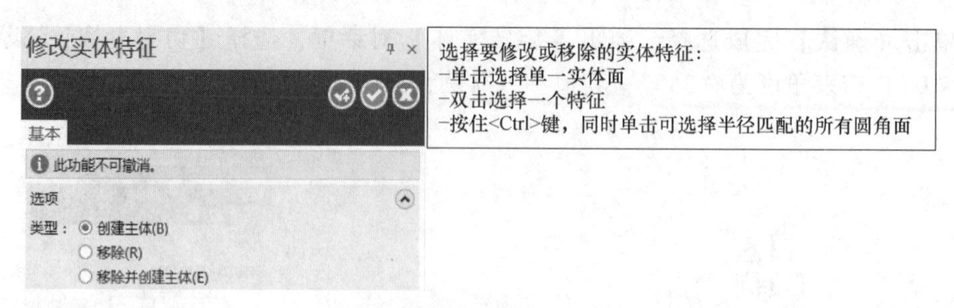

图 12-25 【修改实体特征】对话框

移除并创建主体（E）：移除选择的特征并创建一个新的匹配主体。如果选择特征区域，空隙将会被移除，重新填充实体。如果选择主体特征，主体将会被移除，并创建一个新的实体。

二、移除实体面

【移除实体面】命令可以将实体上指定的表面移除或保留，使其变为一个开口的薄壁实体，其中被移除面的实体可以是封闭的实体，也可以是薄片实体。图 12-26 所示为【移除实体面】对话框。

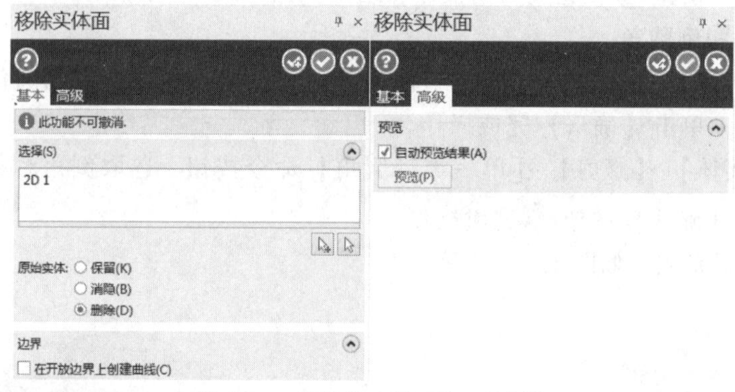

图 12-26 【移除实体面】对话框

对话框中的功能说明：

选择（S）：列出当前定义的实体操作图形，单击列表中的操作图形，其会在图形窗口高亮显示。

增加选择：返回到图形窗口选择其他图形或取消之前选择的图形。

全部重新选择：移除之前选择的全部图形，并返回图形窗口重新选择实体图形操作。

保留（K）：使用实体操作之后，保留最初选择的图形。

消隐（B）：执行实体操作后，使原始选择的图形隐藏。

删除（D）：在实体操作中删除最初选择的图形。

在开放边界上创建曲线（C）：执行实体操作之后，在残余的开放边界上创建曲线。

自动预览结果（A）：显示已修改过的实体。

预览（P）：查看已修改的实体。

【强化练习】

使用实体绘制命令创建图 12-27 和图 12-28 所示零件图对应的模型。

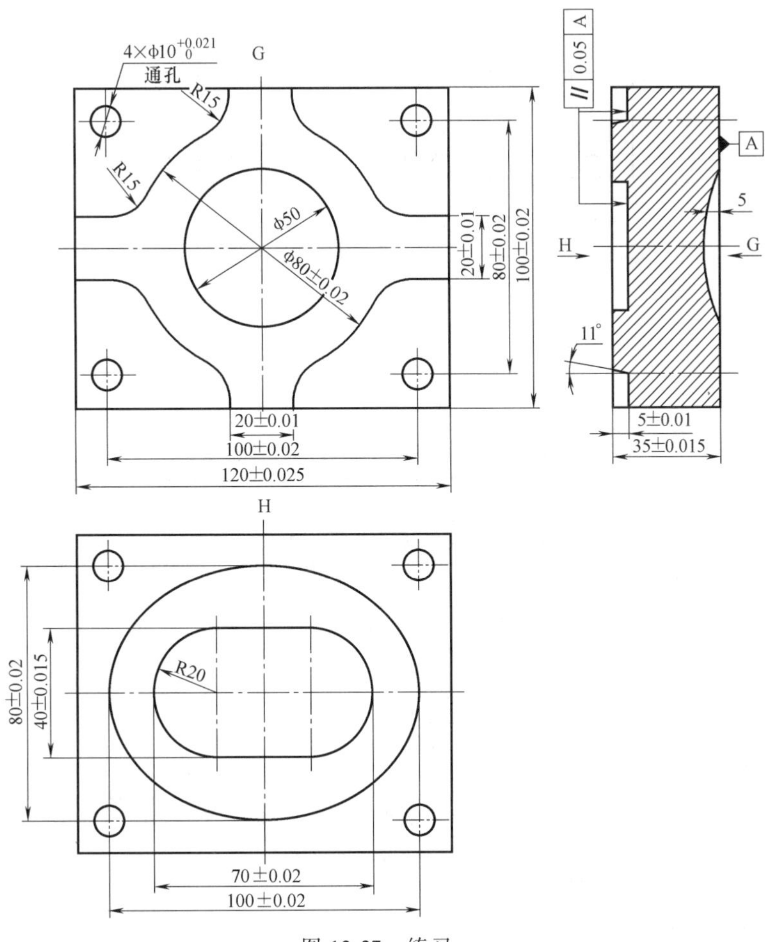

图 12-27　练习一

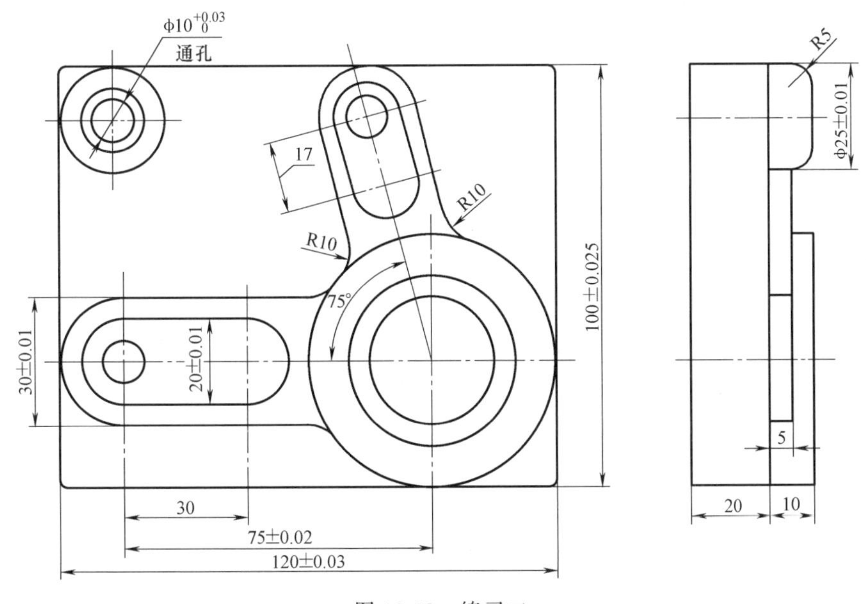

图 12-28　练习二

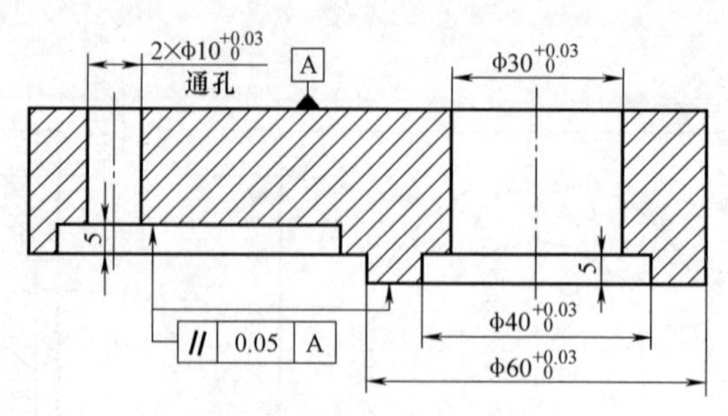

图 12-28　练习二（续）

【检查与评价】

特殊实体的绘制学生学习情况评价表

评价项目		具体评价内容	配分	自评	互评	教师评
项目完成的质量		项目按时保质完成，底座绘制正确	20			
知识与技能	扫描功能应用	正确使用【扫描】命令，确保数据准确	20			
	旋转功能应用	正确使用【旋转】命令，确保数据准确	25			
	课后练习完成情况	熟练、正确完成课后练习	20			
学习过程	信息技能	通过系统的帮助功能及试操作，解决问题引导及知识拓展所提问题	5			
	创新	提出可行绘图实施方案，具有创新意识	5			
	合作	小组互动性好，主动提问并正确解决	5			
评语（优缺点与建议）：			合计			
			总评价（等级）			

注：评价等级与分数的关系是 85≤优≤100，70≤良≤84，55≤中≤69，40≤差≤54。

项目十三

笔台底面的铣削

【学习任务】

笔台零件图如图 13-1 所示。本项目的主要任务是介绍文字绘制、面铣削命令、木雕刻命令和编辑程序，并对笔台底面进行刀路编辑和加工。请按教师指定的路径，建立一个以自己学号为名称的文件夹，并将编辑好的文件以“学号+项目十三”为文件名，保存在该文件夹内。

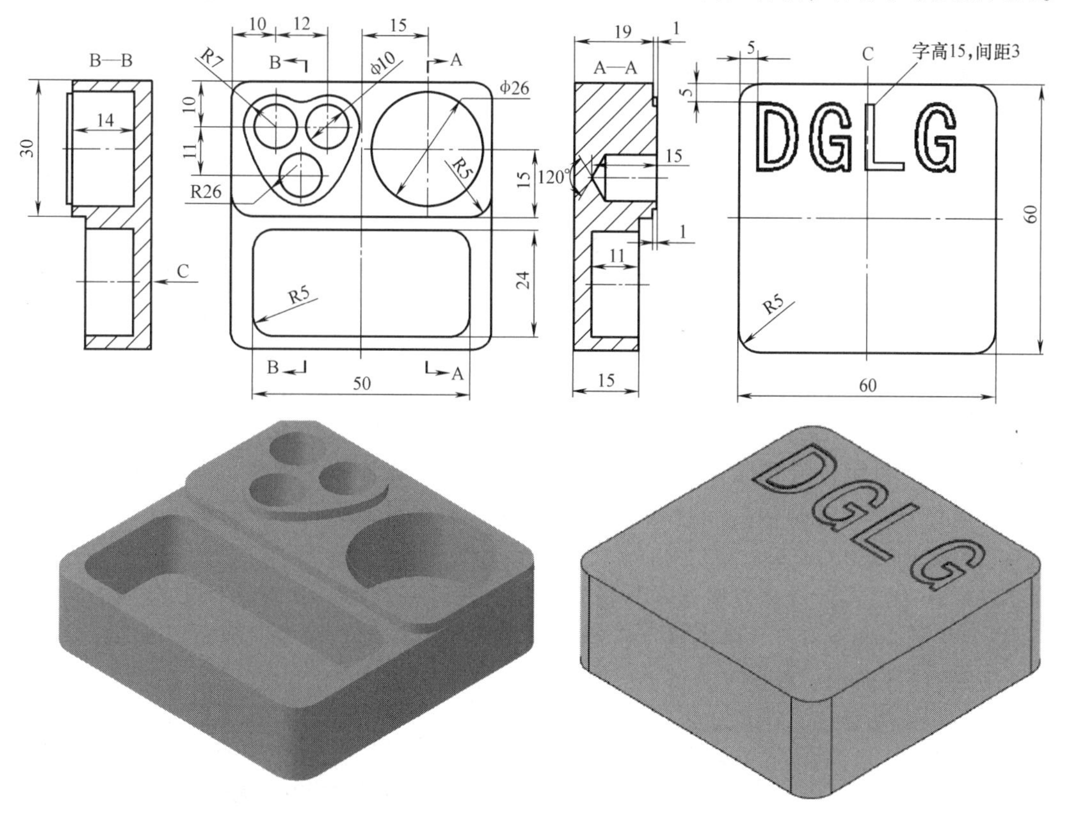

图 13-1　笔台零件图

【学习目标】

1）掌握文字绘制的方法。

2）学会平面铣削命令的设置。

3）学会雕刻命令的设置。

4）学会 CNC 机床的操作方法。

【知识基础】

一、文字的绘制

在 Mastercam 2019 系统中，提供了绘制文字的方法。文字主要用于产品的外观装饰、产品名称和生产标记等。

单击【草图】→【创建】→【文字】命令按钮，弹出【文字】对话框，如图 13-2 所示。用户可以根据制图需求设置字体样式、对齐方式和其他参数。

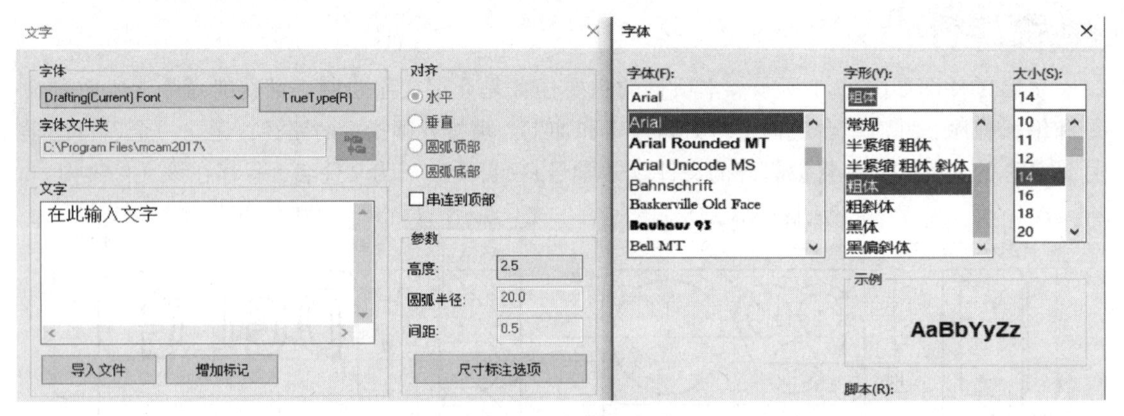

图 13-2 【文字】对话框

二、平面铣削参数设置

平面铣削主要应用于对平面的粗加工和精加工，常用的刀具有面铣刀、平底刀或圆鼻刀。平面铣削一般在选择在材料外部进刀和退刀，平面铣削要覆盖全面的加工区域。

1）单击【机床】→【铣床】→【默认】→【刀路】→【面铣】命令按钮，在弹出的对话框中设置 NC 名称并单击【确认】，选择加工对象线框，弹出【2D 刀路-平面铣削】对话框，如图 13-3 所示。

2）单击【刀具】→【从刀库选择】命令按钮，在【选择刀具】对话框中选择正确刀具，如图 13-4 所示。选择刀具并单击鼠标右键，选择【编辑刀具】命令，弹出【编辑刀具】对话框，如图 13-5 所示。根据工艺需要，合理设置刀具参数。

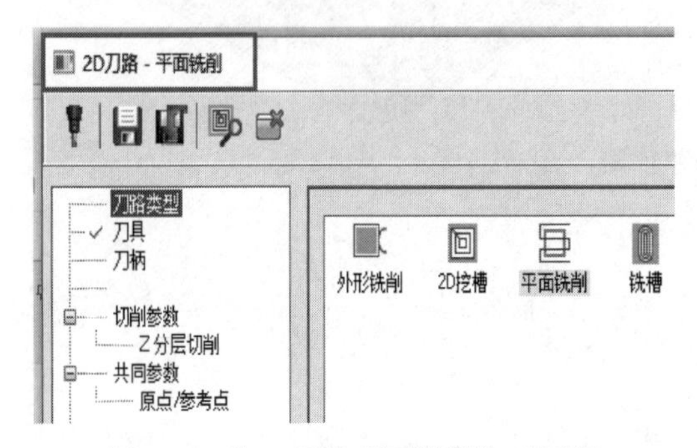

图 13-3 【2D 刀路-平面铣削】对话框

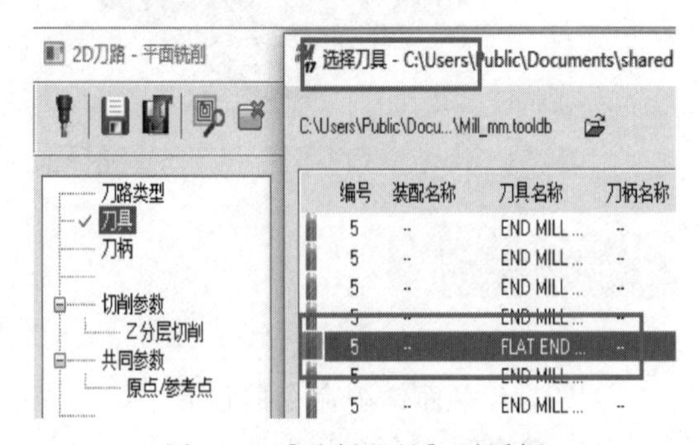

图 13-4 【选择刀具】对话框

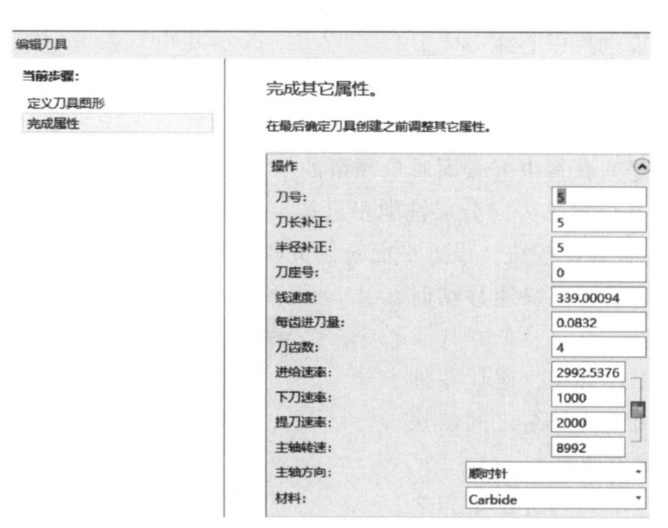

图 13-5　【编辑刀具】对话框

3）单击【切削参数】按钮，进入平面切削参数设置界面，如图 13-6 所示。设置切削参数主要是设置切削类型、校刀位置和底面预留量。

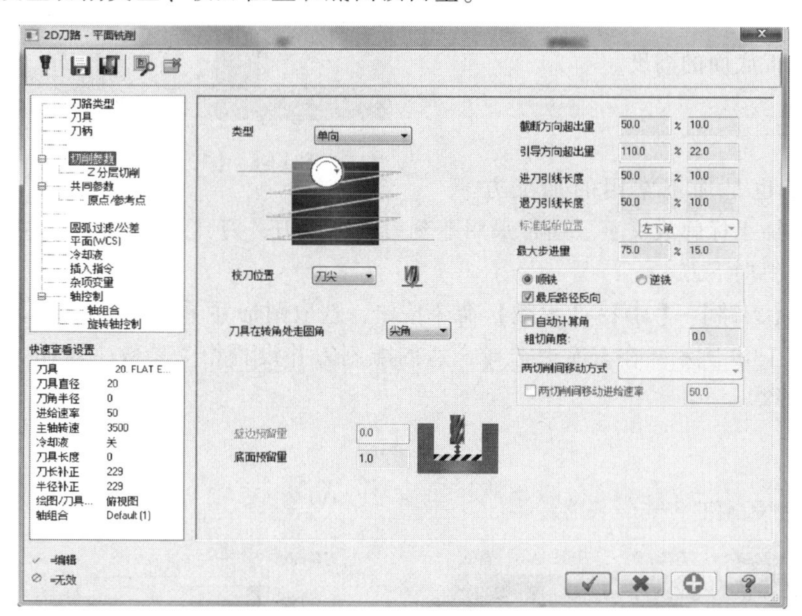

图 13-6　切削参数的设置

① 切削类型如图 13-7 所示，一般选择双向铣削方式。

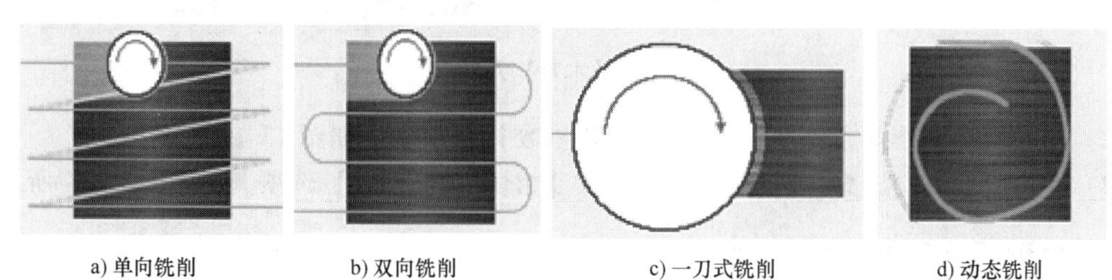

a) 单向铣削　　b) 双向铣削　　c) 一刀式铣削　　d) 动态铣削

图 13-7　平面铣削切削类型

② 校刀位置可以选择中心或刀尖。

中心：刀具中心补偿。

刀尖：刀尖补偿。

③ 底面预留量是为获得更好表面质量预留的精加工余量。

4）Z 分层切削，设置 Z 方向分层铣削步进量、精修次数、精修量和刀具提到方式。

5）单击【共同参数】按钮，设置平面铣削关联参数界面，如图 13-8 所示。

安全高度：刀具起、止快速移动时不会发生碰撞的高度。

参考高度：加工过程中，避让零件上凸台等的高度，用于两进给之间的快速移动的过渡，又称返回高度。

下刀位置：快速下刀与进给下刀之间的过渡高度，又称安全平面高度。

工件表面：工件实体表面高度，当毛坯上表面高于工件坐标表面时为正值。

深度：加工底面的高度。

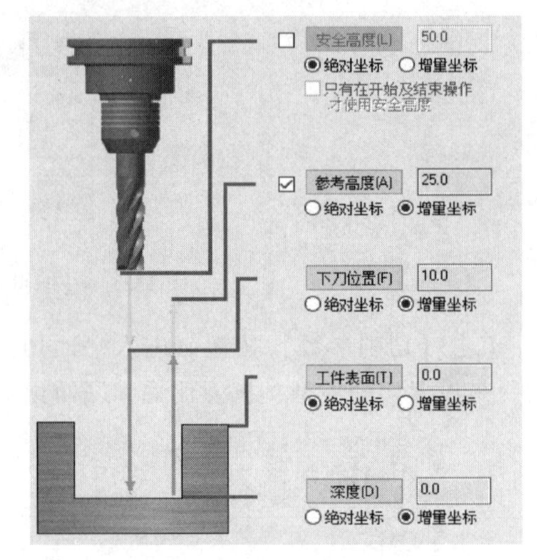

图 13-8 【共同参数】对话框

三、雕刻加工

雕刻加工也是加工常用的加工方法，一般用来加工标牌或文字。通常采用雕刻刀或锥度刀，刀具直径小，转速高，下刀时优先选用螺旋或斜向下刀。

1）单击【刀路】→【2D】→【木雕】命令按钮，选取图形并单击【确认】，弹出【木雕】对话框，如图 13-9 所示。在刀库中选择合适的雕刻刀并设置相关参数，操作方法与平面铣削刀具设置一致。

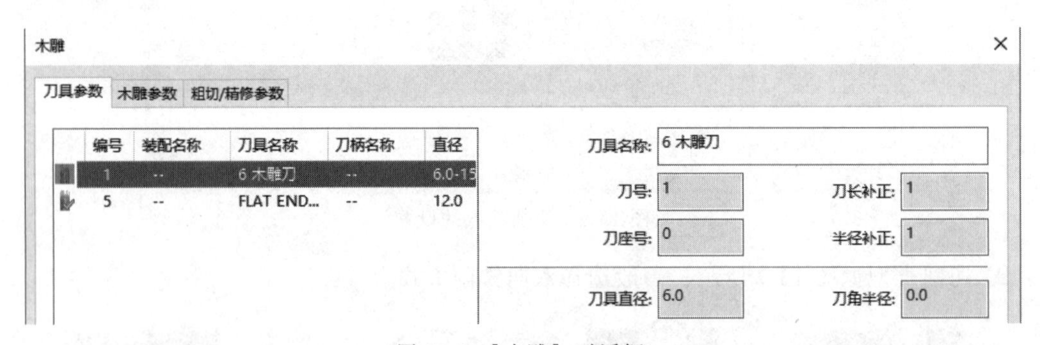

图 13-9 【木雕】对话框

2）单击【木雕参数】按钮，进入【木雕参数】选项卡，如图 13-10 所示。

3）单击【粗切/精修参数】选项卡，进入【粗切/精修参数】选项卡，如图 13-11 所示。

四、后处理与 NC 程序的输出

后处理可以将系统的刀路 * . NCI 转换成数控加工程序文件 * . NC。

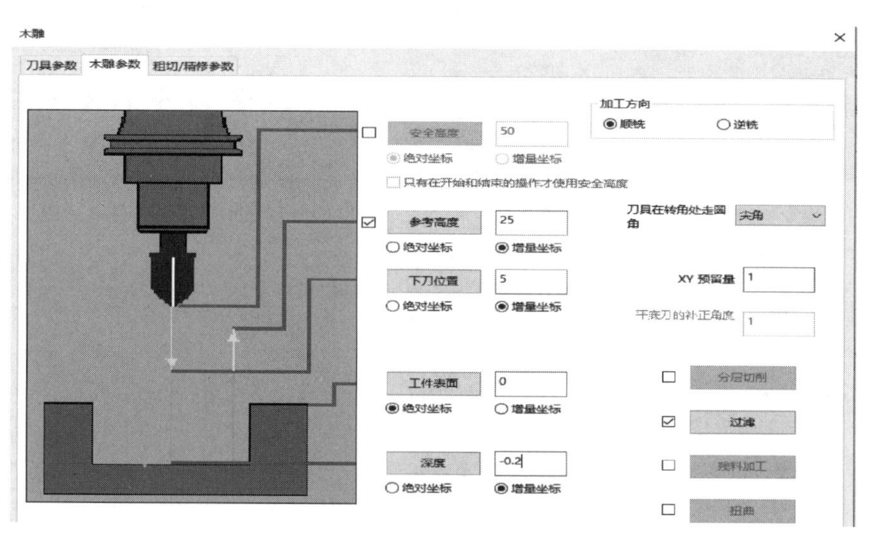

图 13-10　【木雕参数】选项卡

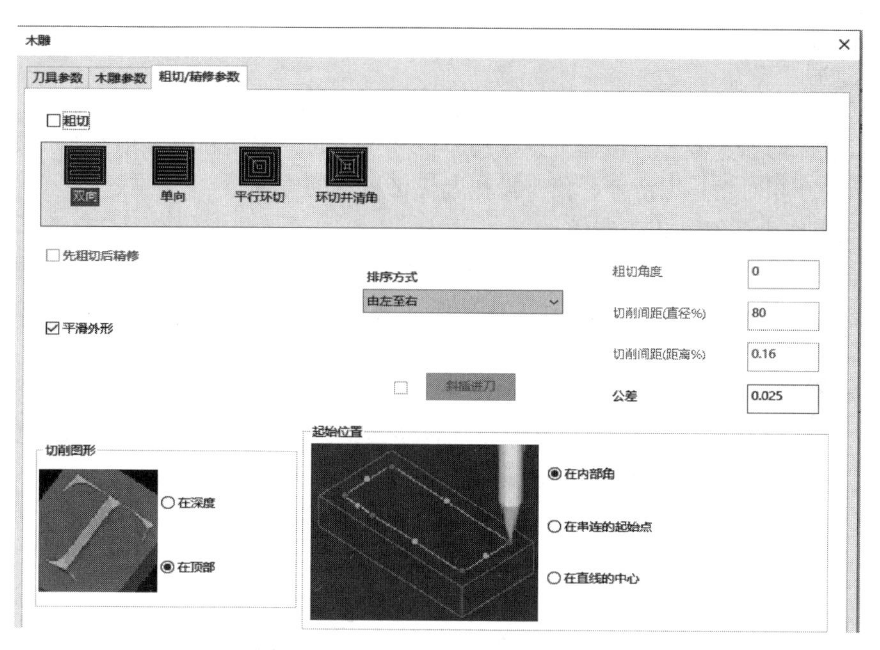

图 13-11　【粗切/精修参数】选项卡

1）单击【刀路】→【G1】命令按钮，弹出【后处理程序】对话框，如图 13-12 所示。

2）单击【确定】按钮 ✓，选择输出部分并保存。

3）生成 NC 程序，如图 13-13 所示。

五、CNC 加工

CNC 加工是将软件生成的程序传输到 CNC 中对材料进行加工的过程。具体操作步骤如下：

1. 归零

机床开机，松开急停按钮，首先选择 Z 轴先归零，然后再将 Y 轴和 X 轴归零，直至 X、Y、Z 三轴机械坐标显示为零。先将 Z 轴归零，可以避免刀具碰撞工作台上的原有零件。

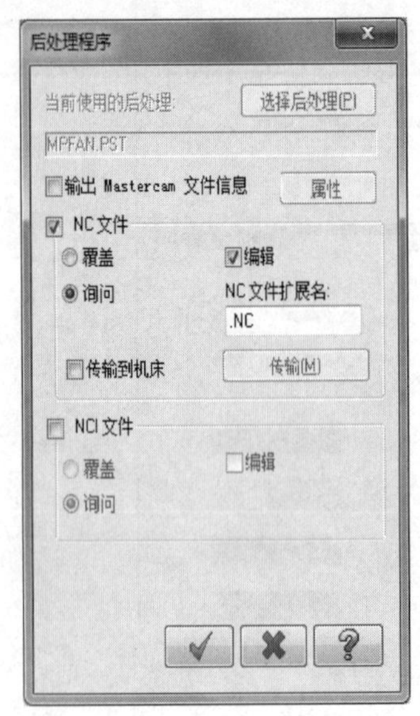

图 13-12 【后处理程序】对话框

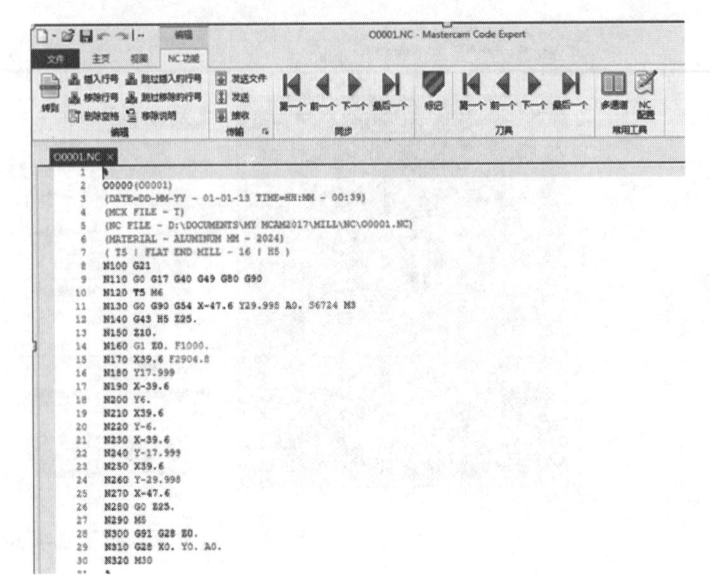

图 13-13 NC 程序对话框

2. 对零

为了将机床的加工零点与编程时设定的零件零点关联，需要在毛坯中找到加工编程时设定的零点，并在相对坐标中清零，便于操作者记忆该点的位置。

3. 设定工作坐标值（G54 坐标）

确定毛坯的零点后，该点 X、Y、Z 三轴机械坐标并不为零，而是有一组读数。将该组机械坐标输入到机床的 X、Y、Z 三轴工作坐标（如 G54 工作坐标）中，目的是让机床记住该零点的位置。

4. 传输程序

由于自动编程的 NC 程序较长，数控机床控制系统本身的内存有限，一般需要一个传输数据的程序，将计算机中的程序逐步输送到机床控制系统中。

程序传输结束，可在 CNC 控制系统中选择程序，启动加工。

【计划与实施】

一、确定加工方案

1. 问题引导

1）分析用什么方式来加工平面。

2）分析用什么方式来加工文字。

3）分析工件加工的流程。

2. 工作任务

1）绘制笔台底面图形。

2）绘制文字。

3）编制平面铣削刀路。

4）编制雕刻刀路。

5）模拟验证程序。

6）传输程序，并进行工件加工。

3. 加工方案

加工思路如图 13-14 所示。

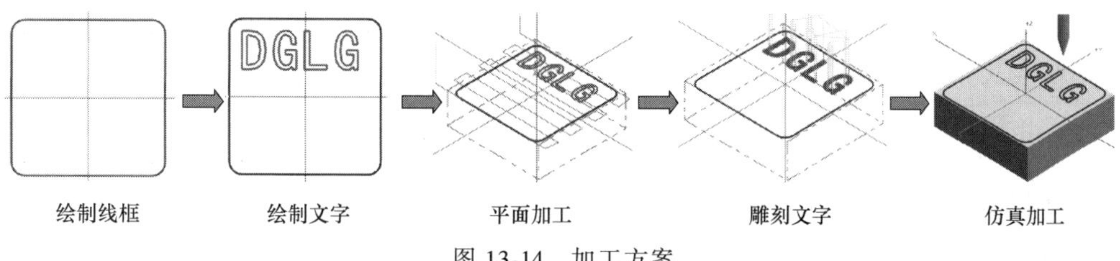

图 13-14　加工方案

二、实施任务

1. 笔台底面线框的绘制

1）单击【草图】→【形状】→【矩形】命令按钮，创建边长 60mm×60mm 的正方形。

2）单击【草图】→【修剪】→【倒圆角】命令按钮，对 4 个圆角进行倒角。

2. 文字的绘制

单击【草图】→【形状】→【文字】命令按钮，对文字格式进行设置，

字体：TRUETYPE（黑体）font

对齐：水平

参数：高度设为“15”，间距设为“3”

确定文字位置，结果如图 13-15 所示。

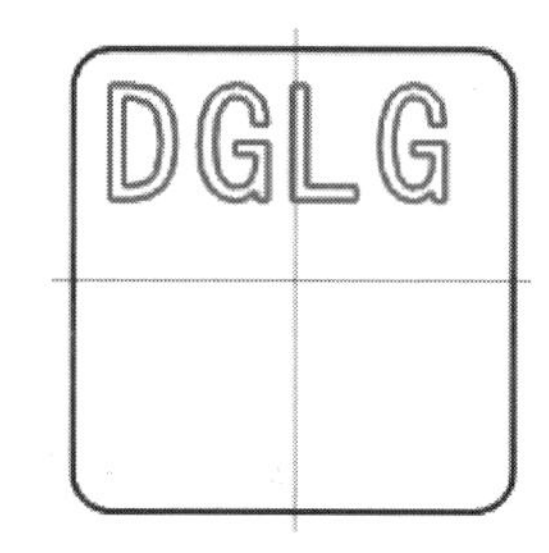

图 13-15　文字

3. 底平面的铣削

1）单击【机床】→【铣床】→【默认】命令按钮，弹出【刀路】命令。

2）单击【刀路】→【面铣】命令按钮，系统提示选取串连的外形，采用串连方式，选取底面边框，如图 13-16 所示。

图 13-16　串连外形

图 13-17　平底刀参数设置

3）单击【刀具】按钮，从刀库中选择 ϕ16mm 平铣刀，并设置刀具参数，如图 13-17 所示。

4）单击【切削参数】按钮，设置平面铣削的参数，设置切削类型为【双向】，底面预留为“0”，其他参数默认。

5）单击【共同参数】按钮，对平面铣削共同参数进行设置。把坐标系全部勾选为【绝对坐标】，工件表面设置为“0. 5”，深度设置为“0”，如图 13-18 所示。

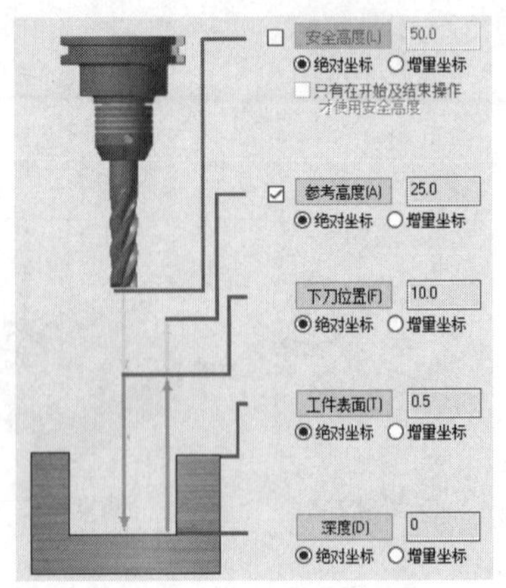

图 13-18 共同参数的设置

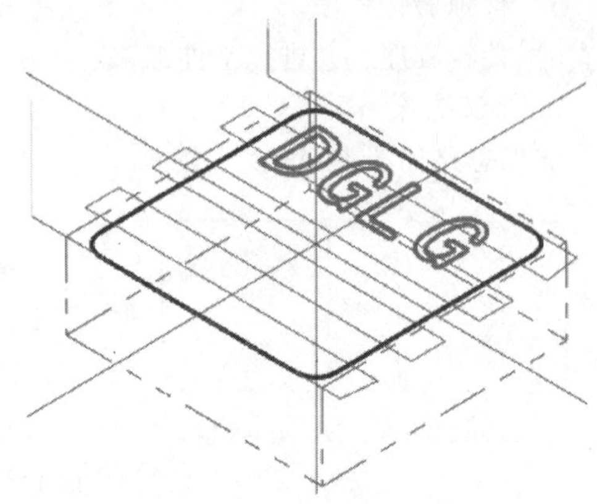

图 13-19 平面铣削刀路

6）单击【2D 刀路-平面铣削】对话框右下角的【确定】按钮 ，结束平面铣削参数设置，生产刀路，结果如图 13-19 所示。

4. 文字的雕刻

1）单击【刀路】→【木雕】命令按钮，系统提示选择串联外形，在绘图区采用区域选取方式选取雕刻轮廓线，如图 13-20 所示。单击【确定】按钮，结束选取。

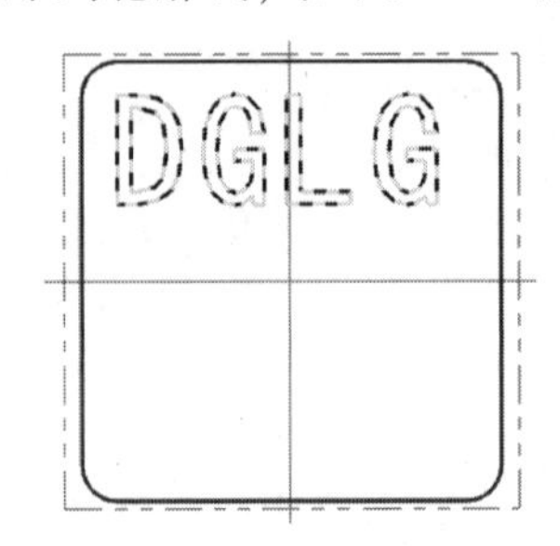

图 13-20 串选文字轮廓

图 13-21 切削参数设置

2）单击【刀具参数】选项卡，在刀库中选择木雕刀，设置刀具直径为“6”，刀角半径设为“0. 2”，角度设为“15”，其他选择默认。刀具切削参数设置如图 13-21 所示。

3）单击【木雕参数】选项卡，设置【深度】为“-0. 2”，【XY 预留量】为“0”，其他选项默认。

4）单击【粗切/精修参数】选项卡，点选【粗切】，选择【双向】走刀方式，点选【先粗切后精修】，选择【斜插进刀】，其他选择默认，如图 13-22 所示。

5）单击【木雕】对话框中的【确定】按钮，生城刀路如图 13-23 所示。

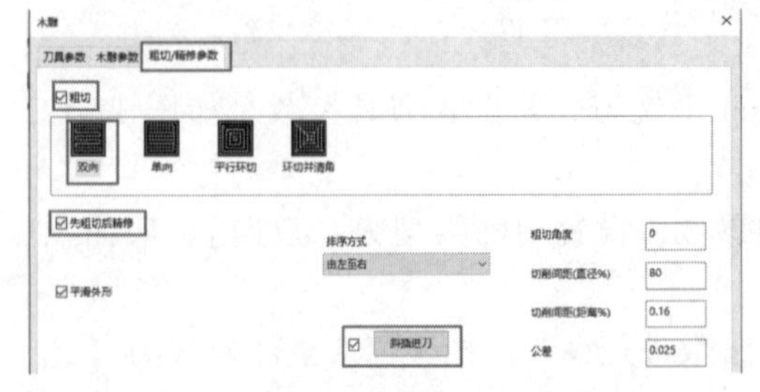

图 13-22 【粗切/精修参数】参数设置

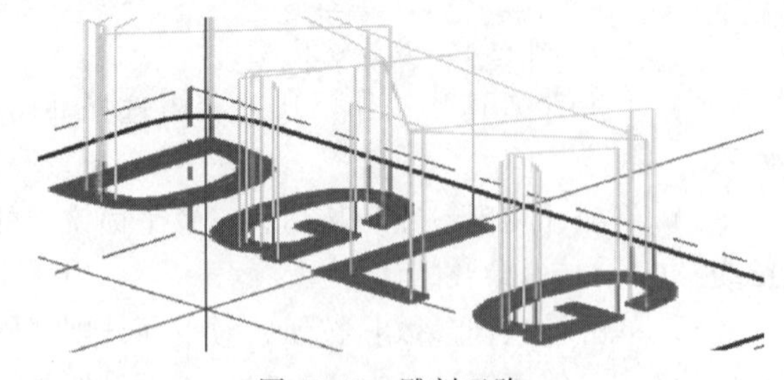

图 13-23 雕刻刀路

5. 模拟验证

1）设置毛坯，单击【刀路】→【机床组群】→【毛坯设置】命令按钮，设置毛坯参数。设置【形状】为【立方体】，X 设为“65”，Y 设为“65”，Z 设为“21”，毛坯原点 Z 坐标设为“1”，如图 13-24 所示。

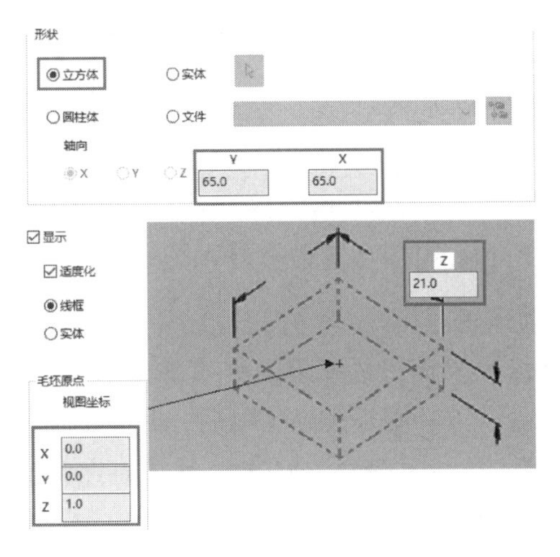

图 13-24　毛坯设置

图 13-25　模拟验证

2）在操作管理器中单击按钮，选择所有的加工程序，单击按钮，系统弹出【实体模拟】对话框，单击按钮，完成实体模拟加工，结果如图 13-25 所示。

6. 程序后处理

1）选择平面铣削刀路，生成程序并编辑。

2）选择木雕刻刀路，生成程序并编辑。

7. CNC 机床加工

（1）选择机床　选择配备发那科系统（FANUC 0i M）的数控机床。其控制面板如图 13-26 所示。

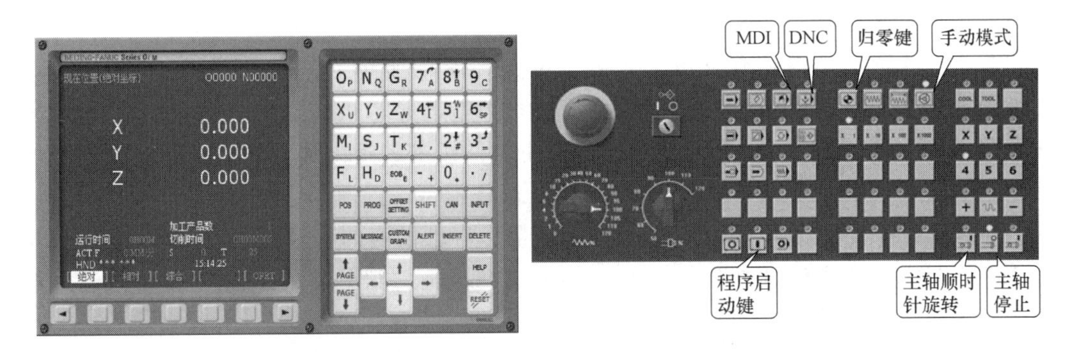

图 13-26　发那科系统（FANUC 0i M）控制面板

（2）备料和装夹　根据工序卡，选择尺寸为 60mm×60mm×20mm 的毛坯，将工件毛坯装夹在机用平口钳上。

（3）刀具的准备　准备一把 ϕ16mm 的平底刀和一把 ϕ6mm 的雕刻刀。

（4）机床操作　起动空气压缩机，检查润滑液压泵、油路等是否正常；接通电源，打开加工中心机床后面的总开关，按下机床电源开关，该键灯亮；松开红色急停开关；打开输送数据的计算机。

1）归零。按下归零键，即选择归零模式为【REF】。按下 Z 轴键，选择 Z 轴先归零，按下运行键，Z 轴归零。以同样的方法将 Y 轴和 X 轴归零。三轴归零后，X、Y、Z 三轴机械坐标显示为零，指示灯由闪烁变为亮灯。

2）分中对零。

启动主轴：按下 MDI 键，选择面板输入模式【MDI】，按程序键【PRGRA】。在操作面板中输入“S600 M03;”，按程序启动键，启动主轴。

X 轴分中：按下坐标键<POS>，转到【相对坐标】界面，选择手动模式【HND】，操作手动轮，在坯料的左边，降下主轴，向左移动工作台，刀具刚好碰到坯料后，升高主轴，按下数控操作面板中的 X_U 键，按清零键<起源（ORIGIN）>，X 轴坐标清零。然后对坯料的右边进行对刀，刀具刚好碰到坯料后，抬高主轴，将此时的 X 轴坐标值除以 2 得到一个新值，并操作手轮，将 X 轴移到该数值对应位置，按下数控操作面板中的 X_U 键，按清零键【起源（ORIGIN）】，X 轴坐标清零。这样就完成了坯料 X 轴方向分中，找到了 X 轴方向的零点。

Y 轴分中：Y 轴分中的方法与 X 轴的相同。

Z 轴对零：将刀具向下移动，碰到坯料顶面最低点时，停止移动主轴（也可以通过在坯料的顶面走“十”字的办法找到最低点），将光标移到 Z 轴坐标位置，按下数控操作面板中的 Z_W 键，按清零键【起源（ORIGIN）】，Z 轴坐标清零。

此时相对坐标中 X、Y、Z 三轴的坐标值显示皆为 0，表示刀尖位置处于毛坯的零点位置。

3）设定 G54 工作坐标值。按显示屏幕下的<综合>坐标软键，显示 3 个坐标系，记录此时的机械坐标系中 X、Y、Z 的坐标值。

按坐标设置菜单键，显示工作坐标系设定画面，按光标键<↓>，将光标移动到 G54 工作坐标中，将已记录的相应机械坐标系中 X、Y、Z 的坐标值，输入到 G54 工作坐标中。这样就设定好了 G54 工作坐标。按坐标显示键<POS>，显示机械坐标，逐一检查坐标输入是否正确。按下复位键，绝对坐标清零。提高主轴并按主轴停止键，主轴停止旋转，完成设定 G54 工作坐标值的操作。

为了保证顶平面加工后有 0.5mm 的加工余量，将已设定的 G54 坐标中的 Z 轴坐标再下降 0.5mm，即直接将 G54 坐标中的 Z 轴坐标值减 0.5mm，得到新的 G54 坐标。注意：Z 轴坐标值为负值，计算时是加上“-0.5”。

4）准备数据输出。按下<DNC>键，即选择数据传输模式为 DNC，按程序启动键，此时显示界面的右下角出现闪烁的【标头】，将快速移动键调至 25%，进给率键调至零，关好机床门。

5）传输数据。在计算机打开传输软件，选择【SEND】选项，输入要运行的 NC 程序名

称为“O0001. NC”，按<Enter>键确认，可以开始加工。

6）平面铣削加工。显示界面右下角的【标头】停止闪烁，表示数据已传输到机床面板中。用手握住程序进给档旋钮，并慢慢调动该旋钮，这时机床开始自动运行。注意观察其运行是否正常，特别注意下刀位置，如发现问题，立即按进给停止键；如运行正常，可逐渐调高程序进给速度，调至100%，快速移动进给率旋钮可调到50%，使机床自动执行第一个程序。

执行完第1个加工程序后，机床报警（提示程序完成）。按<RESET>复位键取消报警。观察并检验加工的结果是否有问题。若顶平面没有完全加工完毕，则需要降低零点的高度，重新加工。

7）雕刻加工。雕刻加工操作与平面铣削操作方法一致。

8）加工结束。待工件加工结束后，注意检查工件尺寸是否符合图样要求，还要做好机床的清洁保养工作，并按照开机的反顺序关闭数控铣床。

【知识拓展】

一、系统编程的一般流程和工作原理

Mastercam 2019系统编程所追求的目标是如何更有效地获得符合各种工件加工要求的高质量的加工程序。以便更充分地发挥数控机床的性能，获得更高的加工质量和加工效率。其目标是要生成CNC控制器可以解读的数控加工程序（NC代码）。NC代码生成的三个步骤如下：

1）计算机辅助设计（CAD）成数控加工中工件的几何模型。

2）计算机辅助制造（CAM），生成一种通用的刀路数据文件（NCI文件）。该文件还包含有加工中的进刀量、主轴转速、冷却控制等指令。

3）后置处理（POST）将NCI文件转换为CNC控制器可以解读的NC代码。

具体的编程步骤如下：

1）根据数控加工工艺要求，确定装夹方法、一次装夹所能完成的加工内容、所需刀具数量和刀具种类。

2）利用编程软件的CAD功能绘制零件加工用的图样。

3）设置加工零件毛坯尺寸、对刀点和刀具原点位置。

4）设置刀具参数和零件材料。

5）设置不同加工种类的特性参数。

6）生成刀路并做适当修改。

7）模拟刀路。

8）后处理（Post）生成刀路文件（NCI）文件及加工程序（NC代码）。

9）根据不同的数控系统对NC代码做适当修改。

10）将正确的NC代码传送到数控系统。

在CAD/CAM软件系统的后处理程序中完成数控加工的代码后，需将加工代码传输到数控机床，目前已广泛采用RS-232串行通信方式或DNC网络通信方式进行程序输入。对于较

长的NC代码，大部分CNC系统的内存都很难将其容下，此时使用DNC功能便可以进行边传送边加工。对支持DNC传输加工的数控机床，可将数控机床设置为DNC连续加工模式，然后按下启动键即可开始边接受程序边进行加工。

二、数控加工工艺确定

数控加工工艺是采用数控机床加工工件时所运用的方法和技术手段的总和，在程序编制工作之前，必须确定加工工艺方案。加工工艺的好坏直接影响工件的加工质量和机床的加工效率。

1. 数控加工工艺

数控加工工艺主要包括：

1）选择适合在数控机床上加工的工件。

2）分析图样，明确加工内容及技术要求，制定加工工艺路线。

3）选定工件的定位基准，确定夹具、辅具、切削用量和加工余量等。

4）选取对刀点和换刀点，确定刀具补偿和加工线路。

5）试加工，处理现场出现的问题。

6）加工工艺文件的定型和归档。

2. 加工方案设计的原则

在数控编程之前，应了解所用数控机床的规格、性能、数控系统所具备的功能及编程指令格式等。根据零件形状尺寸及其技术要求，分析零件的加工工艺，选定合适的机床、刀具与夹具，确定合理的零件加工工艺路线、工步顺序以及切削用量等工艺参数。

1）确定加工方案，应考虑数控机床使用的合理性及经济性，并充分发挥数控机床的功能。

2）工具、夹具的设计和选择应特别注意，要迅速完成工件的定位和夹紧过程，以减少辅助时间。使用组合夹具的生产准备周期短，夹具零件可以反复使用，经济效果好。此外，所用夹具应便于安装，便于协调工件和机床坐标系之间的尺寸关系。

3）选择合理的走刀路线。它对于数控加工是很重要的。应考虑以下几个方面：

① 尽量缩短走刀路线，减少空走刀行程，提高生产效率。

② 合理选取起刀点、切入点和切入方式，保证切入过程平稳，没有冲击。

③ 保证加工零件的精度和表面粗糙度值的要求。

④ 保证加工过程的安全性，避免刀具与非加工面的干涉。

⑤ 有利于简化数值计算，减少程序段数目和编制程序的工作量。

4）选择合理的刀具。根据工件材料的性能、机床的加工能力、加工工序的类型、切削用量以及其他与加工有关的因素来选择刀具，包括刀具的结构类型、材料牌号和几何参数。

【强化练习】

绘制象形文字“京”字。如图13-27所示，P1～P9为各定位圆的名称，L1～L7为各直线的名称，A1～A4为各切弧的名称，未注圆弧半径为1mm，用雕刻刀路生成程序。

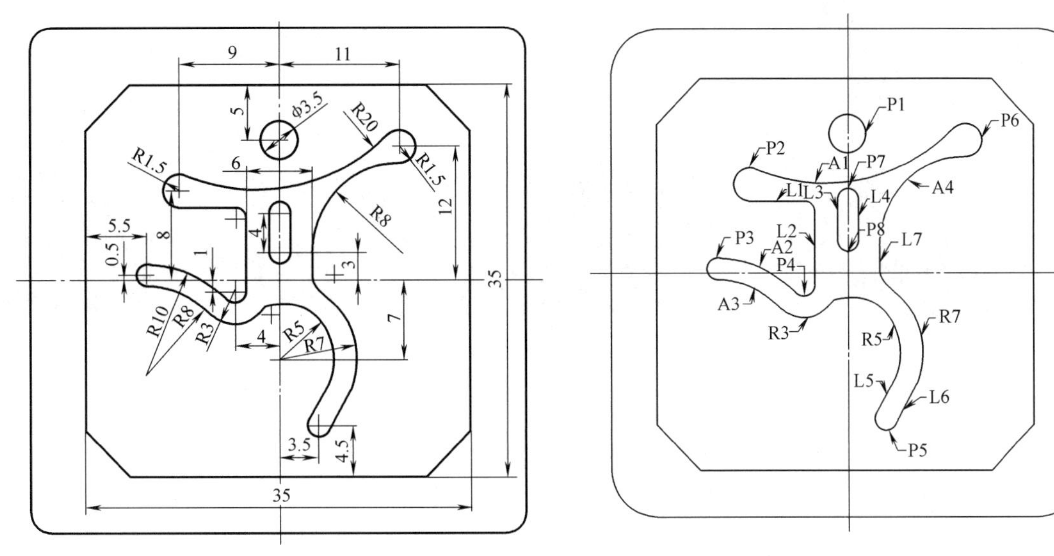

图 13-27　练习

【检查与评价】

笔台底面的铣削学生学习情况评价表

评价项目		具体评价内容	配分	自评	互评	教师评
项目完成的质量		项目按时保质完成，图形绘制正确	15			
知识与技能	笔台底面刀路应用	正确设置平面铣刀路	15			
	文字雕刻刀路应用	正确设置雕刻刀路	20			
	工件加工	规范使用加工设备，工件尺寸合格	20			
	课后练习完成情况	熟练、正确完成课后练习	15			
学习过程	信息技能	通过系统的帮助功能及试操作，解决问题引导及知识拓展所提问题	5			
	创新	提出更好的加工方案，具有创新意识	5			
	合作	小组互动性好，主动提问并正确解决	5			
评语（优缺点与建议）：			合计			
			总评价（等级）			

注：评价等级与分数的关系是 85≤优≤100，70≤良≤84，55≤中≤69，40≤差≤54。

项目十四

笔台外形的铣削

【学习任务】

笔台零件图如图 14-1 所示。本项目主要介绍外形铣削命令和程序编辑，并使用外形铣削命令对笔台外形进行刀路编辑和加工。请按教师指定的路径，建立一个以自己学号为名称的文件夹，并将编辑好的文件以“学号+项目十四”为文件名，保存在该文件夹内。

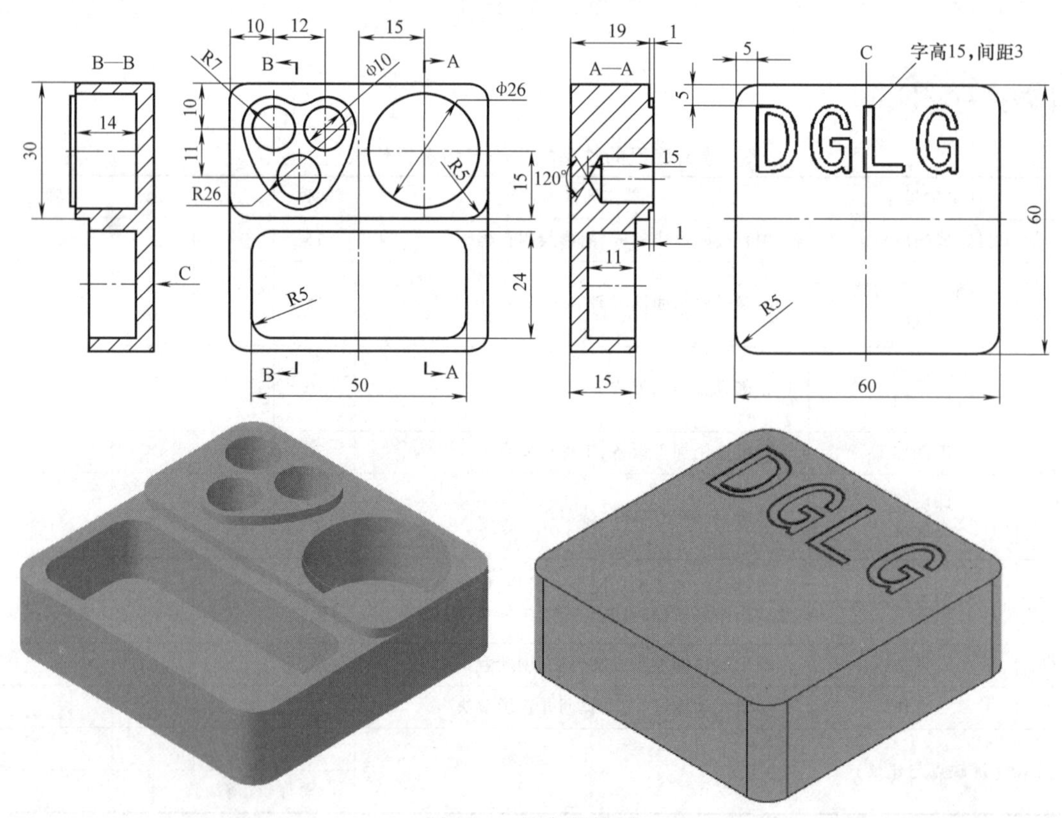

图 14-1　笔台零件图

【学习目标】

1）熟练使用基本绘图命令绘制基本图素。

2）正确使用外形铣削命令进行刀路编辑。

3）正确设置外形铣削参数。

4）了解分中棒的使用。

【知识基础】

外形铣削加工可沿着选取的串连曲线的左、右侧或中间进行加工，对于封闭的串连曲线，则常称作外形（外轮廓）铣削和内侧（内轮廓）铣削，沿着串连线正中铣削则属于沟槽铣削。

外形加工刀路常用于外形的粗加工和精加工，操作简单实用。通常采用的刀具有平底刀、圆鼻刀、锥度刀。外形铣削加工可在材料外部进刀，下刀点注意避开曲线拐角处。

1）单击【机床】→【铣床】→【默认】→【刀路】→【外形】命令按钮，输入 NC 程序名称，选择加工线框并单击【确认】按钮，弹出【2D 刀路-外形铣削】对话框，如图 14-2 所示。

图 14-2　【2D 刀路-外形铣削】对话框

2）单击【刀具】选项卡，根据加工需要，选取合适刀具，并对其参数进行设置，设置页面与设置方式与平面铣削刀具设置一致。

3）单击【切削参数】选项卡，进入外形切削参数界面，如图 14-3 所示。主要对补正方式、补正方向、校刀位置、预留量和外形铣削方式进行设置。

在实际的外形铣削过程中，刀具所走的加工路径并不是工件的外形轮廓，还包括一个补正量，补正量包括：

① 实际使用刀具的半径。

② 程序中指定的刀具半径与实际刀具半径之间的差值。

③ 刀具的磨损量。

④ 工件间的配合间隙。

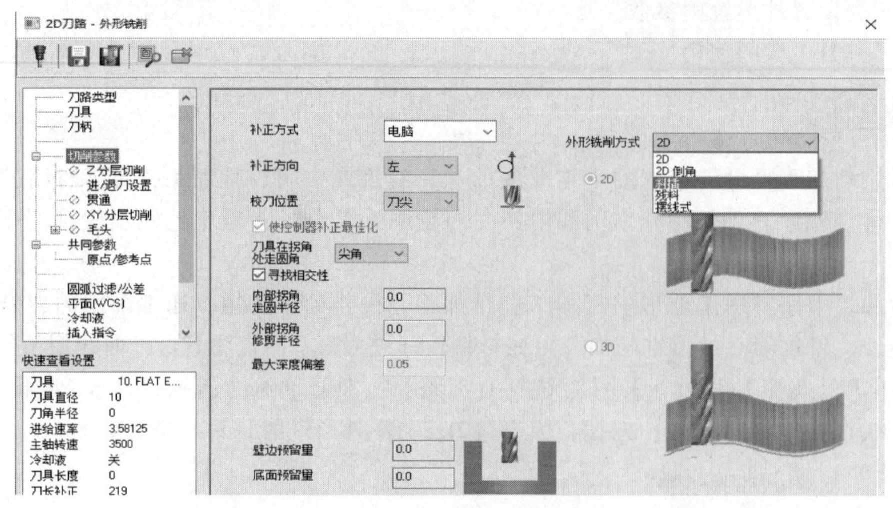

图 14-3 【切削参数】选项卡

Mastercam 2019 系统提供了非常丰富的补正方式和补正方向供用户进行组合，以满足加工需要。

① 补正方式。主要有电脑、控制器、磨损、反向磨损等补正方式，一般默认选择即可。

② 补正方向。刀具补偿方向有两种，即左补偿和右补偿，如图 14-4 所示。

左补正，沿着刀具前进的方向看，刀具在被加工工件的左边。

右补正，沿着刀具前进的方向看，刀具在被加工工件的右边。

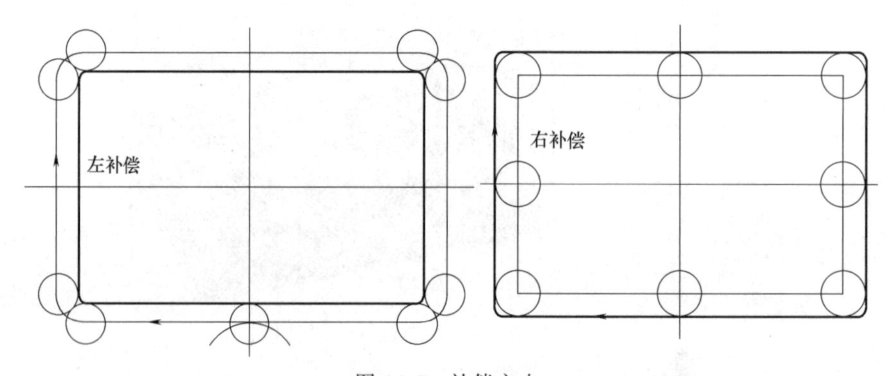

图 14-4 补偿方向

③ 校刀位置。此列表供用户选择刀具补偿的位置为球心或刀尖。

④ 预留量设置。在实际的加工中，为了获得更好的表面质量，通常在粗加工时，都预留一定尺寸的材料，以便更好进行精加工。预留尺寸通常也称加工余量。加工余量设置包括 X、Y 和 Z 方向的预留量设置，如图 14-5 所示。

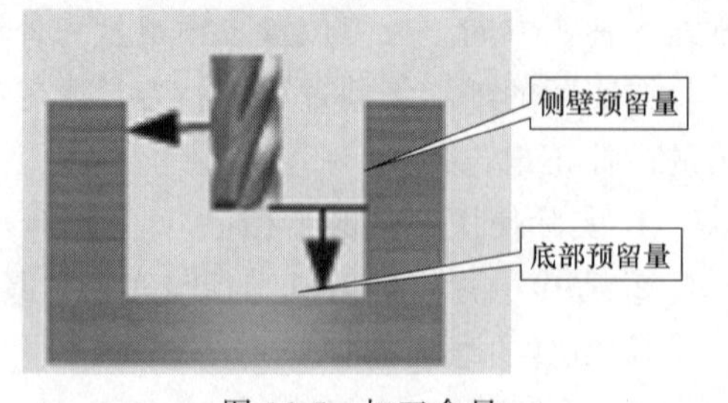

图 14-5 加工余量

⑤ 外形铣削方式。外形铣削方式主要有 2D、3D、2D 倒角、斜插、摆线式等方式，如图 14-6 所示。

4）单击【Z 分层参数】选项卡，如图 14-7 所示，可设置每层铣削高度等参数。

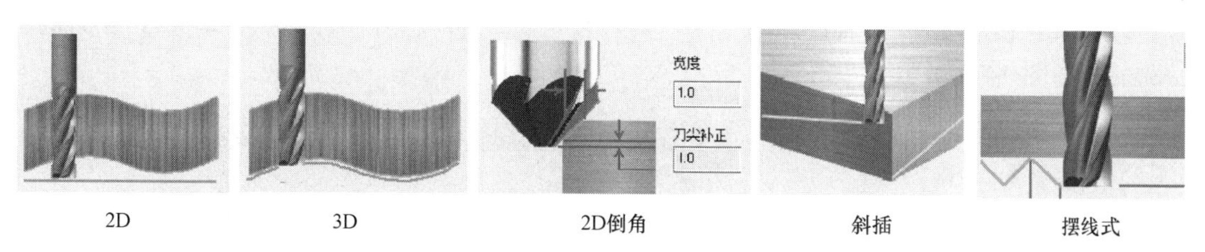

图 14-6　外形铣削方式

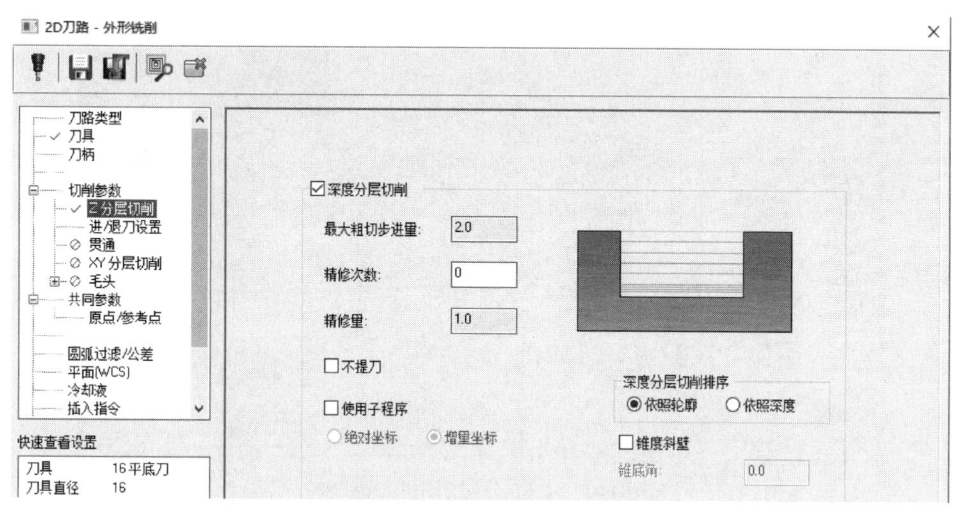

图 14-7　【Z 分层切削】选项卡

5）单击【进/退刀设置】选项卡，设置进刀和退刀相关参数，如图 14-8 所示。

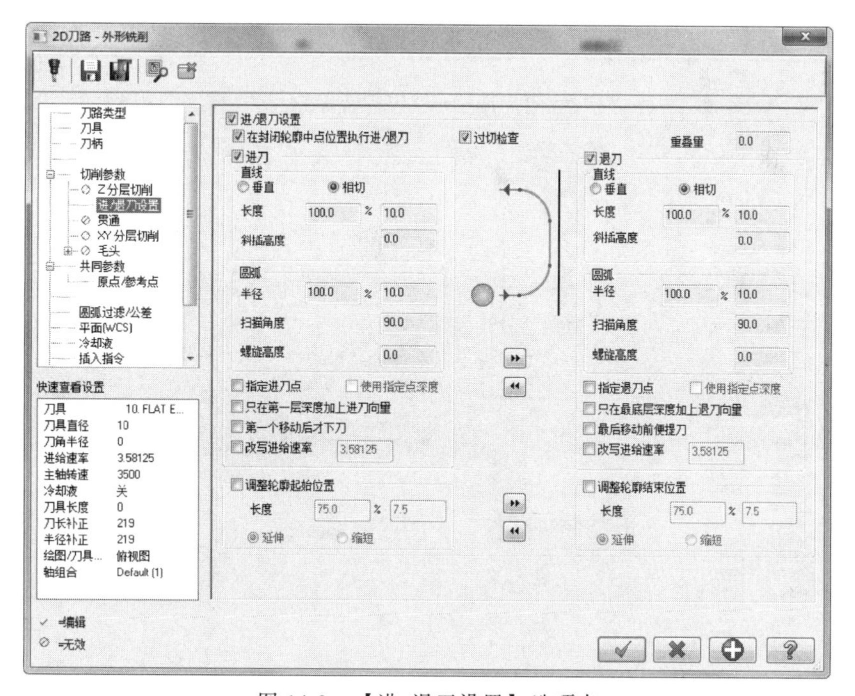

图 14-8　【进/退刀设置】选项卡

6）单击【XY分层切削】选项卡，可对需要去除材料较多的外形进行X和Y方向的分层铣削，如图14-9所示。

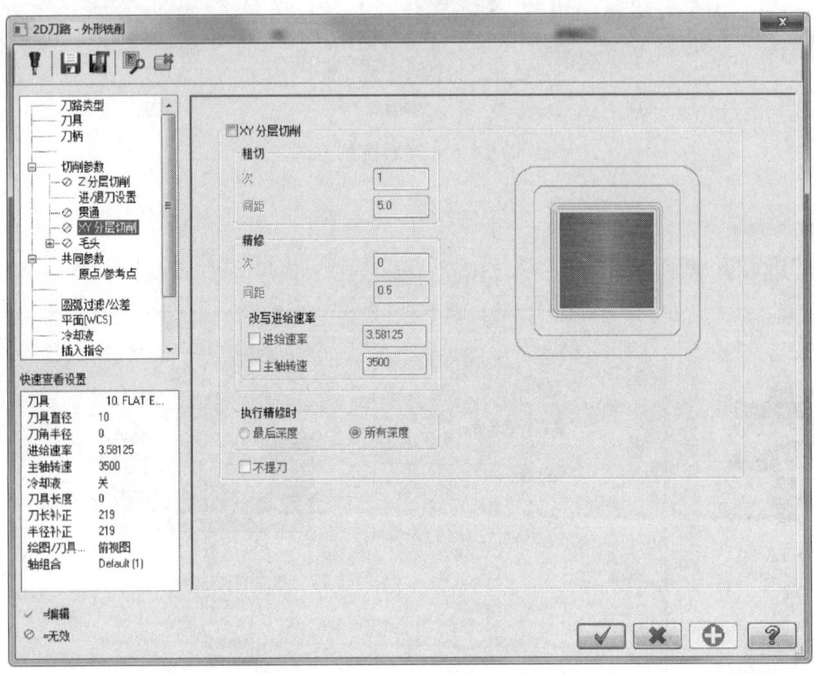

图14-9 【XY分层切削】选项卡

7）单击【共同参数】选项卡，如图14-10所示。对话框中各参数意义与平面铣削中的【共同参数】意义一致。主要根据毛坯材料对坐标系、工件表面和深度进行设置，其他选择默认。

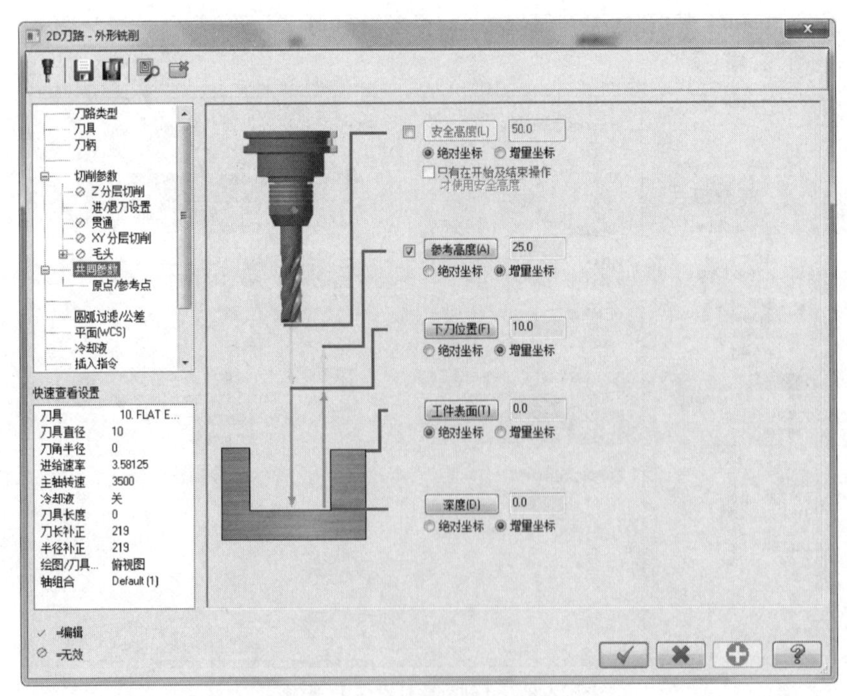

图14-10 【共同参数】选项卡

【计划与实施】

一、确定加工方案

1. 问题引导

1）分析对产品外形进行加工的刀路。

2）分析对心形凸台进行加工的刀路。

2. 工作任务

1）绘制笔台正面线框图。

2）编制笔台外形铣削刀路。

3）编制笔台台阶铣削刀路。

4）编制笔台心形铣削刀路。

5）编辑程序。

6）加工零件。

3. 加工方案

图 14-11 所示为笔台的绘图方案。

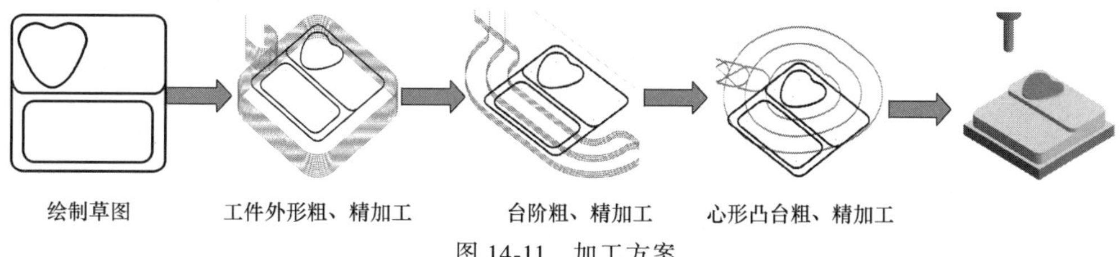

图 14-11　加工方案

二、实施任务

1. 笔台正面外形线框的绘制

使用基本绘图指令，绘制笔台正面的线框，如图 14-12 所示。

2. 60mm×60mm 外形的铣削

1）单击【机床】→【铣床】→【默认】→【刀路】→【外形】按钮，设置 NC 名称，使用串连方式选取 60mm×60mm 的正方形并单击【确认】按钮，弹出【2D 刀路-外形铣削】对话框。

2）单击【刀具】选项卡，进入刀具设置界面，从刀库中选择 φ16mm 的平底刀，刀具参数设置如图 14-13 所示。

3）单击【切削参数】选项卡，设置【外形铣削方式】为【2D】，其他参数设置如图 14-14 所示。

单击【Z 分层切削】选项卡，勾选【深度分层切削】，设置【最大粗切步进量】为“0.5”，勾选【不提刀】和【依照深度】，其余选项默认，如图 14-15 所示。

单击【进/退刀设置】选项卡，设置【长度】和【半径】均为“50”。其余选项默认，如图 14-16 所示。

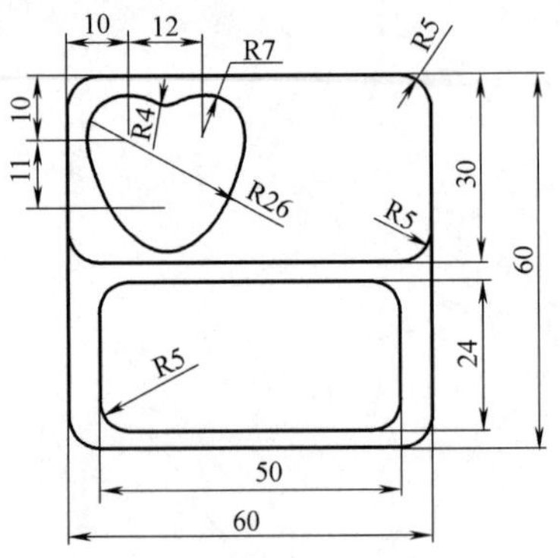

图 14-12　笔台正面外形线框

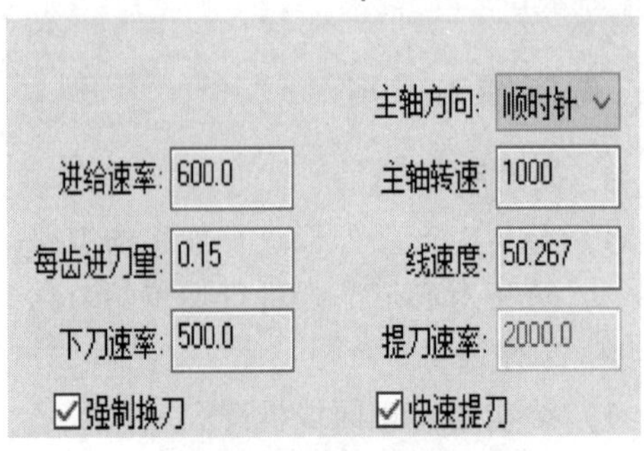

图 14-13　刀具参数设置

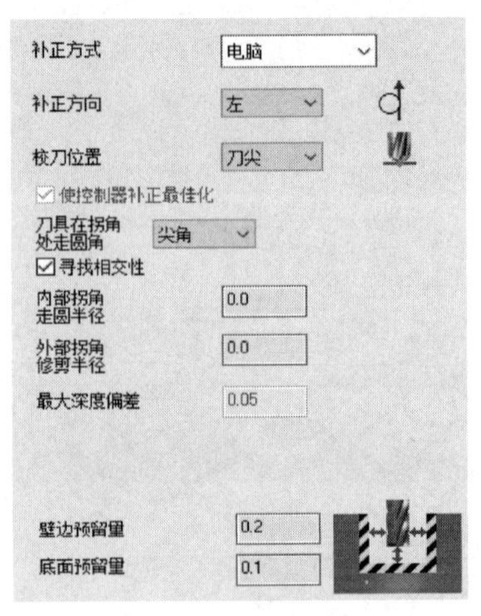

图 14-14　【切削参数】设置

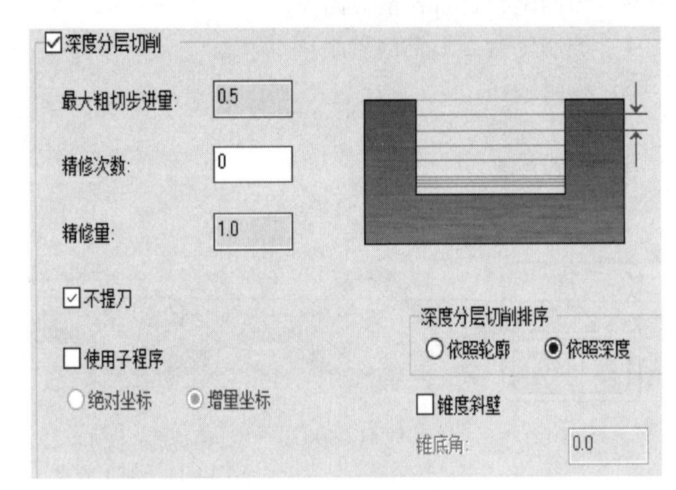

图 14-15　【Z 分层切削】设置

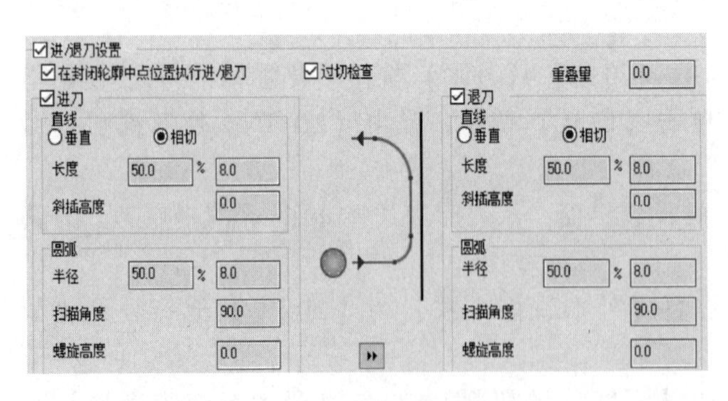

图 14-16　【进/退刀设置】参数

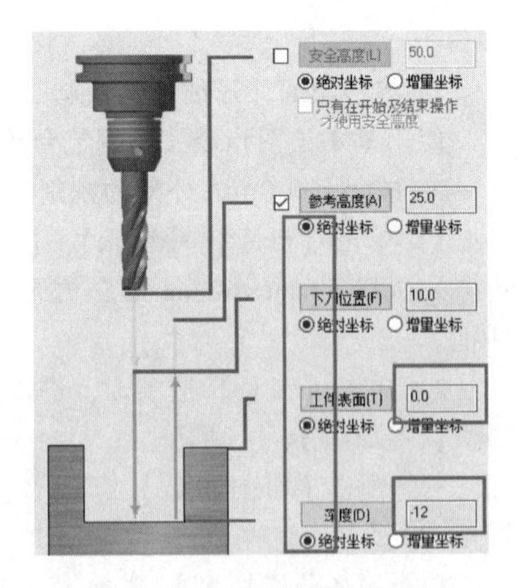

图 14-17　【共同参数】设置

4）单击【共同参数】选项卡，进入设置界面，设置所有坐标系选项均为【绝对坐标】，【工件表面】为“0”，【深度】为“−12”，其余选项为默认值，如图 14-17 所示。

5）单击【2D 刀路-外形铣削】参数设置对话框中的【确定】按钮，结束外形铣削的参数设置，生成的刀路如图 14-18 所示。

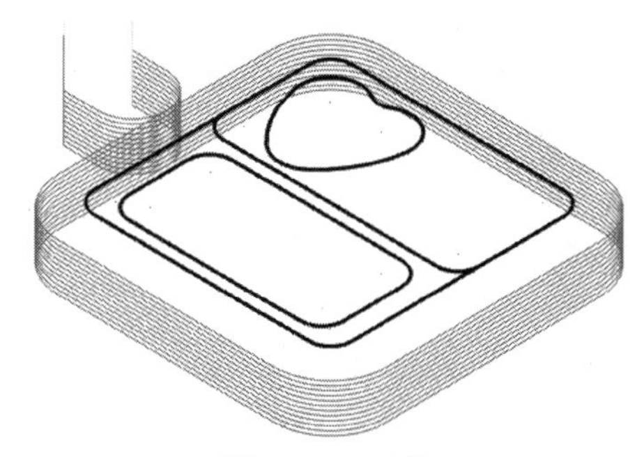

图 14-18　刀路

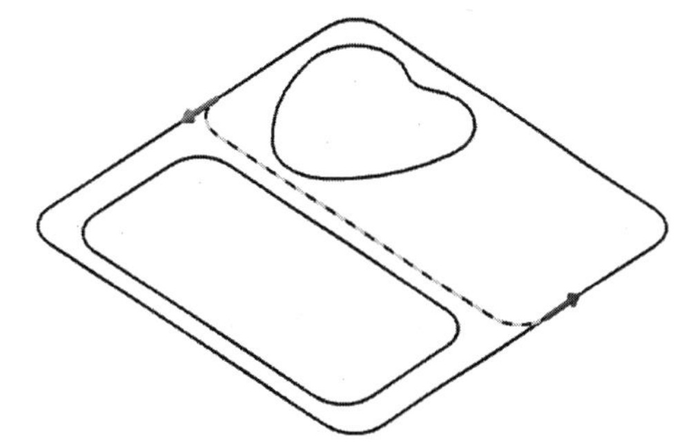

图 14-19　线框选择

3. 笔台前后台阶的铣削

1）单击【刀路】→【外形】命令，设置 NC 名称，使用部分串选方式选取中间的分界线，如图 14-19 所示。单击【确认】按钮，弹出【2D 刀路-外形铣削】对话框，如图 14-2 所示。

2）单击【刀具】选项卡，进入刀具设置界面，选择已经编辑好的 ϕ16mm 刀具。

3）单击【切削参数】选项卡，进入外形铣削的参数界面，【补正方向】选择【右】，其他参数设置与上一条刀路设置一致。

4）单击【Z 分层切削】选项卡，参数设置与上一条刀路一致。

5）单击【进/退刀设置】选项卡，参数设置与上一条刀路一致。

6）单击【XY 分层切削】选项卡，进入设置界面，勾选【XY 分层切削】，设置【次】为“3”，【间距】为“12”，点选【最后深度】和【不提刀】，其他选项默认，如图 14-20 所示。

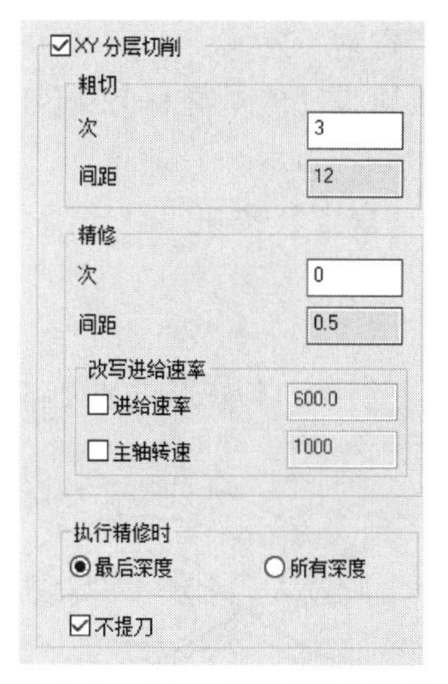

图 14-20　【XY 分层切削】设置

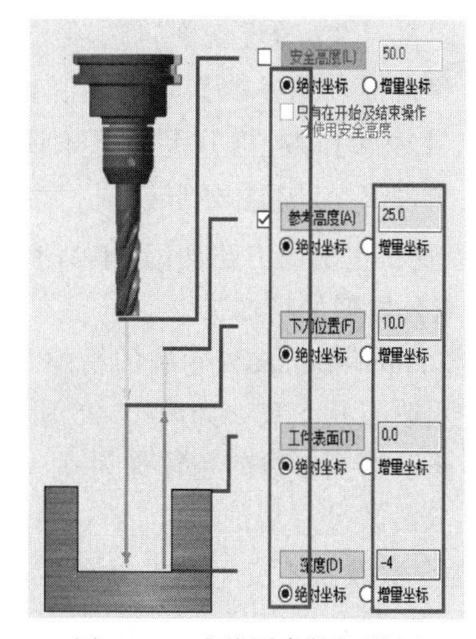

图 14-21　【共同参数】设置

7）单击【共同参数】选项卡，进入设置界面，设置所有坐标系选项均为【绝对坐标】，【工件表面】为“0”，【深度】为“-4”，其余选项为默认值，如图 14-21 所示。

8）单击【2D 刀路-外形铣削】参数设置对话框中的【确定】按钮，结束外形铣削参数设置，生成的刀路如图 14-22 所示。

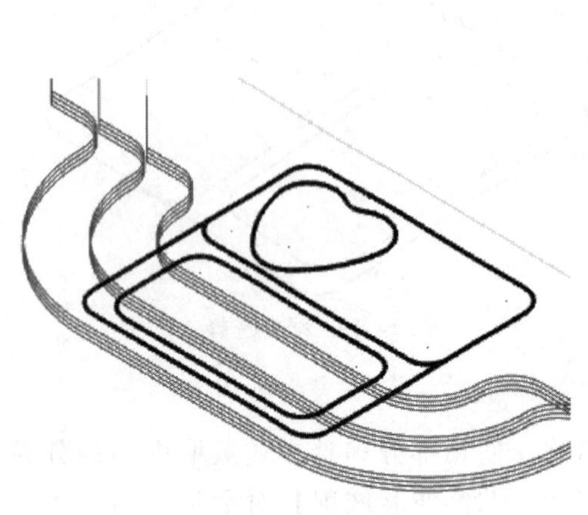

图 14-22　刀路

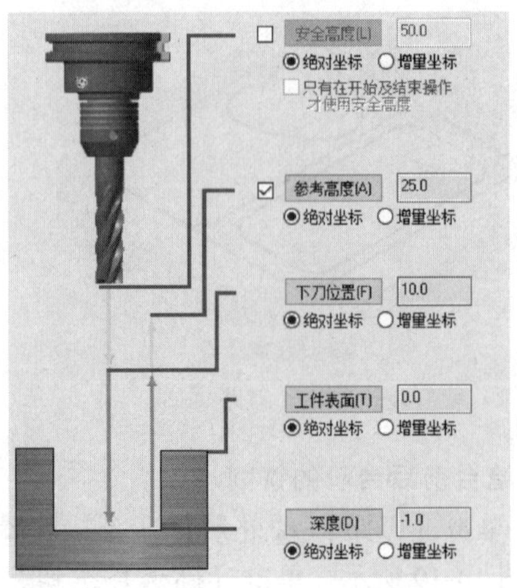

图 14-23　共同参数设置

4. 笔台心形凸台的铣削

1）单击【刀路】→【外形】命令，设置 NC 程序名称，使用串连方式选取心形凸台线框，方向为逆时针方向，单击【确认】，弹出【2D 刀路-外形铣削】对话框。

2）单击【刀具】选项卡，进入刀具设置界面，选择已经编辑好的 ϕ16mm 刀具。

3）单击【切削参数】选项卡，进入外形铣削的参数界面，【补正方向】选择【右】，其他参数设置与上一条刀路设置一致。

4）单击【Z 分层切削】选项卡，参数设置与上一条刀路一致。

5）单击【进/退刀设置】选项卡，参数设置与上一条刀路一致。

6）单击【XY 分层切削】选项卡，参数设置与上一条道路一致。

7）单击【共同参数】选项卡，设置所有坐标系选项均为【绝对坐标】，【工件表面】为“0”，【深度】为“-1.0”，其余选项为默认值，如图 14-23 所示。

8）单击【2D 刀路-外形铣削】参数设置对话框中的【确定】按钮，结束外形铣削参数设置，生成的刀路如图 14-24 所示。

5. 笔台外形的精加工

（1）60mm×60mm 外轮廓的精加工　在操作管理器中复制第一条外形铣削刀路。

1）更改刀具参数，如图 14-25 所示。

2）更改切削参数的预留量为 0，如图 14-26 所示。

3）取消 Z 分层切削。

其他参数设置不变，单击【确定】按钮完成操作，外轮廓刀路如图 14-27 所示。

（2）笔台前后台阶的精加工　修改笔台前后凸台阶的精加工参数与第一条刀路修改一致，其他参数不变，刀路如图 14-28 所示。

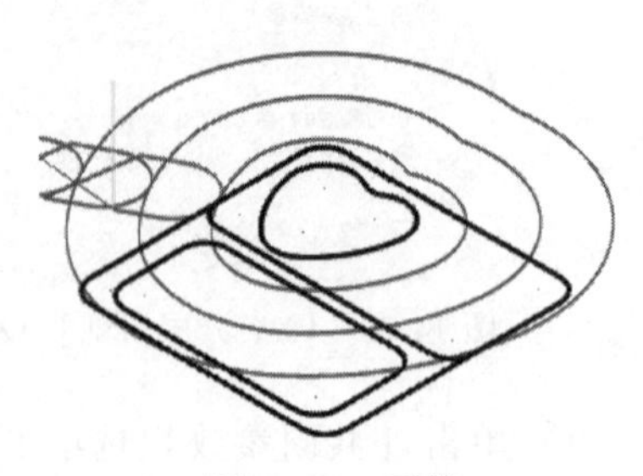

图 14-24　刀路

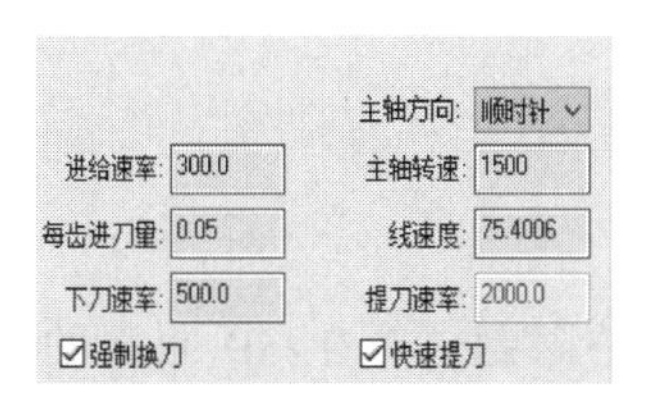

图 14-25　外轮廓精加工刀具参数

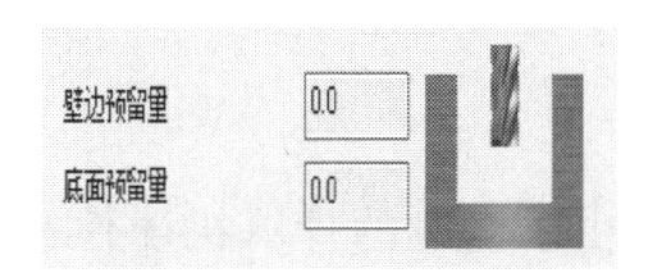

图 14-26　修改预留量

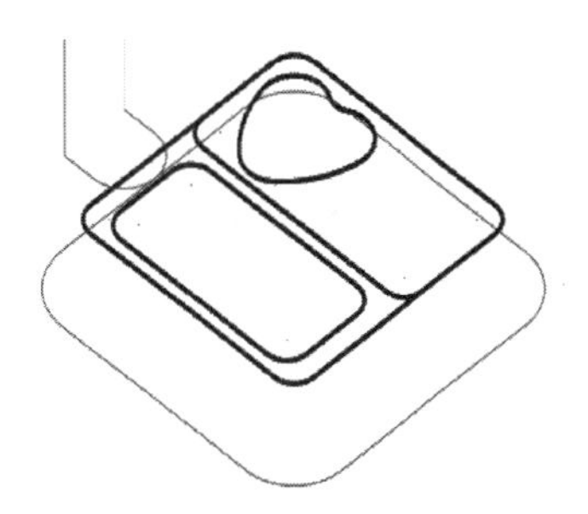

图 14-27　外轮廓精加工刀路

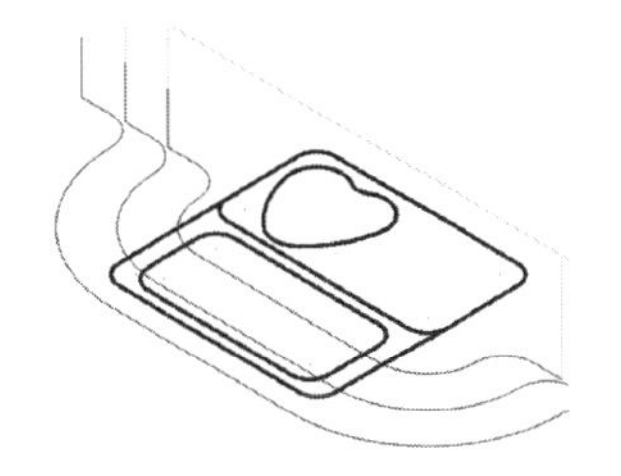

图 14-28　笔台前后台阶精加工刀路

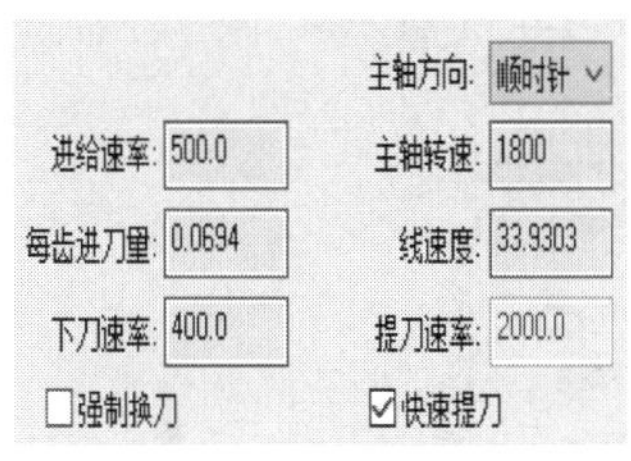

图 14-29　刀具参数设置

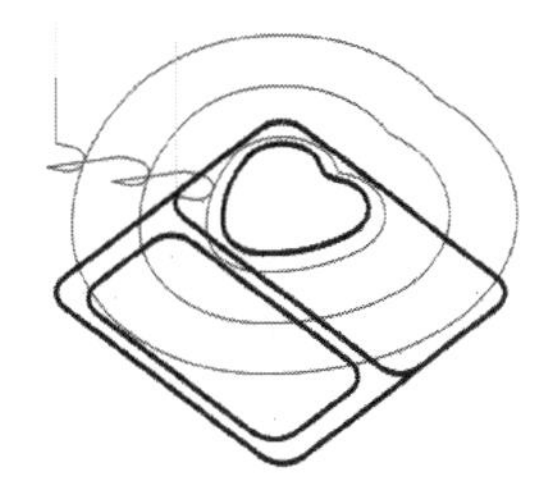

图 14-30　心形凸台精加工刀路

（3）心形凸台的精加工　心形凸台最小内凹圆弧的半径为 4mm，所以精加工心形凸台的刀具半径不能大于 4mm。本刀路设置刀具为 ϕ6mm 的平底刀。刀具参数设置如图 14-29 所示，修改的参数与前后台阶精加工参数修改一致，生产的精加工刀路如图 14-30 所示。

6. 模拟验证

1）毛坯设置　单击【刀路】→【机床组群】→【毛坯设置】命令按钮，设置毛坯参数。【形状】设为【立方体】，【X】设为“65”，【Y】设为“65”，【Z】设为“20”，【毛坯原点】中的【Z】设为“0. 5”。如图 14-31 所示。

2）在操作管理器中单击▶，选择所有的加工程序，单击按钮，系统弹出【实体模拟】对话框，单击▶按钮，完成实体模拟加工，如图 14-32 所示。

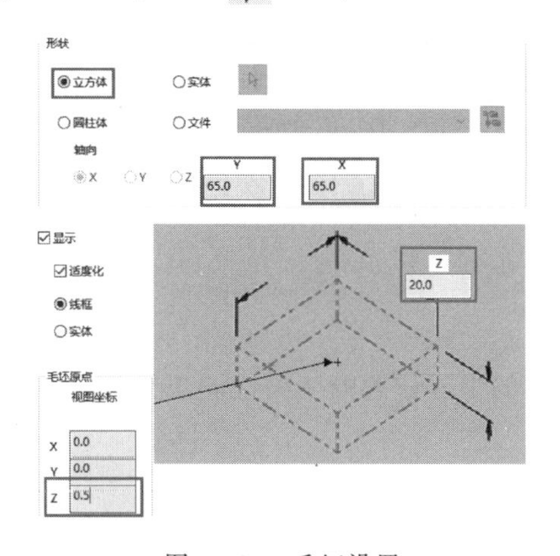

图 14-31　毛坯设置

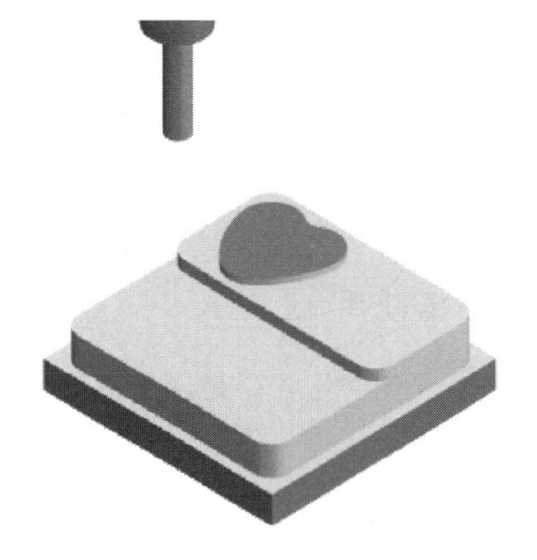

图 14-32　模拟验证

7. 零件加工

零件加工的具体操作方法参照笔台底面的铣削。

【知识拓展】

一、线架加工

在 Mastercam 早期的版本中，由于当时的计算机硬件和软件的限制，产生 3D 曲面的加工程序费时太多，十分不经济。所以选择以线架模型进行 3D 曲面加工。直至今日，虽然已经没有计算机硬件和软件的限制，但是线架加工仍然是高效的加工方式之一。

线架加工的方式有多种，如图 14-33 所示。本书将着重介绍还在生产中普遍使用的直纹加工。

图 14-33　线架加工的方式

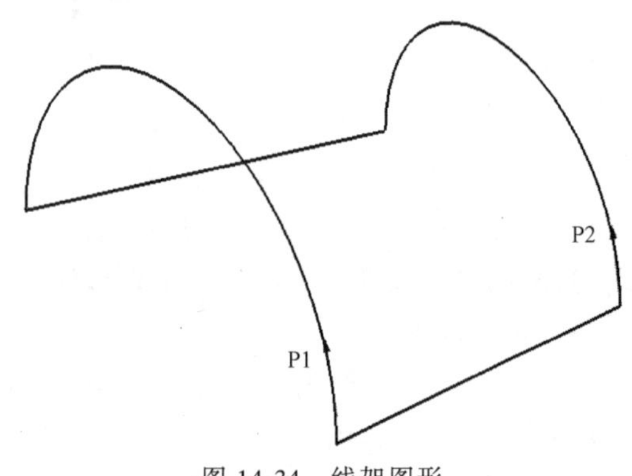

图 14-34　线架图形

1）绘制图 14-34 所示的有两个半圆弧连接而成的线架图形。单击【机床】→【铣床】→【默认】→【刀路】→【直纹】命令按钮，设置 NC 程序名称，用单选方式选取线框，如图 14-35 所示。单击【确认】，弹出【直纹】对话框。

2）单击【刀具参数】选项卡，定义 ϕ10mm 的平底刀，参数设置同前面刀路设置一致。

3）单击【直纹加工参数】选项卡，设置直纹参数，如图 14-36 所示。

4）设置完毕后单击【确定】按钮 ✔，系统将按设置的参数自动生成直纹刀具路径。生成的刀路如图 14-37 所示。

二、分中棒使用

分中棒又叫寻边器，是用于精确确定被加工工件的中心位置的一种检测工具，分中棒安装与刀具一样。

使用方法如下：

按下 MDI 键，选择面板输入模式为【MDI】，按程序键<PRGRA>。在操作面板中输入“S600 M03;”，按程序启动键，启动主轴。

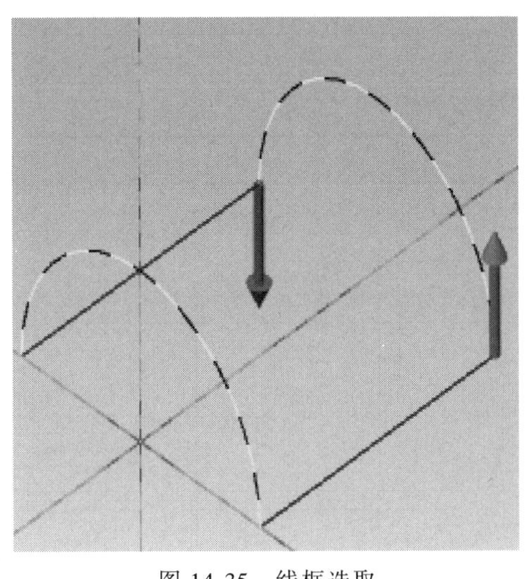

图 14-35　线框选取

图 14-36　直纹加工参数设置

按下坐标键<POS>，切换至【相对坐标】界面，选择手动模式为【HND】，操作手动轮，在坯料的左边降下主轴，向左移动工作台，慢慢进给碰到工件边上，待分中棒上下重合不摆动时暂停移动，升高主轴，按下数控操作面板中X_U键，按清零键<起源（ORIGIN）>，X 轴坐标清零。

然后对坯料的右边进行对刀，慢慢进给碰到工件边上，待分中棒上下重合不摆就暂停移动，抬高主轴，将此时的 X 轴坐标值除以 2 得到一个新值，并操作手轮，将 X 轴移到该数值对应位置，按下数控操作面板中X_U按钮，按清零键<起源（ORIGIN）>，X 轴坐标清零。这样完成了坯料 X 轴方向分中，找到了 X 轴方向的零点。

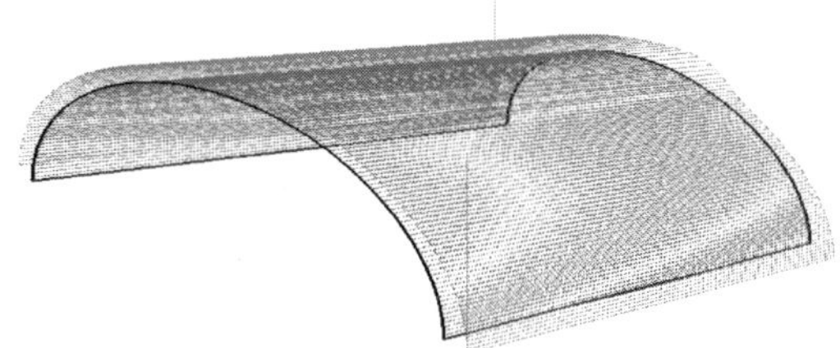

图 14-37　直纹加工刀路

Y 轴对零的方法与 X 轴对零相同。

注意：

1）分中棒开始使用前，可轻轻的拍一下，让上下部分错开。

2）分中棒不能用于 Z 轴对刀，对 Z 轴要更换刀具后才能正常对刀，XY 轴不用重复对刀。

【强化练习】

按粗加工和精加工要求完成图 14-38 所示零件的加工刀路编辑，材料为铝，毛坯尺寸为 65mm×55mm×10，台虎钳装夹高度为 5mm。

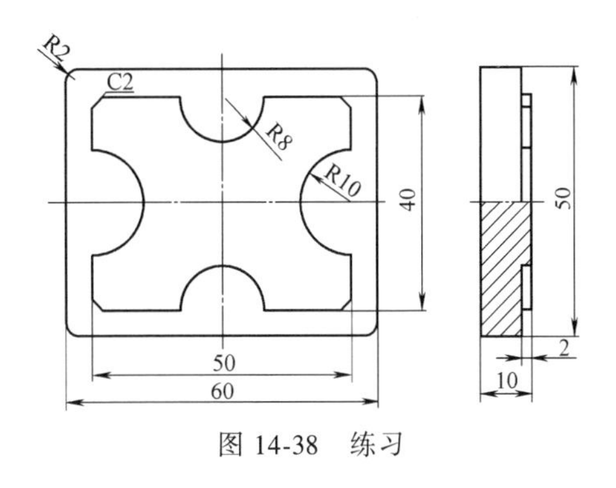

图 14-38　练习

【检查与评价】

笔台外形的铣削学生学习情况评价表

评价项目		具体评价内容	配分	自评	互评	教师评
项目完成的质量		项目按时保质完成，图形绘制正确	10			
知识与技能	笔台正面外形刀路的设置	正确进行刀路设置，数据准确	10			
	笔台台阶刀路的设置	正确进行刀路设置，数据准确	15			
	笔台心形刀路的设置	正确进行刀路设置，数据准确	15			
	工件加工	规范使用加工设备，工件尺寸合格	20			
	课后练习完成情况	熟练、正确完成课后练习	15			
学习过程	信息技能	通过系统的帮助功能及试操作，解决问题引导及知识拓展所提问题	5			
	创新	提出更好的加工方案，意识创新	5			
	合作	小组互动性好，主动提问并正确解决	5			
评语（优缺点与建议）：			合计			
			总评价（等级）			

注：评价等级与分数的关系是85≤优≤100，70≤良≤84，55≤中≤69，40≤差≤54。

项目十五

笔台内槽的铣削

【学习任务】

笔台零件图如图15-1所示。本项目主要介绍内槽加工命令的应用和程序编辑，并使用内槽加工命令对笔台内槽进行刀路编辑和加工。请按教师指定的路径，建立一个以自己学号为名称的文件夹，并将编辑好的文件以“学号+项目十五”为文件名，保存在该文件夹内。

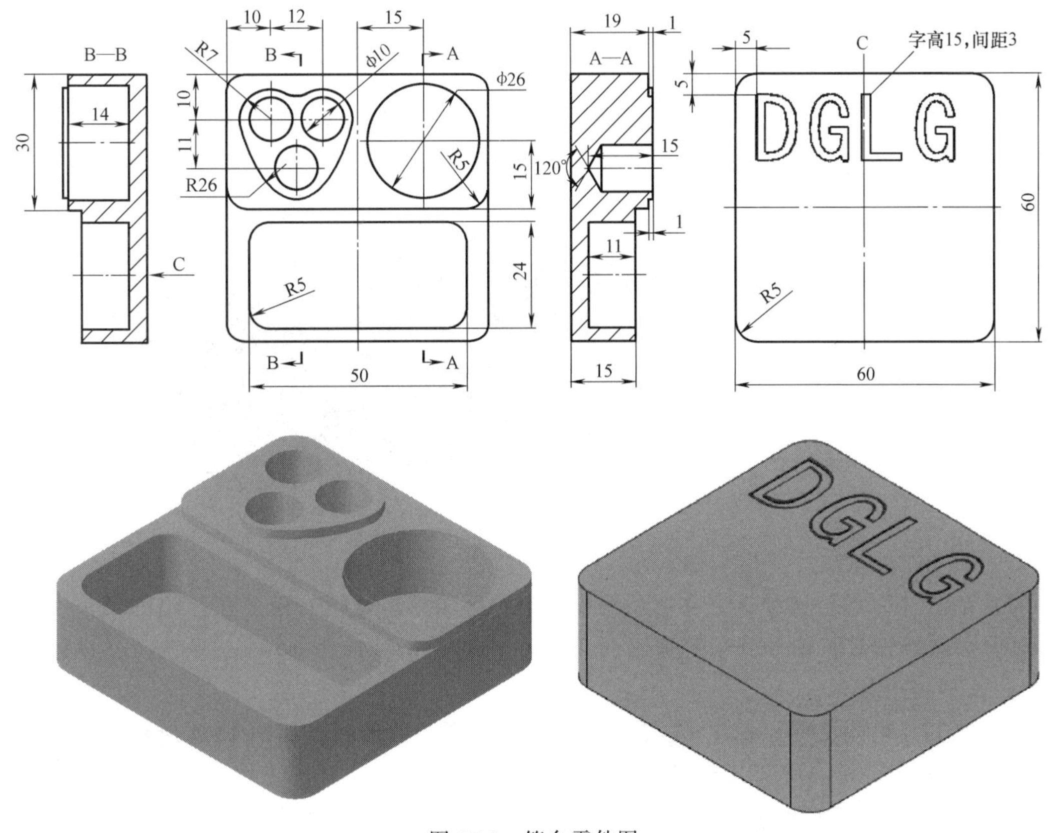

图15-1　笔台零件图

【学习目标】

1）学会内槽加工命令的设置。

2）正确应用内槽加工命令。

【知识基础】

一、2D挖槽铣削加工

2D挖槽铣削加工是指选择封闭曲线确定加工范围的一种挖槽加工方式。常用于凹槽特征的粗加工和精加工，操作简单。通常采用的刀具有平底刀或圆鼻刀。挖槽加工在毛坯上进刀，下刀时优先选用螺旋或斜插下刀，其走刀方式最常用的是来回走刀方式。

二、2D挖槽铣削参数的设置

1）单击【机床】→【铣床】→【默认】→【刀路】→【挖槽】命令按钮，设置NC名称，选取加工图素并单击【确认】按钮，弹出【2D刀路-2D挖槽】对话框，如图15-2所示。

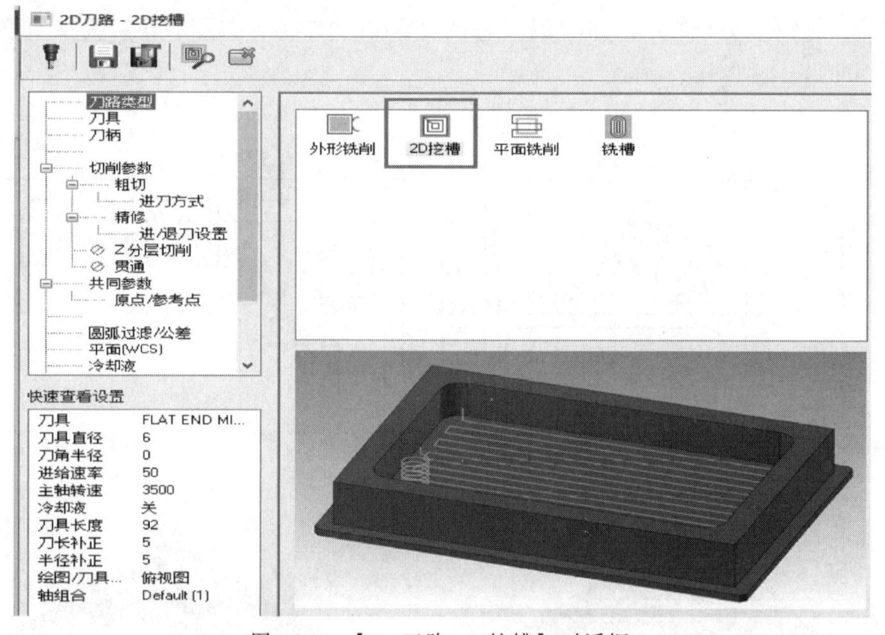

图15-2 【2D刀路-2D挖槽】对话框

2）单击【刀具】选项卡，在对话框中的空白区域单击鼠标右键，在弹出的菜单中选择【从刀具库选择刀具】命令，系统弹出【刀具库】对话框，选择ϕ10mm平铣刀，设置刀具参数，如图15-3所示。

3）单击【切削参数】选项卡，进入2D挖槽切削参数界面，如图15-4所示。设置加工方向、挖槽方式、校刀位置及预留量等。

铣削方向主要用于设置挖槽时刀具的旋转方向与其运动方向之间的配合。

顺铣：选择此复选框，刀具的旋转方向与其运动方向相反，刀具从工件材料边沿向材料内侧旋转切削材料（即材料的抛出方向与其运动方向相反），如图15-5a所示。

逆铣：选择此复选框，刀具的旋转方向与其运动方向相反，刀具从工件材料内侧向材料边沿旋转切削材料（即材料的抛出方向与其运动方向相同），如图15-5b所示。

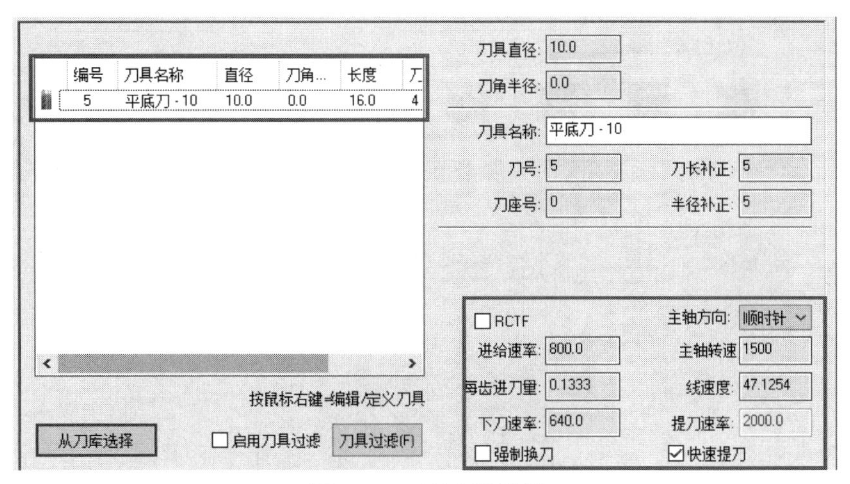

图 15-3　刀具参数设置

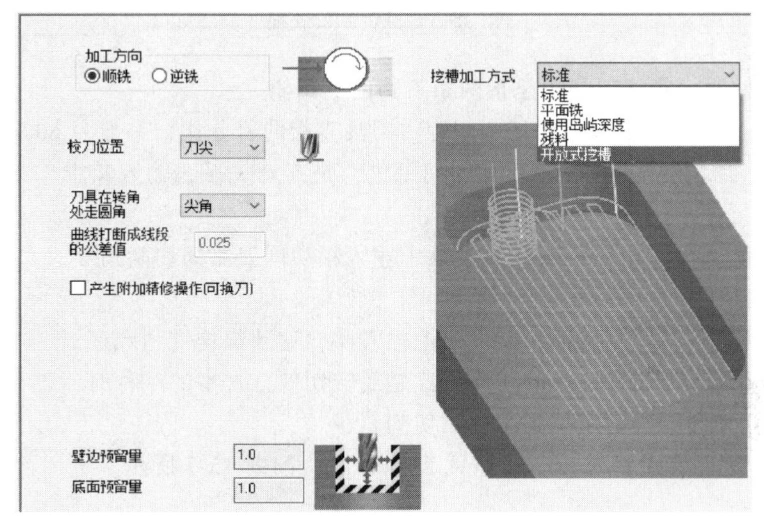

图 15-4　切削参数设置

4）勾选【粗切】选项卡，进入粗切设置界面，主要设置切削方式、切削间距和优化刀具路径等参数，其他参数默认，如图 15-6 所示。

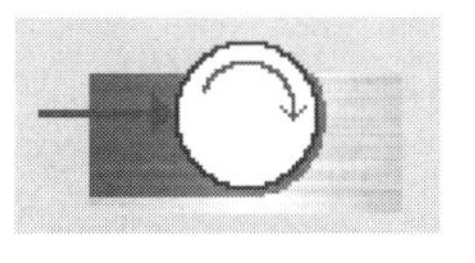

a) 顺铣

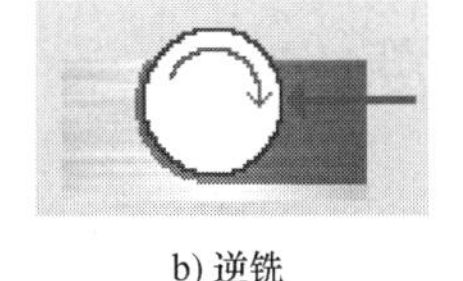

b) 逆铣

图 15-5　挖槽铣削方式

① 切削方式。系统提供了 8 种粗加工方式，分为线性切削和旋转切削两大类。线性切削包括双向切削和单向切削两种切削方式，产生的刀路呈往复线状。旋转切削包括等距环切、环绕切削、环切并清角、依外形环绕、高速环绕和螺旋切削。产生的刀路围绕几何轮廓呈旋转状。同一个挖槽轮廓可以采用不同的加工方式来完成，但其加工质量与效率却相差较大，在实际加工中，选择哪一种加工方式要根据所加工的轮廓形状来决定。一般情况下，由线性几何图素（如线段）构成的挖槽轮廓宜采用线性切削方式。由旋转几何图素（如圆、圆弧、曲线）构成的挖槽轮廓宜采用旋转切削方式。

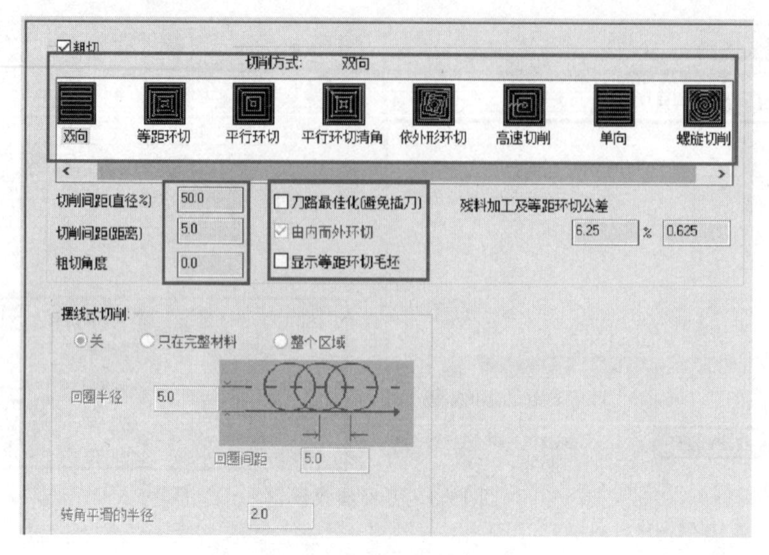

图 15-6　粗切参数设置

② 粗切削间距。粗切削间距是指两条刀路间的距离。

切削间距（直径%）：输入粗切削间距占刀具直径的百分比，一般为 60%~75%。

切削间距（距离）：直接输入粗切削间距值，是互动关系，输入其中一个参数，另一个参数自动更新。

③ 相切角度。在【相切角度】文本框中输入粗切削刀路的切削角度。

④ 粗加工其他参数。

刀具最优化：选择此复选框，能优化挖槽刀路，达到最佳铣削顺序。

由内而外环切：当用户选择的切削方式是旋转切削方式中的一种时，选择此复选框，系统从内到外逐圈切削；否则从外到内逐圈切削。

5）单击【进刀方式】选项卡，进入设置界面，如图 15-7 所示。进刀界面主要设置刀具切入工件的方式。

刀具从材料表面进刀进行粗切削时，不能直接垂直进入材料，垂直切入会导致刀具猛烈的振动（刀具中心的转速为零），容易造成刀具破裂。通常采用螺旋式或斜线式下刀方式，如图 15-8 所示。

螺旋进刀方式的参数设置界面如图 15-7 所示。

最小半径：螺旋下刀的最小半径，可以输入与刀具直径的百分比或直接输入半径值。

最大半径：螺旋下刀的最大半径。

Z 间距：螺旋的下刀高度，此值越大，刀具在空中的螺旋时间越长，一般设置为粗切削每层的进刀深度即可。

XY 预留量：X/Y 方向预留的余量。

进刀角度：螺旋下刀的角度，对于相同的螺旋下刀高度而言，螺旋下刀角度越大，螺旋圈数越少，路径越短，下刀越陡。

将进入点设为螺旋中心：选择此复选框，将使用在选择挖槽轮廓前所选择的点作为螺旋下刀的中心点，即可以任意确定螺旋下刀点。

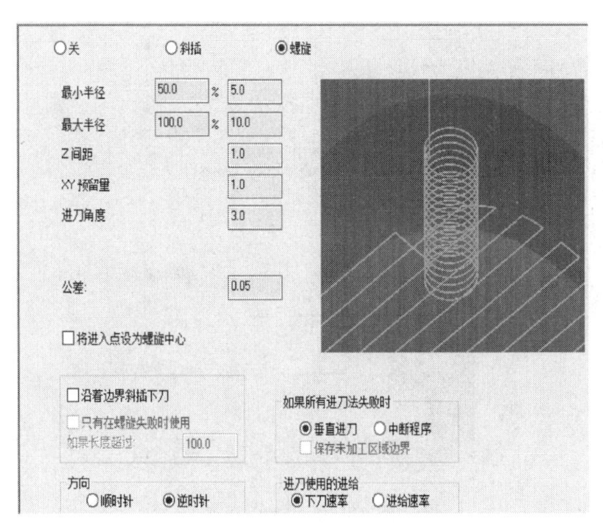

图 15-7　进刀方式设置界面

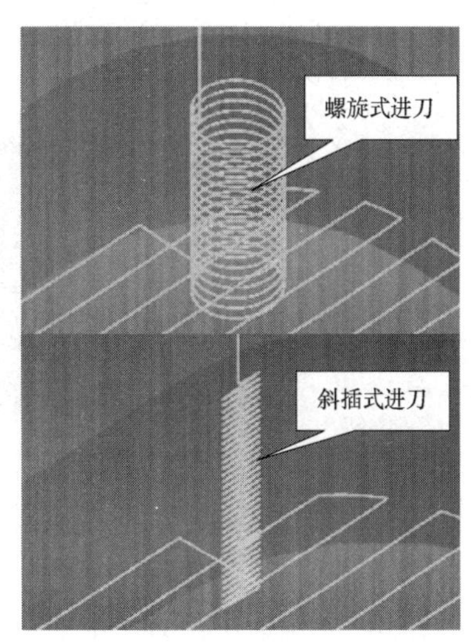

图 15-8　进刀方式

方向：设置螺旋下刀的螺旋方向，选择顺时针选项，将以顺时针旋转方向螺旋下刀，选择逆时针选项，将以逆时针旋转方向螺旋下刀。

沿着边界斜插下刀：选择此复选框，系统将沿着粗加工边界斜线下刀。

只有在螺旋失败时使用：选择此复选框，只有当无法螺旋下刀时，系统才沿着粗加工边界斜线下刀。

所有进刀法失败时：当所有螺旋下刀尝试失败时，系统采用垂直进刀或中断程序；还可以选择保留程序中断后的边界为几何图形。

进刀使用进给速率：设置螺旋下刀的速率为深度方向的下刀速率，或平面进给速率。

斜插进刀方式的参数设置界面如图 15-9 所示。

最小长度：斜线下刀的最小长度。

最大长度：斜线下刀的最大长度。

Z 间距：斜插的下刀起始位置与切入表面的距离。此值越大，刀具在空中的斜插走刀时间越长，一般设置为粗切削每层的进刀深度即可。

进/退刀角度：刀具的斜线切出角度，对于相同的螺旋下刀高度而言，斜线插入或切出角度越大，斜线下刀段数越少，路径越短，下刀越陡。

自动计算角度：选择此复选框，由系统自动决定斜线下刀刀具路径与砂轴的相对角度。

XY 角度：未选择自动计算角度复选框时，斜线下刀刀具路径与砂轴的相对角度由此文本框中输入的角度决定。

附加槽宽：该选项能在斜线下刀时产生一槽形结构，而槽形结构的宽度由此文本框中输入。

斜插位置与进入点对齐：选择此复选框，斜线下刀刀具路径与下刀点对齐。

由进入点执行斜插：选择此复选框，将使用在选择挖槽轮廓前所选择的点作为斜线下刀的起点，即可以任意确定斜线下刀点。

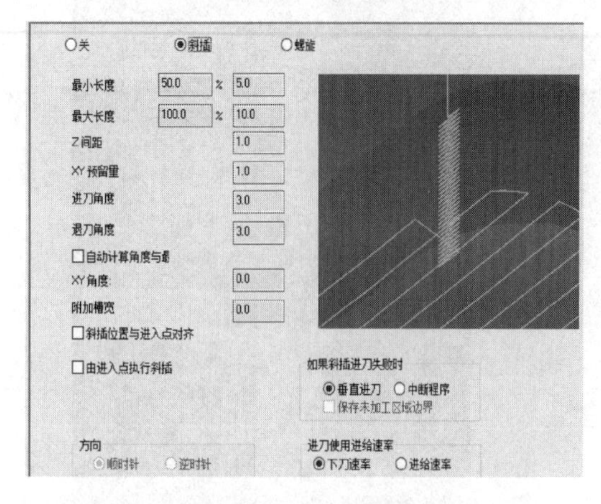

图 15-9 斜插进刀方式的参数设置界面

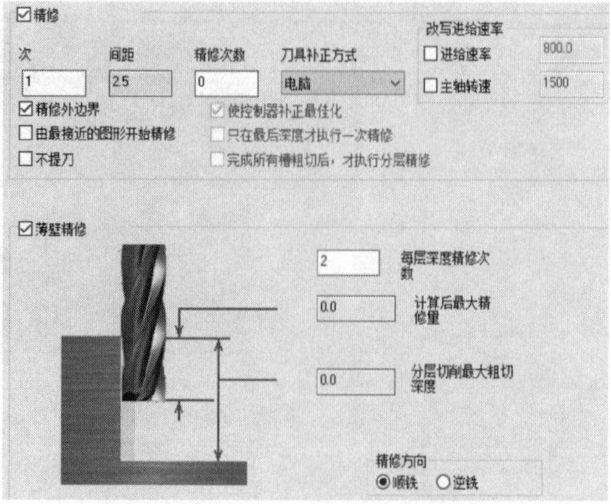

图 15-10 精修参数设置

6）单击【精修】选项卡，进入设置界面，如图 15-10 所示，可进行一般精修和薄壁精修的参数设置。

① 精修。

次：精加工次数。

间距：刀具每刀切削的宽度。

精修次数：在精加工次数的基础上再增加的环切次数。

刀具补正方式：选择精加工的补偿方式。

不提刀：选择此复选框，粗加工后直接精加工，不提刀；否则刀具回到参考高度后再精加工。

进给速度：选择此复选框，可以输入精加工的进给速率；否则其进给速率与粗加工相同。

主轴转速：选择此复选框，可以输入精加工的刀具转速；否则其转速与粗加工相同。

只在最后深度才执行一次精修：当粗加工采用深度分层铣削时，选择此复选框，所有深度方向的粗加工完毕后才进行精加工，且是一次性精加工。

完成所有槽粗切后，才执行分层精修：当粗加工采用深度分层铣削时，选择此复选框，粗加工完毕后再逐层进行精加工；否则粗加工一层后马上精加工一层。

② 薄壁精修。在铣削薄壁件时，可以设置更细致的薄壁件以保证薄壁件最后的精加工时刻不变形。

7）单击【进/退刀设置】选项卡，可以设置精加工的进/退刀方式，设置方法与外形进/退刀设置一致。

8）单击【Z 分层切削】选项卡，设置方法与外形深度分层铣削设置一致。

9）单击【共同参数】选项卡，进入设置界面，如图 15-11 所示，共同参数的设置方式与项目十四一致。

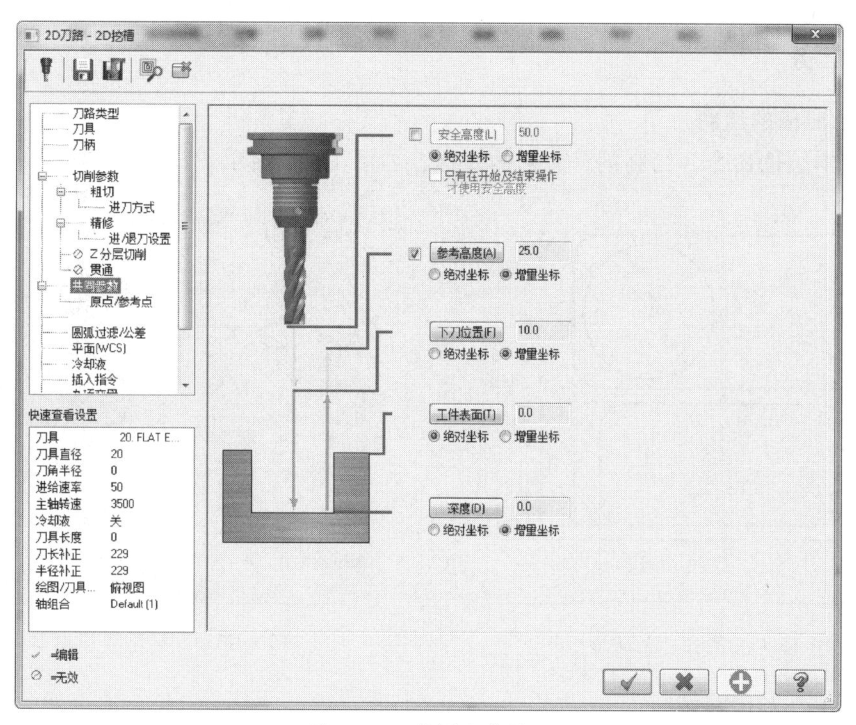

图 15-11　共同参数设置

【计划与实施】

一、确定加工方案

1. 问题引导

1）分析可以使用什么命令加工凹槽。

2）分析挖槽刀路有多少种加工方式。

2. 工作任务

1）画出笔台正面凹槽图形。

2）编制笔台圆槽刀路程序。

3）编制笔台方槽刀路程序。

4）模拟验证。

5）输出程序，加工零件。

3. 加工方案

图 15-12 所示为笔台正面凹槽加工方案。

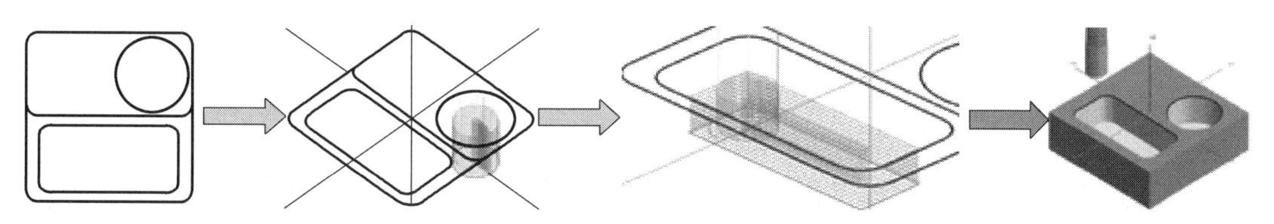

图 15-12　加工方案

二、实施任务

1. 笔台凹槽的绘制

使用基本绘图命令，绘制笔台正面的线框，如图 15-13 所示。

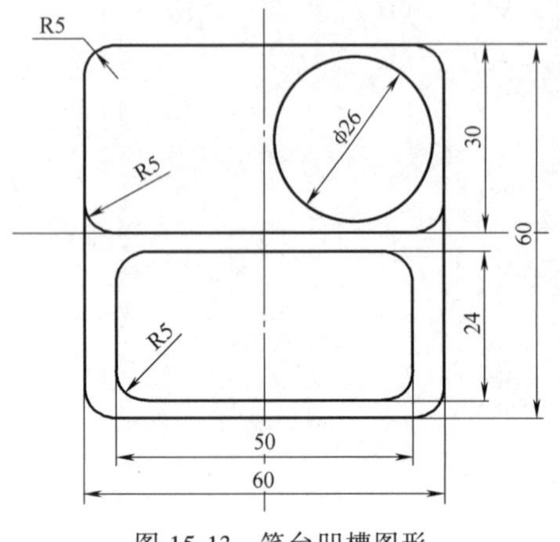

图 15-13　笔台凹槽图形

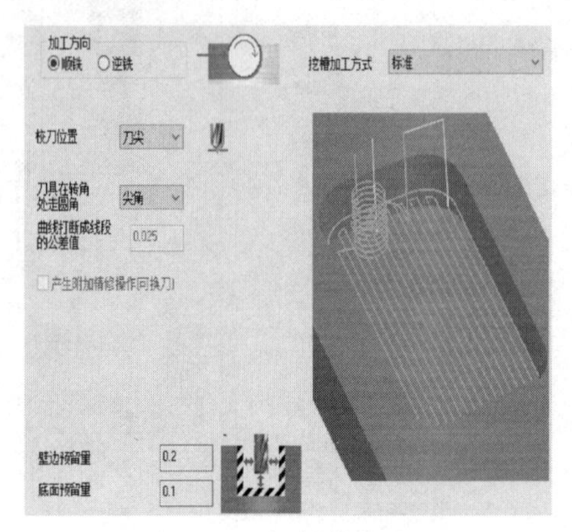

图 15-14　切削参数设置

2. ϕ26mm 圆槽的铣削

1）单击【机床】→【铣床】→【默认】→【刀路】→【外形】命令按钮，设置 NC 名称，使用串连方式选取 ϕ26mm 的圆，方向为逆时针方向，弹出【2D 刀路-2D 挖槽】对话框，如图 15-2 所示。

2）单击【刀具】选项卡，进入刀具设置界面，从刀库中选择 ϕ10mm 的平底刀，刀具参数设置如图 15-3 所示。

3）单击【切削参数】选项卡，进入设置界面，选择顺时针加工方向、标准挖槽方式。壁边预留量设为 0.2mm，底面预留量设为 0.1mm，其他参数默认，如图 15-14 所示。

4）勾选【粗切】选项，设置粗切参数，选择【等距环切】方式，设置【切削间距(距离)】为“7”，勾选【刀路最佳化】，其他参数默认，如图 15-15 所示。

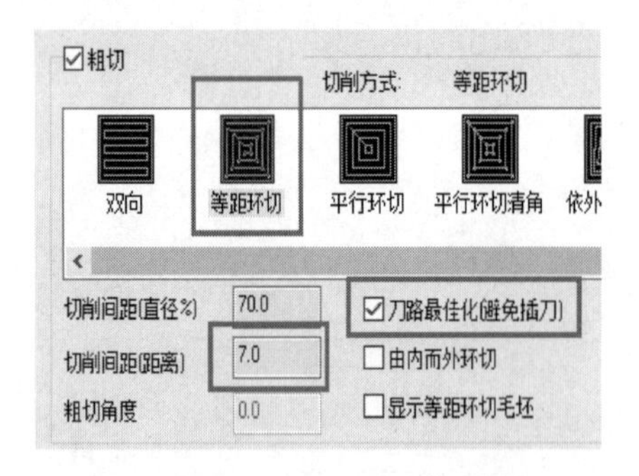

图 15-15　粗切参数设置

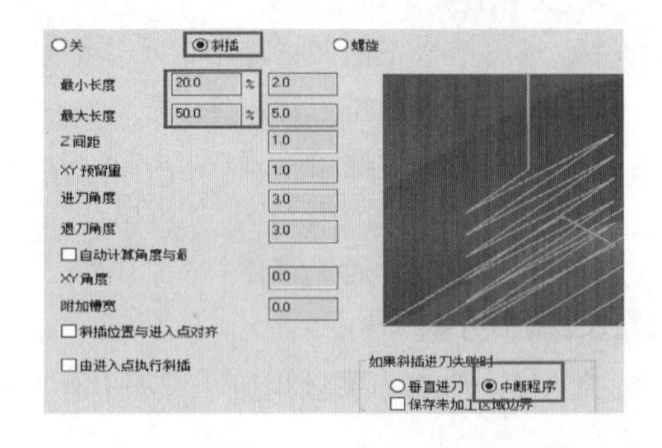

图 15-16　进刀方式设置

5）单击【进刀方式】选项卡，选择斜插下刀方式，设置【最小长度】为“20%”，【最大长度】为“50%”；勾选【如果斜插进刀失败时】的【中断程序】，其他参数默认，如图 15-16 所示。

6）单击【精修】选项卡，设置【间距】为“0.2”；勾选【进给速率】，输入“300”；勾选【主轴转速】，输入“1800”；勾选【不提刀】和【只在最后深度才执行一次精修】，其他参数默认，如图 15-17 所示。

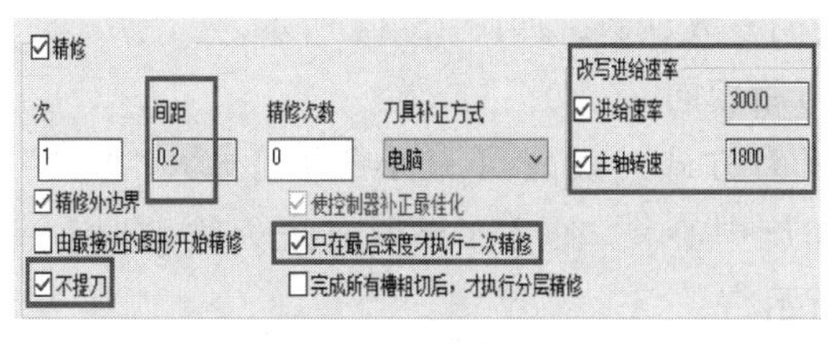

图 15-17　精修参数设置

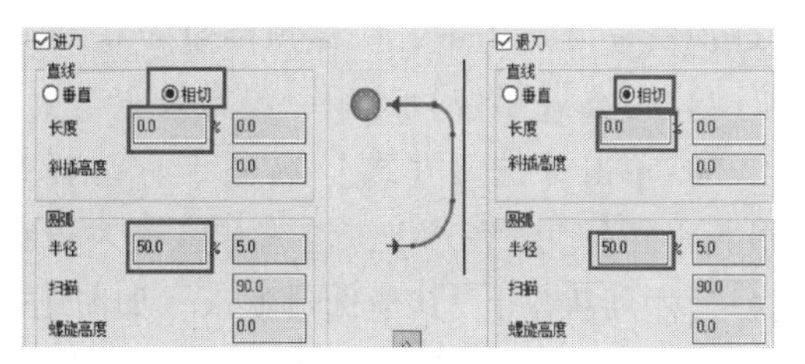

图 15-18　进/退刀设置

7）单击【进/退刀设置】选项卡，选择【相切】，设置【长度】为“0”，【半径】为“50”，其他参数默认，如图 15-18 所示。

8）单击【Z 分层切削】选项卡，勾选【深度分层切削】，设置【最大粗切步进量】为“1”，勾选【不提刀】，在深度分层切削排序中勾选【依照深度】，其他参数默认，如图 15-19 所示。

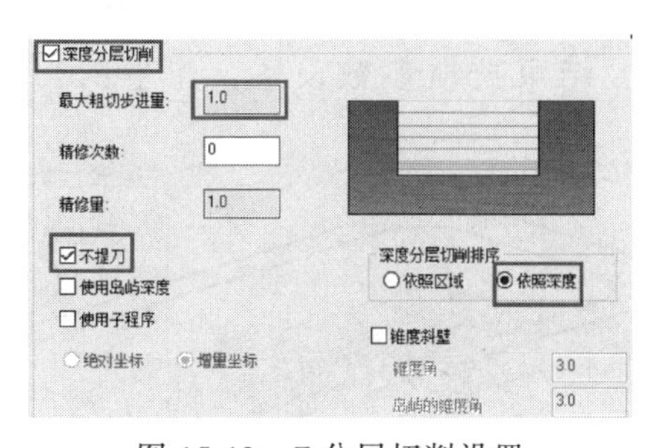

图 15-19　Z 分层切削设置

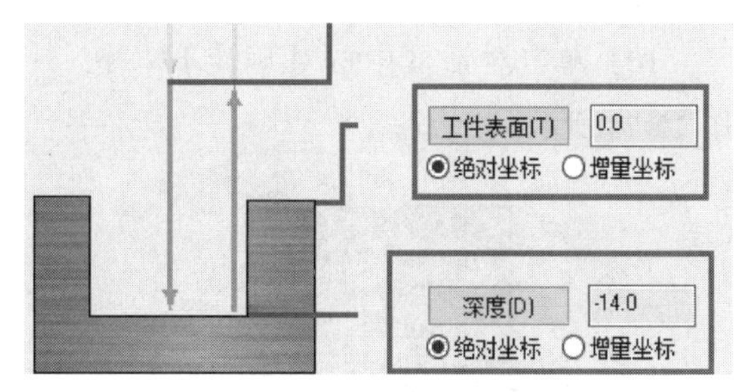

图 15-20　共同参数设置

9）单击【共同参数】选项卡，设置界面参数，设置所有坐标系选项均为【绝对坐标】，【工件表面】为“0”，【深度】为“-14”，其他参数为默认值，如图 15-20 所示。

10）单击对话框中的【确定】按钮 ✔，结束挖槽参数设置，生成的刀路如图 15-21 所示。

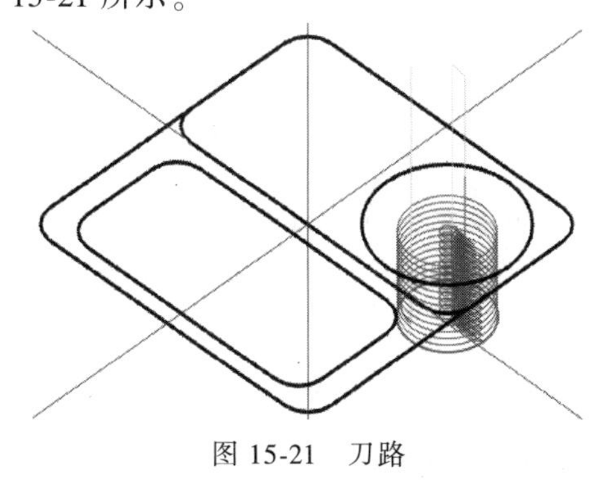

图 15-21　刀路

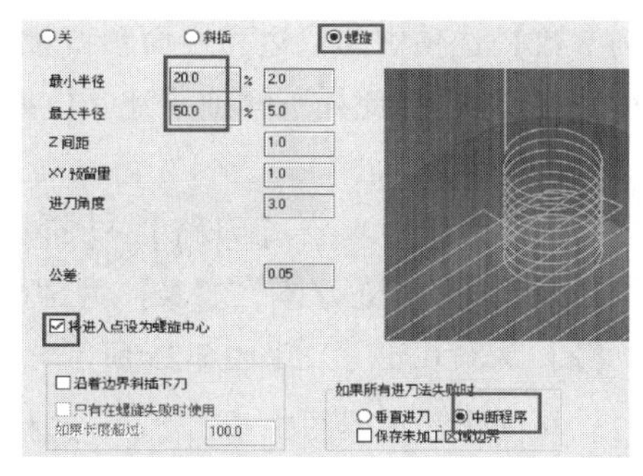

图 15-22　进刀方式

3. 笔台方槽的铣削

1）单击【刀路】→【外形】命令按钮，设置 NC 名称，使用串选方式选取方槽线框，方向为顺时针方向，弹出【2D 刀路-2D 挖槽】对话框，如图 15-2 所示。

2）单击【刀具】选项卡，进入刀具设置界面，选取已设置好的刀具。

3）单击【切削参数】选项卡，进入设置界面，选择顺时针加工方向，标准挖槽方式，壁边预留量为 0.2mm，底面预留量为 0.1mm，其他参数默认，如图 15-14 所示。

4）勾选【粗切】选项，参数设置与上一条刀路相同。

5）单击【进刀方式】选项卡，选择螺旋下刀方式，设置【最小半径】为“20%”，【最大半径】为“50%”，勾选【将进入点设为螺旋中心】，在【如果所有进刀失败时】中选择【中断程序】，其他选项默认，如图 15-22 所示。

6）单击【精修】选项卡，参数设置与上一条刀路相同。

7）单击【进/退刀设置】选项卡，参数设置与上一条刀路相同。

8）单选【Z 分层切削】选项卡，勾选【深度分层切削】，设置【最大粗切步进量】为“1”，勾选【不提刀】，在【深度分层切削排序】中选择【依照深度】，其他参数默认。

9）单击【共同参数】选项卡，设置界面参数，设置所有坐标系选项均为【绝对坐标】，【工件表面】为“-4”，【深度】为“-14”，其他参数均为默认值，如图 15-23 所示。

10）单击对话框中的【确定】按钮 ✔，结束挖槽参数设置，产生的刀路如图 15-24 所示。

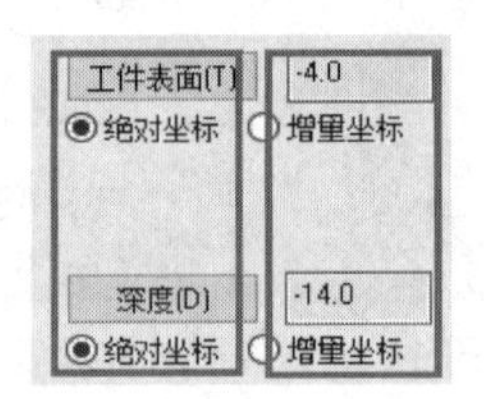

图 15-23　共同参数设置

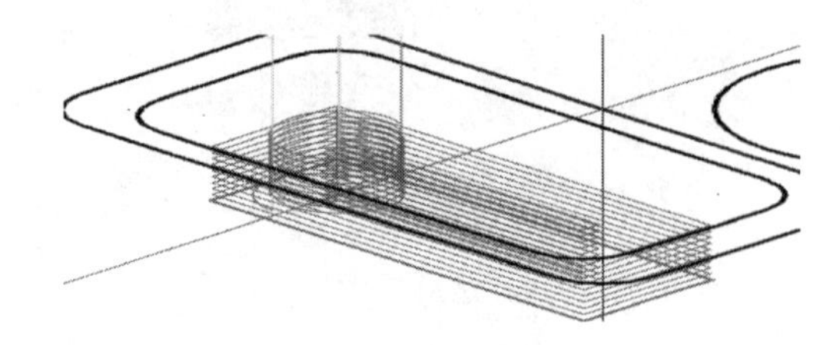

图 15-24　刀具路径

4. 笔台圆槽和方槽精加工

与外形铣削的精加工方式相同，把圆槽和方槽的加工程序进行复制，粘贴在空白处，把【切削参数】选项中的壁边和底面预留量设置为“0”；在【Z 分层切削】选项中，取消勾选【深度分层切削】，此处不详细描述具体操作。

5. 模拟验证

1）毛坯设置。单击【刀路】→【机床组群】→【毛坯设置】命令按钮，设置毛坯参数。设置【形状】为【立方体】，【X】为“65”，【Y】为“65”，【Z】为“20”，【毛坯原点】中的【Z】为“0.5”，如图 15-25 所示。

2）在操作管理器图中单击 ，选择所有的加工程序，单击 按钮，系统弹出【实体模拟】对话框，单击 ▶ 按钮，完成实体模拟加工，如图 15-26 所示。

6. 零件加工

零件加工的具体操作参照笔台底面的铣削。

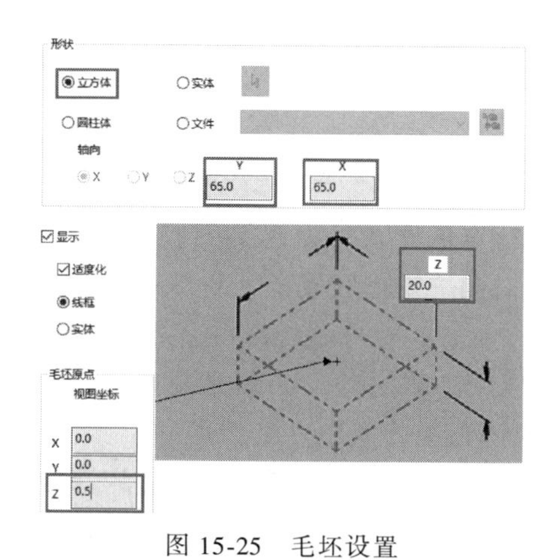

图 15-25　毛坯设置

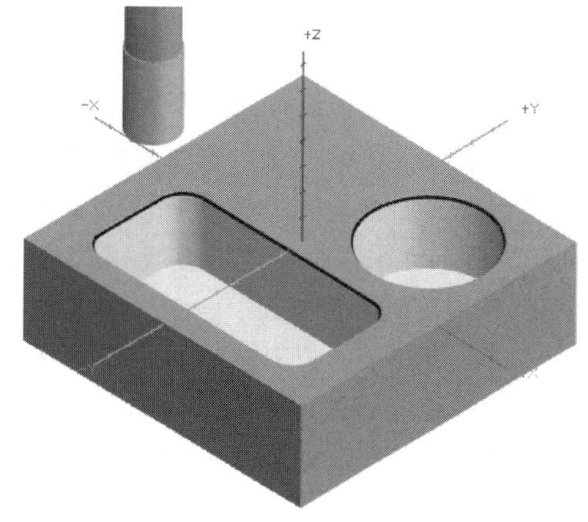

图 15-26　模拟验证

【知识拓展】

Mastercam 2019 系统除了能进行【标准】挖槽加工外，还能进行【平面铣】、【使用岛屿深度】、【残料】和【开放式挖槽】加工方式，如图 15-27 所示。

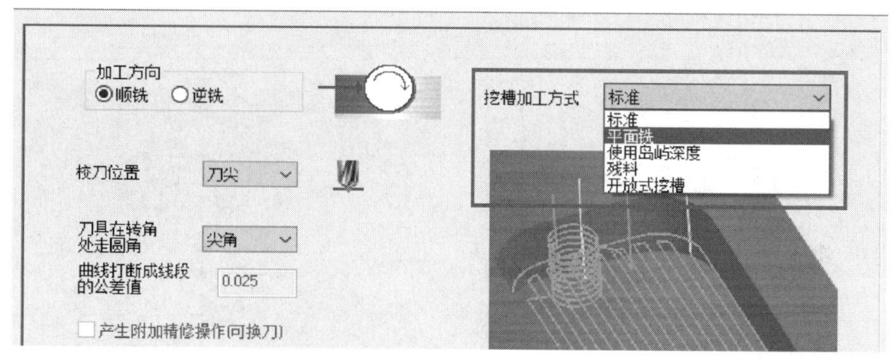

图 15-27　2D 挖槽加工的其他加工方式

1. 平面铣

在【挖槽加工方式】下拉菜单中选择【平面铣】命令，打开平面铣的参数设置对话框，如图 15-28 所示。

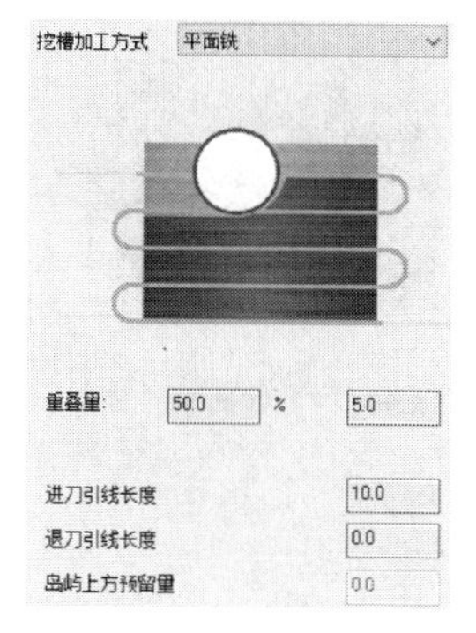

图 15-28　【平面铣】参数设置

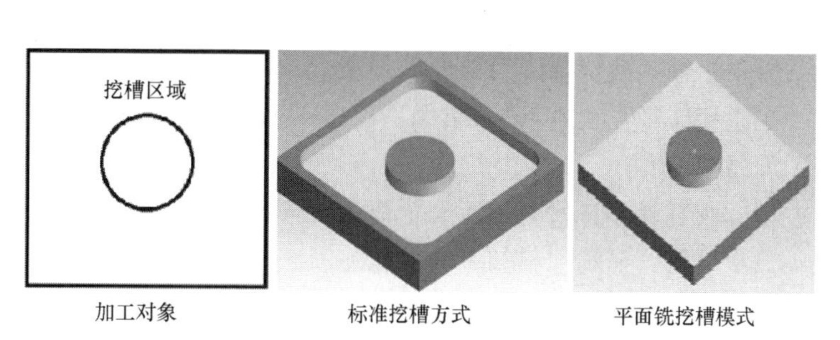

图 15-29　挖槽加工对比图

重叠量：刀具超出边界量的百分比（与刀具直径相比）和刀具超出边界的长度。

进刀引线长度：起点附加距离。

退刀引线长度：终点附加距离。

岛屿上方预留量：岛屿表面的余量。

平面铣加工方式能将挖槽加工刀路向边界延伸指定的距离，以达到对挖槽面的铣削。图 15-29 所示为采用标准挖槽方式和平面铣加工方式对同一挖槽区域产生的不同结果。

2. 使用岛屿深度加工

岛屿是指在槽的边界之内，但不需要切削的区域。岛屿的外形必须是封闭的。Mastercam 2019 系统能够处理带多重岛屿的工件，处理结果由选择的顺序决定。

在【挖槽加工方式】下拉菜单中选择【使用岛屿深度】选项，打开使用岛屿深度铣削加工参数设置的对话框，各选项功能如图 15-30 所示。使用岛屿深度铣削加工参数设置与平面铣削加工的参数一样。

3. 残料加工

残料加工方式能够让用户选择较小的刀具对上一个挖槽粗加工操作未加工到的区域进行加工，而粗加工已经加工到的区域不会产生刀路，这样将大大减少加工时间，降低加工成本。此功能和 2D 外形加工的残料加工类似。

在【挖槽加工方式】中选择【残料加工】选项，打开残料加工设置的对话框，如图 15-31 所示。

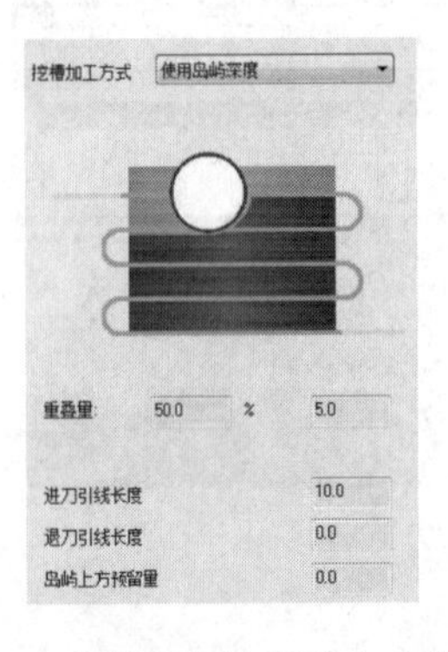

图 15-30 【使用岛屿深度】参数设置

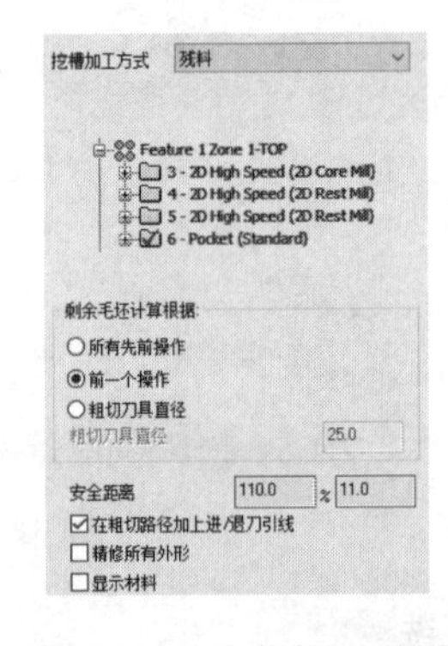

图 15-31 残料加工选项

所有先前操作：对前面所有的加工操作进行残料加工。

前一个操作：对上一步加工操作进行残料加工。

粗切刀具直径：针对粗加工操作的刀具直径。

直径：输入残料加工刀路的延伸量。

在粗切路径加上进/退刀引线：将进刀和退刀的刀路加入到残料加工刀路中。

精修所有外形：残料加工完毕后进行一次精加工。

显示材料：显示残料加工的区域。

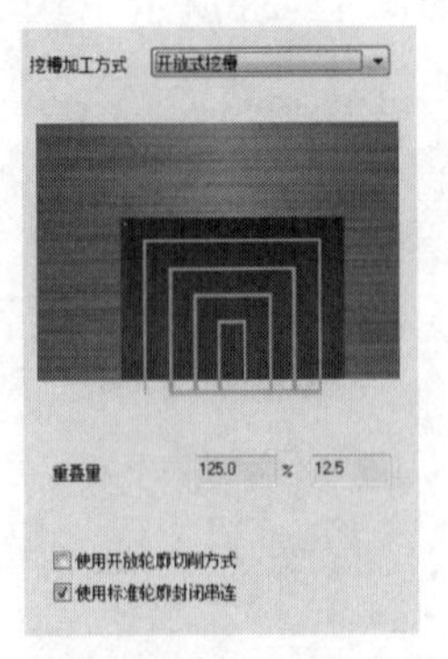

图 15-32 【开放式挖槽】选项

4. 开放式挖槽加工

开放式挖槽加工能够对非封闭的开放轮廓进行挖槽加工。标准方

式要求挖槽区域的边界线是封闭的，如果边界未封闭，可以用这一种加工方式，系统会自动将开口处“连接”起来，于是区域变为“封闭”的，然后按标准方式挖槽加工。

在【挖槽加工方式】下拉菜单中选择【开放式挖槽】选项，打开开放轮廓挖槽加工参数设置的对话框，各选项功能如图15-32所示。

【强化练习】

编制图15-33所示零件的刀路。

1）材料为铝，毛坯尺寸为65mm×55mm×10mm，用台虎钳装夹，装夹高度为5mm。

2）编写此例加工程序时，工序按粗加工和精加工进行分别编写。

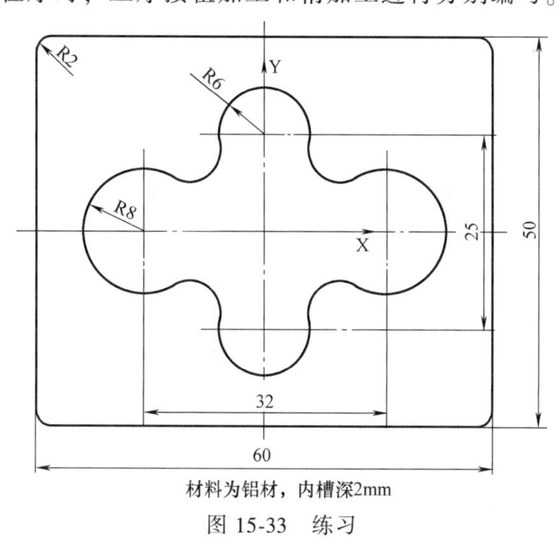

图15-33　练习

【检查与评价】

笔台内槽的铣削学生学习情况评价表

评价项目		具体评价内容	配分	自评	互评	教师评
项目完成的质量		项目按时保质完成，图形绘制正确	15			
知识与技能	笔台圆槽刀路应用	正确设置圆槽的刀路	15			
	笔台方槽刀路应用	正确设置方槽的刀路	20			
	工件加工	规范使用加工设备，工件尺寸合格	20			
	课后练习完成情况	熟练、正确完成课后练习	15			
	信息技能	通过系统的帮助功能及试操作，解决问题引导及知识拓展所提问题	5			
学习过程	创新	提出更好的加工方案，具有创新意识	5			
	合作	小组互动性好，主动提问并正确解决	5			
评语（优缺点与建议）：			合计			
			总评价（等级）			

注：评价等级与分数的关系是85≤优≤100，70≤良≤84，55≤中≤69，40≤差≤54。

项目十六

笔台内孔的钻削

【学习任务】

笔台零件图如图 16-1 所示，本项目主要介绍内孔加工命令的应用和程序编辑，并使用内孔加工命令对笔台内孔进行刀路编辑和加工。请按教师指定的路径，建立一个以自己学号为名称的文件夹，并将编辑好的文件以“学号+项目十六”为文件名，保存在该文件夹内。

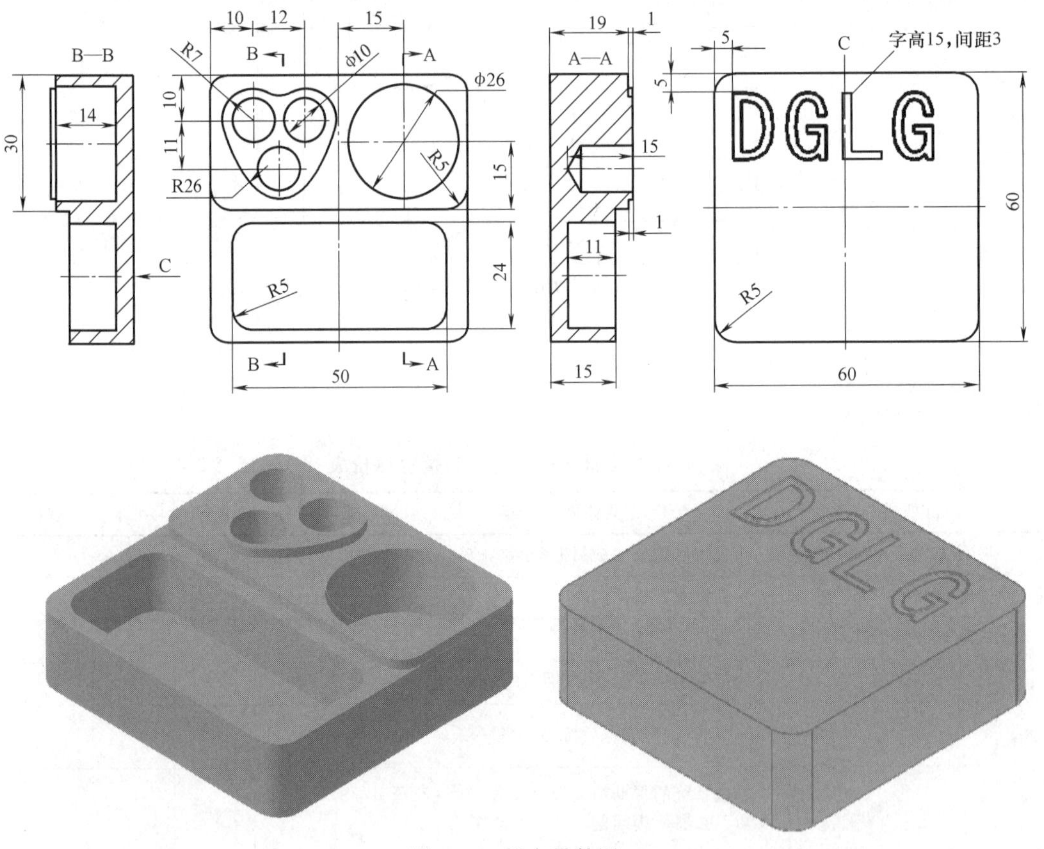

图 16-1　笔台零件图

【学习目标】

1）了解常用的孔的加工方法。

2）掌握深孔加工的设置。

3）了解攻螺纹的方法。

【知识基础】

孔加工

钻孔加工能在指定的点上产生钻孔、扩孔、镗孔或攻牙等刀路，孔加工通常以点或圆来确定孔加工的位置。

1）单击【机床】→【铣床】→【默认】→【刀路】→【钻孔】命令按钮，系统弹出【选择钻孔位置】对话框，如图 16-2 所示。选择孔位的几种方式如下：

① 手动选点。启动【钻孔】命令后，系统默认的选择孔位置的方式是手动选点，单击自定义选取按钮，用户可以选择存在的点，或输入坐标值，或捕捉几何图形的端点、中点、交点、中心点、四周点等来产生钻孔点。单击的顺序就是后面钻孔加工的顺序。

② 自动选点。单击【选择钻孔位置】对话框中的自动按钮，系统将启动自动选点功能，即自动选择一系列已经存在的点作为钻孔的中心点。选择该选项后，系统要求用户选择第一点、第二点和最后一点。在实际生产中，选择这种方法的并不多用。

图 16-2　【选择钻孔位置】对话框

③ 图素选点。单击【选择钻孔位置】对话框中的选择图形按钮，系统将启动图素选点功能，即自动选择所选择几何图形的端点作为钻孔点。选择该选项后，系统要求用户选择几何图形，可按图素的选择方法选择钻孔点。

④ 视窗选点。单击【选择钻孔位置】对话框中的窗选按钮，系统将启动视窗选点功能。框选加工点位置，系统自动选择视窗内的点作为钻孔点。选定加工位置后，单击【确定】按钮，系统弹出【2D 刀路-钻孔/全圆铣削　深孔钻-无啄孔】对话框，如图 16-3 所示。

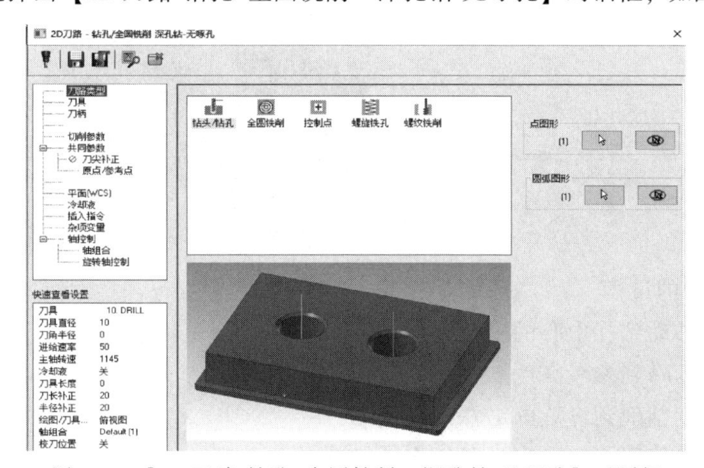

图 16-3　【2D 刀路-钻孔/全圆铣削　深孔钻-无啄孔】对话框

2）单击【刀具】选项卡，进入刀具设置界面，设置界面与其他铣削命令相同，根据加工对象的大小，选取相应的钻头，并对加工参数进行设置。

3）单击【切削参数】选项卡，进入切削参数设置界面，设置钻孔加工参数，如图 16-4 所示。

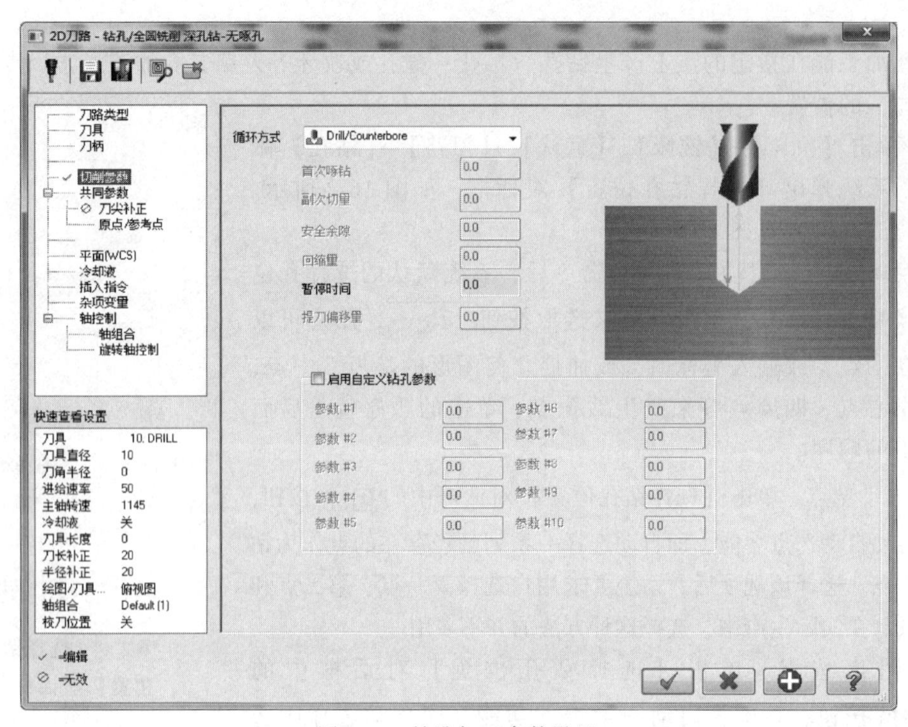

图 16-4　钻孔加工参数设置

标准钻孔方式主要用于钻削孔的深度小于 3 倍钻头直径的孔，或者用于镗沉头孔，其加工工作方式如图 16-5 所示。

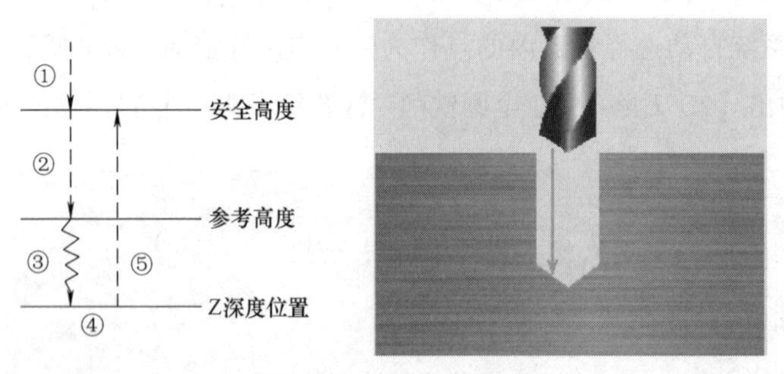

图 16-5　标准钻孔方式

加工刀具运动的过程：

① 钻头快速移动到孔中心的安全高度。

② 钻头快速下降到参考高度。

③ 以给定速度钻削到设置的 Z 深度位置。

④ 钻头在孔底停留一定时间，以便充分钻削。

⑤ 钻头快速返回至参考高度或安全高度。

采用标准钻孔方式进行钻孔时，用户可以在暂停时间栏输入钻头在孔底的停留时间。

4）单击【共同参数】选项卡，进入共同参数设置界面，如图 16-6 所示。设置方式与其他加工命令一致。

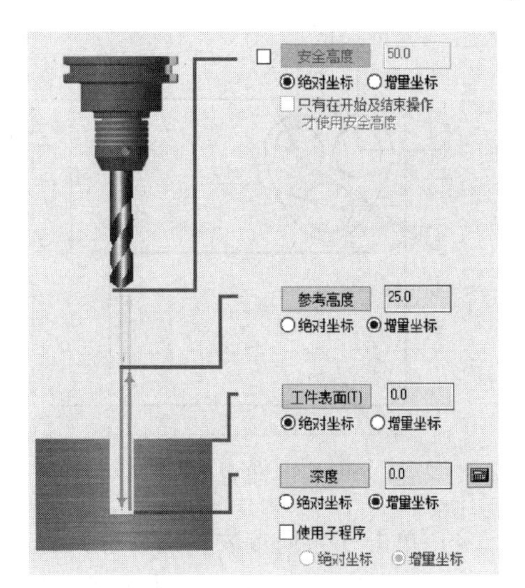

图 16-6　钻孔共同参数设置

【计划与实施】

一、确定加工方案

1. 问题引导

1）分析孔加工可以用什么方法。

2）分析钻削存在几种加工方式。

2. 工作任务

1）绘制笔台笔孔图形线框图。

2）编制笔孔钻削程序。

3）模拟验证。

4）程序输入，加工零件。

3. 加工方案

图 16-7 所示为笔台内孔加工方案。

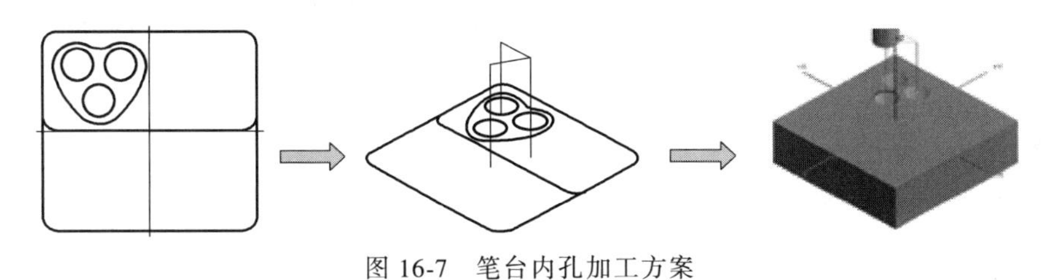

图 16-7　笔台内孔加工方案

二、实施任务

1. 笔台笔孔绘制

使用基本绘图命令，绘制笔台正面的线框，如图 16-8 所示。

2. 笔台笔孔的钻削

1）单击【机床】→【铣床】→【默认】→【刀路】→【钻孔】命令按钮，设置 NC 名称，弹出【选择钻孔位置】对话框，如图 16-2 所示，单击【选取图形】命令按钮，选择需要加工的三个 ϕ10mm 小孔，单击【确定】按钮 完成选择，弹出钻削设置界面。

2）单击【刀具】选项卡，进入刀具设置界面，刀具界面与其他刀路设置界面一致。选择 ϕ10mm 钻头，设置刀具参数，如图 16-9 所示。

3）单击【切削参数】选项卡，进入钻削参数设置界面，设置【循环方式】为【Drill/Counterbore】，【暂停时间】为“4.0”，如图 16-10 所示。

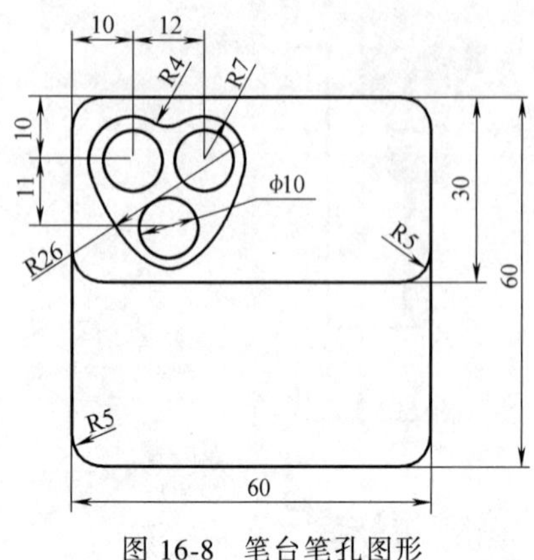

图 16-8　笔台笔孔图形

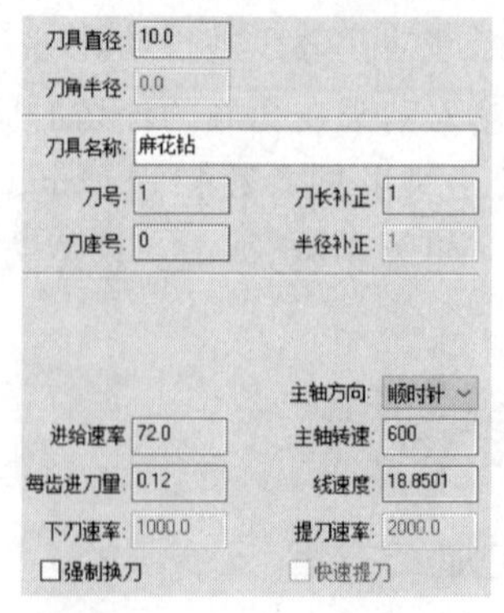

图 16-9　刀具参数设置

4）单击【共同参数】选项卡，进入共同参数界面。设置所有坐标系选项均为【绝对坐标】，【工件表面】为“0”，【深度】为“-14”，其余均为默认值，如图 16-11 所示。

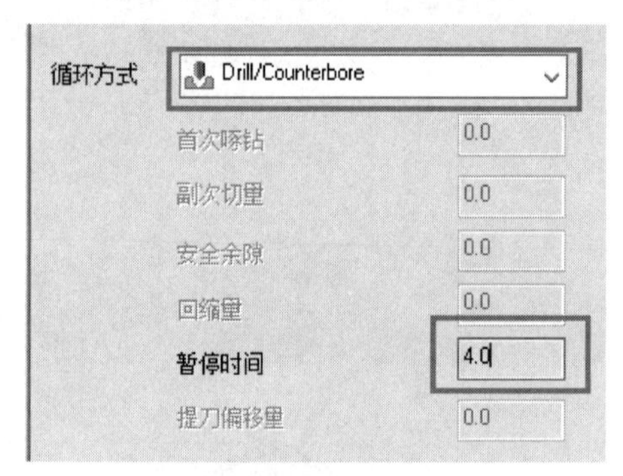

图 16-10　钻孔切削参数设置

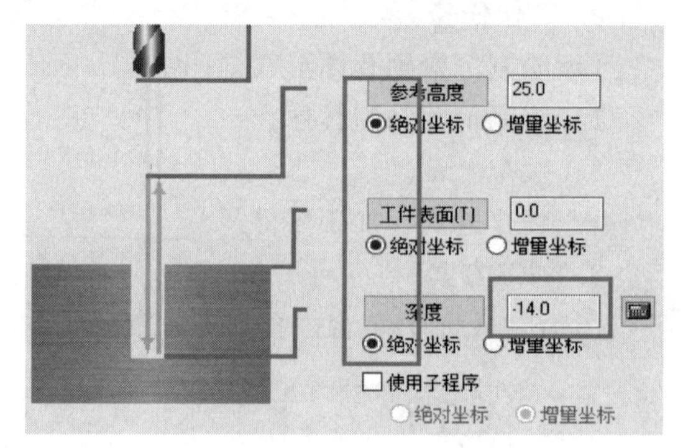

图 16-11　共同参数设置

5）单击对话框中的【确定】按钮，结束钻削参数设置，生成的刀路如图 16-12 所示。

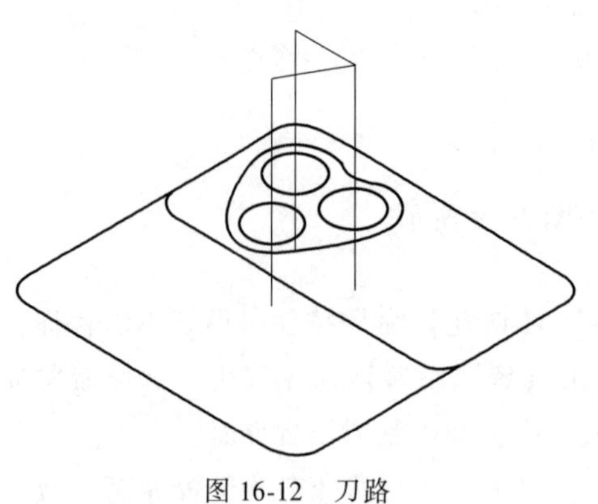

图 16-12　刀路

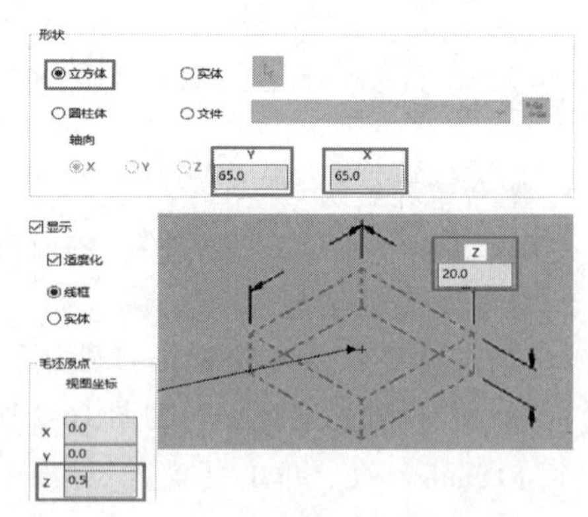

图 16-13　毛坯设置

6）模拟验证。

① 毛坯设置。单击【刀路】→【机床组群】→【毛坯设置】命令按钮，设置毛坯参数。设置【形状】为【立方体】，【X】为“65”，【Y】为“65”，【Z】为“20”，【毛坯原点】中

的【Z】为“0.5”。如图 16-13 所示。

② 在操作管理器中单击 ，选择所有的加工程序，单击 按钮，系统弹出【实体模拟】对话框，单击 按钮，完成实体模拟加工。

7）零件加工。使用加工机床对零件进行加工，加工步骤如其他刀路。

【知识拓展】

Mastercam 2019 系统钻削除了能进行标准钻孔加工外，还能进行深孔啄钻、断层式钻孔、攻螺纹、镗孔加工等，如图 16-14 所示。

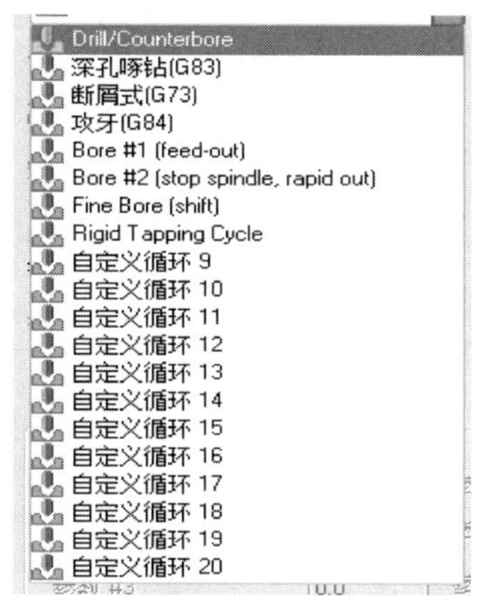

图 16-14　钻削方式

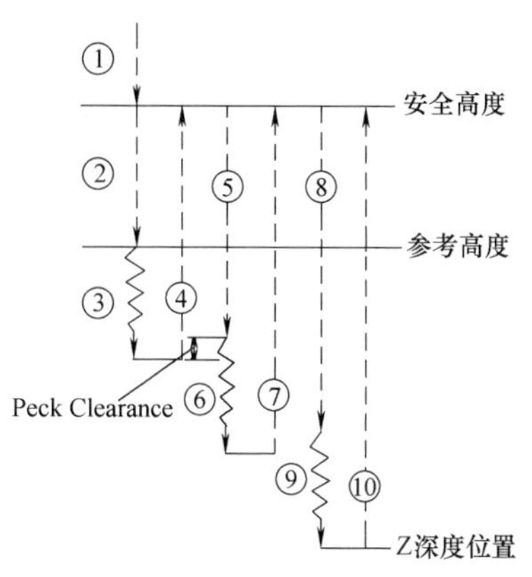

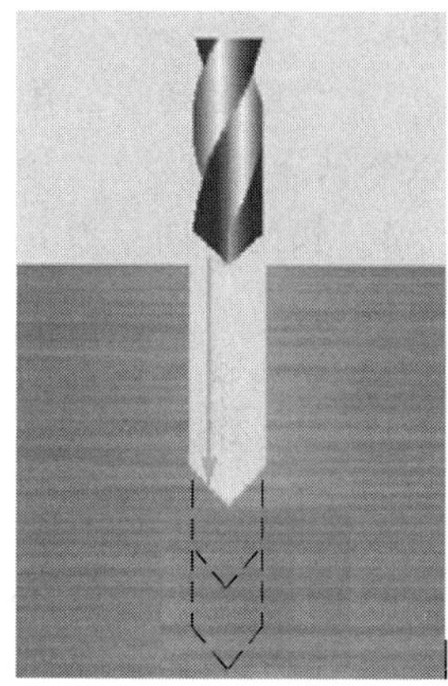

图 16-15　深孔啄钻

1. 深孔啄钻

深孔啄钻方式主要用于钻削孔的深度大于 3 倍钻头直径的孔，特别适用于不易排屑的情况，其工作方式如图 16-15 所示。采用深孔啄钻方式进行钻孔时，需要设置以下几个参数。

Peck：第一次的啄孔深度。

副次切量：以后每次的啄孔深度。

安全余隙：啄孔安全间隙，即第二次啄孔前钻头离上一个啄孔位置的安全距离，如图 16-15 所示。

暂停时间：此栏输入钻头在最后深度，即孔底的停留时间。

深孔啄钻的加工过程如下：

1）钻头快速移动到孔中心的安全高度。

2）钻头快速下降到参考高度。

3）以给定速度钻削到第一次啄钻深度位置。

4）快速返回至安全高度。

5）钻头快速下降到离前一个钻孔深度之上一个啄钻深度位置。

6）钻头向下钻削一个啄钻距离。

7）快速返回至安全高度。

8）钻头快速下降到离前一钻孔深度之上一个啄钻间隙位置。

9）钻头向下钻削到设置的 Z 深度位置（钻削到 Z 深度位置可能还有循环）。

10）快速返回至安全高度。

2. 断层式钻孔

断层式钻孔方式（图 16-16）也适用于钻削孔深度大于 3 倍钻头直径的孔，与深孔啄钻不同之处在于钻头不需要退回到安全高度或参考高度，而只需要回缩少量的高度，这样可以减少钻孔时间，但其排屑能力不如深孔啄钻。

断层式钻孔的加工过程如下：

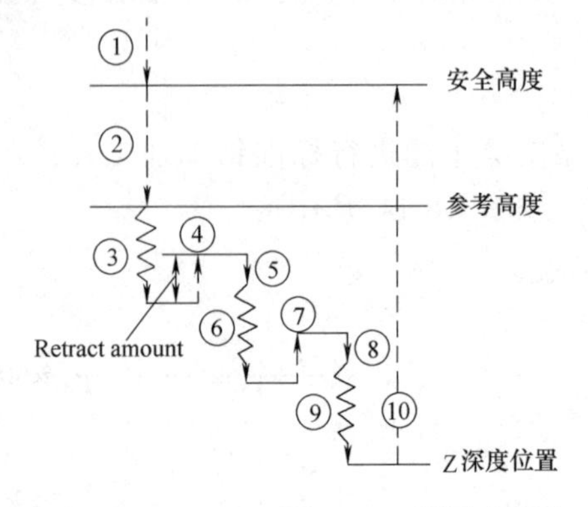

图 16-16　断层式钻孔工作方式

1）钻头快速移动到孔中心的交全高度。

2）钻头快速下降到参考高度。

3）以给定速度钻削到第一次啄钻深度位置。

4）快速返回至设置的回缩量位置。

5）钻头快速下降到离前一个钻孔深度之上一个啄钻间隙位置。

6）钻头向下钻削一个啄钻距离。

7）快速返回至设置的回缩量位置。

8）钻头快速下降到离前一个钻孔深度之上一个啄钻间隙位置。

9）钻头向下钻削到设置的 Z 深度位置（钻削到 Z 深度位置前可能还有循环）。

10）快速返回至安全高度 j。

3. 攻螺纹

攻螺纹方式主要用于攻左旋或右旋内螺纹。

【强化练习】

使用钻削方式对图 16-17 所示点位进行加工。

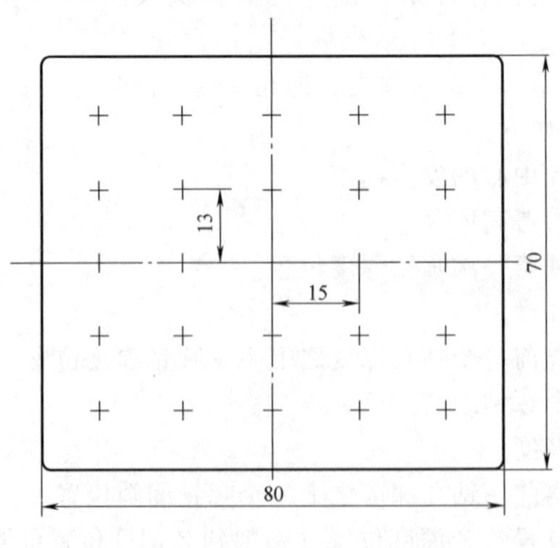

图 16-17　练习

【检查与评价】

笔台笔孔的钻削学生学习情况评价表

评价项目		具体评价内容	配分	自评	互评	教师评
项目完成的质量		项目按时保质完成，图形绘制正确	15			
知识与技能	笔台笔孔刀路设置	正确设置钻孔命令，完成程序编辑	20			
	工件加工	规范使用加工设备，工件尺寸合格	25			
	课后练习完成情况	熟练、正确完成课后练习	15			
	信息技能	通过系统的帮助功能及试操作，解决问题引导及知识拓展所提问题	10			
学习过程	创新	提出更好的加工方案，具有创新意识	10			
	合作	小组互动性好，主动提问并正确解决	5			
评语（优缺点与建议）：			合计			
			总评价（等级）			

注：评价等级与分数的关系是 85≤优≤100，70≤良≤84，55≤中≤69，40≤差≤54。

参考文献

[1] 陈为国. Mastercam 2019 数控加工编程 [M]. 北京: 机械工业出版社, 2018.
[2] 吴光明. Mastercam X7 数控铣削加工基础教程 [M]. 北京: 机械工业出版社, 2015.
[3] 吴光明. 数控编程与操作 [M]. 北京: 机械工业出版社, 2011.
[4] 廖新宁. Mastercam X2 软件应用与数控加工 [M]. 北京: 清华大学出版社, 2010.
[5] 詹友刚. Mastercam X7 数控加工教程 [M]. 北京: 机械工业出版社, 2014.
[6] 钟日铭. Mastercam X9 三维造型与数控加工 [M]. 北京: 机械工业出版社, 2016.